Die strafrechtlichen Bezüge des Bundes-Bodenschutzgesetzes

Schriften zum Strafrecht und Strafprozeßrecht

Herausgegeben von Manfred Maiwald

Band 64

PETER LANG
Frankfurt am Main · Berlin · Bern · Bruxelles · New York · Oxford · Wien

Markus Laski

Die strafrechtlichen Bezüge des Bundes-Bodenschutzgesetzes

PETER LANG
Europäischer Verlag der Wissenschaften

Bibliografische Information Der Deutschen Bibliothek
Die Deutsche Bibliothek verzeichnet diese Publikation in der Deutschen Nationalbibliografie; detaillierte bibliografische Daten sind im Internet über <http://dnb.ddb.de> abrufbar.

Zugl.: Göttingen, Univ., Diss., 2003

D 7
ISSN 0938-6181
ISBN 3-631-50911-1

www.peterlang.de

Meinen Eltern

Was nun einmal geschehn, lässt ungeschehn niemals sich machen; /
aber für das, was kommt, sorge mit wachsamem Sinn!

Theognis von Megara (570 – 490 v. Chr.)

VORWORT

Die vorliegende Arbeit wurde im Wintersemester 2002/03 von der Juristischen Fakultät der Georg-August-Universität zu Göttingen als Dissertation angenommen.

Mein Dank gilt meinem verehrten Doktorvater, Herrn Prof. Dr. Manfred Maiwald, der die Arbeit angeregt, betreut und durch konstruktive Kritik gefördert hat. Zu Dank verpflichtet bin ich überdies für die freundliche Aufnahme in der von Herrn Prof. Dr. Maiwald herausgegebenen Reihe „Schriften zum Strafrecht und Strafprozessrecht". Herrn Prof. Dr. Thomas Mann danke ich für die Zweitbegutachtung der Dissertation aus öffentlich-rechtlicher Sicht.

Frau Jacqueline Richter, Bibliothek des Oberlandesgerichts Celle, stand mir stets mit großem Einsatz bei der Recherche und Beschaffung des verarbeiteten Schrifttums zur Seite. Dafür schulde ich einen besonderen Dank.

Ich widme die Arbeit meinen Eltern, ohne deren wohlwollende Unterstützung und Nachsicht die Arbeit heute nicht abgeschlossen wäre.

Hannover, im Februar 2003 Markus Laski

INHALTSVERZEICHNIS

DIE STRAFRECHTLICHEN BEZÜGE DES BUNDES-BODENSCHUTZGESETZES

A. EINLEITUNG

Der Boden ist Teil der natürlichen Lebensgrundlagen des Menschen. Später als bei den Umweltmedien Wasser und Luft rückten die Grenzen seiner Belastbarkeit erst im zurückliegenden Jahrzehnt in das Bewusstsein einer breiteren Öffentlichkeit. Dabei ist der Boden wegen seiner zentralen Stellung im Ökosystem nicht nur Standort für Biomasse (Wälder, landwirtschaftlicher Anbau), sondern auch natürlicher Lebensraum für Pflanzen und Tiere. Als Fläche stellt der Boden eine nicht vermehrbare und im Hinblick auf seine Regenerations- und Entwicklungspotenziale knappe Ressource dar.[1] Er übernimmt Filter-, Puffer- und Speicherfunktionen, dient als Klimafaktor, Rohstofflager und Baugrund.[2]

Aufgrund der Puffer- und Speicherwirkung des Bodens ist die Notwendigkeit von Maßnahmen zu seinem Schutz erst spät erkannt worden. Die Auswirkungen von Luft- und Wasserverunreinigungen treten in vielen Bereichen rasch zu Tage. Schadstoffbelastungen des Bodens zeigen sich dagegen oft erst mit erheblicher zeitlicher Verzögerung.[3] Wird die Aufnahmefähigkeit des Bodens durch anthropogenes, also dem Menschen zurechenbares Handeln überschritten, kommt es zu einer Einschränkung lebenswichtiger Bodenfunktionen.[4] Die ökologischen und die Nutzungsfunktionen des Bodens stehen in einem gegenseitigen Spannungsverhältnis.[5]

Von Stoffeinträgen in den Boden gehen zudem häufig Gefahren für grundwasserführende Bodenschichten aus, denn der Boden ist ein dem Grundwasser gleichsam vorgelagertes Medium.[6] Die Gleichung „Bodenschutz ist Grundwasserschutz" gilt inzwischen als Gemeingut.[7]

---

1 SRU, Umweltgutachten 1996, BT-Drucks. 13/4108, S. 23 ff.

2 Gesetzentwurf der BReg für ein 2. UKG, BT-Drucks. 12/192, S. 15 f.; Bender/Sparwasser/Engel, Kap. 7 Rn. 2; Hönig, UPR 1999, 300, 300; Storm, in: HdUR, Bd. 1, Spalte 317; Wolf, NuR 1999, 545, 545.

3 Bender/Sparwasser/Engel, Kap. 7 Rn. 6; Hönig, UPR 1999, 300, 301; Rid/Petersen, NVwZ 1994, 844, 847.

4 Gesetzentwurf der BReg für ein BBodSchG, BR-Drucks. 702/96, S. 109; Maurach/Schroeder/Maiwald, Strafrecht BT 2, § 58 Rn. 27.

5 Brandt, Kap. XI Rn. 12, Wolf, NuR 1999, 545, 545.

6 Gesetzentwurf der BReg für ein 2. UKG, BR-Drucks. 126/90, S. 47; Kloepfer/Vierhaus, Rn. 105; Schink, DÖV 1999, 797, 806.

7 Vgl. BR-Drucks. 702/96, S. 83.

Die Bodenschutzkonzeption der Bundesregierung vom 6.2.1985[8] hat deshalb zwei zentrale Handlungsansätze für einen verbesserten Bodenschutz herausgestellt: die Minimierung von qualitativ oder quantitativ problematischen Stoffeinträgen sowie eine „Trendwende im Landverbrauch".[9] In jüngster Zeit ist als drittes Ziel die Sanierung von Altlasten hinzugekommen.[10]

Durch das am 1.11.1994 in Kraft getretene 31. StÄG/2. Gesetz zur Bekämpfung der Umweltkriminalität (2. UKG)[11] hat der Bodenschutztatbestand des § 324a StGB Eingang in den normativen Kernbestand des strafrechtlichen Umweltschutzes gefunden.[12] Ein eigener Bodenschutztatbestand fehlte bis 1990 völlig. Nach Herstellung der deutschen Einheit galt zwar aufgrund des Einigungsvertrages auf dem Gebiet der ehemaligen DDR mit § 191a StGB-DDR ein spezieller Bodenschutztatbestand fort, der in der Praxis jedoch kaum angewandt wurde.[13] Hintergrund der Novelle war die Feststellung, dass das Umweltmedium Boden im Vergleich zum Gewässerschutztatbestand des § 324 StGB rechtlich nur lückenhaft und mittelbar geschützt war.[14] Außer Verhältnis hierzu steht indessen die Bedeutung des Bodens als zentrales Umweltmedium in ökologischer Hinsicht, aber auch als Grundvoraussetzung jeglicher wirtschaftlicher Betätigung und als elementare Lebensvoraussetzung des Menschen.[15]

Dieser Einsicht folgend strebt § 324a StGB einen ausgewogenen und prinzipiell gleichwertigen medialen Umweltschutz in den Teilbereichen Boden, Wasser und Luft an.[16] Die Norm schließt eine Schutzlücke in den Fällen, in denen eine Bodenkontamination wegen der natürlichen Beschaffenheit des Bodens oder wegen rechtzeitig eingeleiteter Gegenmaßnahmen nicht zu einer Grundwasser-

---

8 BT-Drucks. 10/2977, S. 1 ff.

9 Vgl. dazu Storm, in: HdUR, Bd. 1, Spalte 316.

10 Peine, UPR 1997, 53, 54; Wolf, NuR 1999, 545, 545; zur historischen Entwicklung des Bodenschutzrechts vgl. Bender/Sparwasser/Engel, Kap. 7 Rn. 49 ff.; Storm, in: HdUR, Bd. 1, Spalte 315.

11 Gesetz vom 27.6.1994, BGBl. I S. 1140, Berichtigung vom 20.2.1995, BGBl. I S. 249.

12 Zur Kriminal- und Justizstatistik ausführlich Franzheim/Pfohl, Rn. 24 ff.; vgl. auch Arzt/Weber, Strafrecht BT, § 41 Rn. 8 f.

13 Franzheim/Pfohl, Rn. 152.

14 Gesetzentwurf der BReg für ein 2. UKG, BT-Drucks. 12/192, S. 10; Franzheim/Pfohl, Rn. 152; Kloepfer/Vierhaus, Rn. 102; Michalke, Umweltstrafsachen, Rn. 121; Schöndorf, in: Pfaff-Schley (Hrsg.): Bodenschutz und Umgang mit kontaminierten Böden, S. 131.

15 Gesetzentwurf der BReg für ein 2. UKG, BT-Drucks. 12/192, S. 16; Sandner, NJW 2000, 2542, 2542.

16 Michalke, StraFo 1996, 73, 74; Möhrenschläger, NStZ 1994, 513, 514; Tröndle/Fischer, § 324a Rn 1.

verunreinigung führt oder diese nicht sicher auf eine konkrete Tat zurückgeführt werden kann.[17]

Wesentlicher Charakterzug des Bodenschutztatbestandes § 324a StGB ist seine Verwaltungsabhängigkeit. Mit Blick auf globale Umweltbelastungen, denen strafrechtlich nur schwer zu begegnen ist, weil sie häufig auf Summationseffekten beruhen, muss ein wirksamer Umweltschutz vor allem durch eine planende und vorsorgende Umweltverwaltung gewährleistet werden. Umweltschutzrecht ist daher zuallererst Umweltverwaltungsrecht.[18] Demgegenüber folgt das Strafrecht einem retrospektiven Ansatz.[19] Es erfüllt im Verhältnis zum Umweltverwaltungsrecht grundsätzlich nur eine flankierende Funktion.[20] Andererseits kann das Strafrecht zur Wahrung einheitlicher Rechtsanwendung und Normklarheit nur an verwaltungsrechtliche Maßstäbe anknüpfen, denn es kann nicht ein Verhalten mit Strafe bedrohen, das zugleich verwaltungsrechtlich erlaubt ist. Daraus resultiert die grundsätzliche Frage, ob die Verzahnung des präventiven Umweltverwaltungsrechts mit dem repressiven Strafrecht für letzteres ohne Wesensverlust erfolgen kann.[21] Kommen Strafwürdigkeitsüberlegungen zu kurz, wenn § 324a StGB zur Bewehrung verwaltungsrechtlicher Handlungsge- und -verbote eingesetzt wird, die den Schutzzweck der Strafnorm nicht reflektieren?

Vor allem, wenn auch nicht ausschließlich durch Blankettstrafnormen hat die Verwaltungsabhängigkeit eine sprachlich und in ihren rechtlichen Auswirkungen unterschiedliche Gewichtung und Verknüpfungsdichte im Kernstrafrecht des StGB erfahren.[22] Wie auch eine ganze Reihe anderer Umweltstraftatbestände verknüpft § 324a StGB Straf- und Verwaltungsrecht durch Bezugnahme auf eine „Verletzung verwaltungsrechtlicher Pflichten“. Was darunter zu verstehen ist, ergibt sich aus der Definition des § 330d Nr. 4 StGB in der Neufassung des 2. UKG. Danach können sich verwaltungsrechtliche Pflichten aus einem behördlichen Verwaltungsakt und einer Auflage, aber auch aus einer Rechts- vorschrift,

17 Gesetzentwurf der BReg für ein 2. UKG, BT-Drucks. 12/192, S. 10; Sack, § 324a Rn. 2; Sanden, wistra 1996, 283, 283; Schall, NStZ 1997, 420, 420; Tröndle/Fischer, § 324a Rn. 2.

18 Gesetzentwurf der BReg für ein 2. UKG, BT-Drucks. 126/90, S. 47; Franzheim/Pfohl, Rn. 19, 23; Horn, UPR 1983, 362, 363 f.

19 BVerfGE 39, 1, 47; Franzheim, ZfW 1985, 145, 147; Ossenbühl/Huschens, UPR 1991, 161, 162; Schendzielorz, in: Kahl/Voßkuhle (Hrsg.), Kap. III Rn. 1; Winkelbauer, DÖV 1988, 723, 724.

20 Gesetzentwurf der BReg für ein 2. UKG, BT-Drucks. 12/192, S. 11; Schendzielorz, in: Kahl/Voßkuhle (Hrsg.), Kap. III Rn. 1; Storm, in: HdUR, Bd. 1, Spalte 320.

21 Kühl, FS Lackner, S. 815, 826; Schmitt-Schönenberg, S. 54 f.

22 Gesetzentwurf der BReg für ein 2. UKG, BT-Drucks. 12/192, S. 11, 12; Maurach/Schroeder/Maiwald, Strafrecht BT 2, § 58 Rn. 7; Schröder, VVDStRL 50 (1991), 196, 213 f.; allgemein dazu Franzheim/Pfohl, Rn. 11 ff.; Perschke, wistra 1996, 161, 162 f.

einer gerichtlichen Entscheidung oder einem öffentlich-rechtlichen Vertrag ergeben.

Ob sein Verhalten strafbar ist, kann der Bürger damit aber weder durch einen kurzen Blick in das StGB noch durch die Lektüre eines an ihn adressierten Verwaltungsaktes feststellen. Ihm wird vielmehr abverlangt, die einschlägigen verwaltungsrechtlichen Gesetzestexte und Rechtsverordnungen zu kennen und diese unter die Umweltstraftatbestände zu subsumieren. Dies wird ihm in aller Regel schwer fallen, wenn nicht gar unmöglich sein, will er sich nicht sogleich in anwaltliche Beratung begeben. Gleichwohl erweist sich die Implementierung des Umweltverwaltungsrechts in den Kernbestand umweltstrafrechtlicher Normen des StGB nach ganz überwiegender und inzwischen kaum mehr bestrittener Auffassung schon unter dem Gesichtspunkt der Einheitlichkeit und der Widerspruchsfreiheit der Rechtsordnung als notwendig.[23]

Darauf gründet sich der Einwand, dass der Umfang des strafrechtlichen Rechtsgüterschutzes nicht mehr durch den Strafgesetzgeber, sondern durch die Regelungsmaterie des Verwaltungsrechts, im äußersten Falle durch die Verwaltungsbehörde selbst bestimmt werde. Die hiermit verbundenen Fragen lauten daher: Verstößt § 324a StGB gegen das in Art. 103 Abs. 2, 104 Abs. 1 GG niedergelegte Gesetzlichkeitsprinzip des Strafrechts? Lässt die Anknüpfung des § 324a StGB an den umweltverwaltungsrechtlichen Normbestand die Strafbarkeit eines bestimmten bodenrelevanten Verhaltens für den einzelnen, häufig rechtsunkundigen Bürger noch hinreichend deutlich erkennen? Diese Fragen sind, soweit sie verfassungsdogmatische Belange berühren, nicht neu und bedürfen lediglich einer Würdigung im Lichte des § 324a StGB. Sind dagegen Probleme der tatbestandlichen Bestimmtheit des § 324a StGB im Zusammenhang mit seiner Anknüpfung an das Umwelt-, insbesondere das Bodenschutzverwaltungsrecht angesprochen, fällt der schriftstellerische Befund eher kärglich aus und hellt sich mehr als acht Jahre nach Inkrafttreten des § 324a StGB erst in jüngster Zeit langsam auf.[24]

Ursache hierfür ist, dass der in Ermangelung eines ausreichenden oder jedenfalls hinreichend konzentrierten bodenschutzverwaltungsrechtlichen Normbestandes weitgehend als Torso empfundene § 324a StGB durch das Inkrafttreten des Bundes-Bodenschutzgesetzes (BBodSchG) einen spürbaren Bedeutungszuwachs erfahren könnte. Das Gesetz zum Schutz vor schädlichen Bodenveränderungen

---

23 Gesetzentwurf der BReg für ein 2. UKG, BT-Drucks. 12/192, S. 11, 12; Arzt/Weber, Strafrecht BT, § 41 Rn. 14; Franzheim/Pfohl, Rn. 10; Tröndle/Fischer, vor § 324 Rn. 4 b; Winkelbauer, DÖV 1988, 723, 725.

24 Als rühmliche Ausnahme ist die Abhandlung von Hofmann, Bodenschutz durch Strafrecht?, 1996, hervorzuheben.

und zur Sanierung von Altlasten vom 17.3.1998[25] enthält eine umfassende Regelung des verwaltungsrechtlichen Bodenschutzes. Das BBodSchG tritt neben das Wasserhaushaltsgesetz (WHG) aus dem Jahre 1958 und das seit 1974 geltende Bundes-Immissionsschutzgesetz (BImSchG).[26] Das in den neunziger Jahren zunehmend für lückenhaft gehaltene mediale Umweltverwaltungsrecht des Bundes ist damit vervollständigt worden.[27] Bereits am 25.3.1998 traten jene Teile des Gesetzes in Kraft, welche die Bundesregierung zum Erlass von Rechtsverordnungen ermächtigen. Der Hauptteil des Gesetzes wurde am 1.3.1999 in Kraft gesetzt. Am 17.7.1999 ist schließlich auf der Grundlage des BBodSchG die sogenannte Bundes-Bodenschutz- und Altlastenverordnung (BBodSchV) in Kraft getreten.[28] Einen Schwerpunkt des neuen Bodenschutzrechts bildet die Behandlung von Altlasten.

Mit der nachfolgenden Untersuchung soll der Frage nachgegangen werden, inwieweit die Regelungen des BBodSchG und der BBodSchV für die strafrechtliche Beurteilung von Bodenverunreinigungen nach § 324a StGB bedeutsam sind. Dabei wird dem Umstand Rechnung getragen, dass die Verwaltungsabhängigkeit nicht allein in der „Verletzung verwaltungsrechtlicher Pflichten" zum Ausdruck kommt, sondern auch der weitere Regelungsgehalt der Strafvorschrift dem Einfluss des BBodSchG ausgesetzt ist.[29] Dies betrifft neben Aussagen zur Fahrlässigkeit vor allem den Bereich der Unterlassungsstrafbarkeit sowie die weiteren allgemeinstrafrechtlichen Bezüge des § 324a StGB im Zusammenspiel mit dem BBodSchG, insbesondere die Teilnahmeproblematik. Die hiermit zusammenhängenden Fragen sind, gleichsam als erstes Fazit, grundsätzlicher Natur, wo sie verfassungsrechtliche Belange berühren, betreffen aber hierneben auch ganz praktische Auslegungsfragen.

---

25 Art. 1 des Gesetzes zum Schutz des Bodens, BGBl. I, S. 502.

26 WHG i.d.F. v. 30.4.1998, BGBl. I, S. 823; BImSchG i.d.F. v. 17.3.1998, BGBl. I, S. 502.

27 Gesetzentwurf der BReg für ein 2. UKG, BT-Drucks. 12/192, S. 10, 16; Hilger, in: Pfaff-Schley: Bodenschutz und Umgang mit kontaminierten Böden, S. 1.

28 BGBl. I, S. 1554.

29 Vgl. Winkelbauer, DÖV 1988, 723, 730.

B. DER BODEN: SCHUTZGUT DES UMWELTRECHTS

I. Bodengefährdung durch Schadstoffeinträge und nichtstoffliche Belastungen

Die bedeutendsten Beeinträchtigungen des Bodens sind auf Schadstoffeinträge und Landverbrauch zurückzuführen. Der Boden wird sowohl in seiner Güte (Bodenqualität) als auch in seiner nicht vermehrbaren Menge (Bodenquantität) geschädigt.[1] Dementsprechend wird zwischen stofflichen und nichtstofflichen anthropogenen Einwirkungen auf den Boden unterschieden, bei letzteren wiederum zwischen Land- und Freiflächenverbrauch einerseits, Erosion und Bodenverdichtung andererseits.[2] Stoffeinträge wie das Einwirken chemischer Elemente oder chemischer Verbindungen führen zu nachteiligen Veränderungen der Beschaffenheit des Bodens, etwa aus Altlasten oder durch Düngemitteleintrag. Nachteilig auf den Boden wirken aber auch nichtstoffliche Eingriffe wie die Umwidmung einer Bodennutzung, die Flächenversiegelung durch Siedlungstätigkeit und Verkehrswegebau.

1. Bodenbeeinträchtigung durch Schadstoffeinträge

Auch für den unbefangenen Zeitgenossen unmittelbar einleuchtend sind die Gefahren, die von stofflichen Einwirkungen auf den Boden ausgehen. Verschmutzungsquellen sind in erster Linie Industrie und Landwirtschaft, aber auch private Verbraucher. Bodenbeeinträchtigungen durch Stoffeinträge erfolgen in der Regel durch Einwirkungen chemischer Elemente oder chemischer Verbindungen, die die natürliche Beschaffenheit des Bodens nachteilig verändern, zum Beispiel aus Altlasten oder durch Düngemitteleintrag.[3]

Üblicherweise erfolgt eine Unterteilung der stofflichen Belastungen des Bodens in sogenannte unmittelbare und mittelbare Stoffeinträge. Während im ersten Fall Schadstoffe auf direktem Wege in den Boden gelangen, wird der Schadstoffeintrag im zweiten Fall stets durch mindestens ein weiteres Umweltmedium vermittelt.[4] Denkbar ist, dass Schadstoffe zunächst in die Atmosphäre ausgestoßen und dann über den Luftpfad oberirdische Gewässer verunreinigen, bevor sie in Gewässerböden eindringen. Daran wird deutlich, dass die Zuordnung einer Bodenbeeinträchtigung zu einem bestimmten Verursacher umso schwieriger

---

1 Storm, in: HdUR, Bd. 1, Spalte 318; Wolf, NuR 1999, 545, 545.

2 Bender/Sparwasser/Engel, Kap. 7 Rn. 7; Erbguth/Stollmann, NuR 1994, 319, 322; Kothe, Altlasten, Rn. 47 f.

3 Bender/Sparwasser/Engel, Kap. 7 Rn. 7.

4 Heiermann, Schutz des Bodens, S. 41; Hofmann, Bodenschutz, S. 20; Kauch, Bodenschutz, S. 19.

wird, je mehr Schadstoffträger zwischen die Verschmutzungsquelle und den Boden als Empfängermedium treten.

Zu weit würde es in diesem Rahmen führen, sämtliche Formen schädlicher Stoffeinträge darstellen zu wollen. Nicht immer erfolgen diese jedoch ungewollt. Einen erheblichen Belastungsfaktor stellen insofern der Einsatz von Pflanzenschutzmitteln in der Landwirtschaft und die landwirtschaftliche Düngung dar, sei es durch Handelsdünger, Landwirtschaftsdünger oder Klärschlamm.[5] Weiteres Gefährdungspotenzial bergen industrielle und private Emissionen.[6]

Bodenbelastungen können durch *anthropogene* Emissionen hervorgerufen werden, zum Beispiel von Schwermetallen, polyzyklischen aromatischen Kohlenwasserstoffen, Dioxinen und Furanen sowie anderen organischen Schadstoffen. Manche Schwermetalle können in natürlicher Weise als *geogene* Bestandteile im Boden bereits vorhanden sein. So sind etwa Sulfide und Karbonate schwermetallhaltig. Die ökotoxikologische Relevanz anderer Elemente richtet sich nach dem Ausmaß der Bodenversauerung. Aluminium und Mangan sind zwar grundsätzlich natürliche Bestandteile von Böden, kommen aber in unterschiedlichen Bindungsformen vor und sind dementsprechend ungefährlich oder giftig.[7] Organische Chemikalien wiederum bergen durch ihre Toxizität schon bei verhältnismäßig geringen Mengen aufgrund ihrer Anreicherungsfähigkeit im Boden ein bislang nur unzureichend erforschtes Gefährdungspotenzial.[8]

2. Nichtstoffliche Belastungen des Bodens

Der Flächenverbrauch durch Siedlung und Verkehr verursacht nicht nur eine Verminderung der natürlichen Bodendecke und erfordert kostenträchtige Entwässerungsmaßnahmen. Wild abfließendes Oberflächenwasser, das nicht im Endreich versickern kann, führt überdies zu einer Reduzierung der Grundwasserneubildung und zu erhöhter Hochwasser- und Überflutungsgefahr. Bodenversiegelung bewirkt schließlich eine Veränderung des Kleinklimas mit verstärkter Nebel- und Wolkenbildung sowie mit Niederschlägen und stärkeren Temperatursprüngen.[9]

---

5 SRU, Umweltgutachten 1987, BT-Drucks. 11/1568, Tz. 602 (Dünger), Tz. 606 (Pflanzenschutzmittel), Tz. 611 (Gülle) und Tz. 615 (Klärschlämme, Müllkomposte, ausgebaggerte bzw. aufgespülte Fluss- und Hafensedimente).

6 Bender/Sparwasser/Engel, Kap. 7 Rn. 10: „Saurer Regen macht saure Böden".

7 Vgl. SRU, Sondergutachten Umweltprobleme in der Landwirtschaft 1985, BT-Drucks. 10/3613, S. 188 (Tz. 700).

8 Heiermann, S. 46 ff.

9 Bender/Sparwasser/Engel, Kap. 7 Rn. 8.

Für das gesamte Bundesgebiet entfallen ca. 12 % der Gesamtfläche auf Siedlungsflächen, darunter Wohnbebauung, Industrie- und Gewerbeflächen, Verkehrsflächen und innerörtliche Freiflächen. Der Anteil der Siedlungs- und Verkehrsflächen nahm infolge bedeutender Infrastrukturmaßnahmen nach der Wiedervereinigung in den alten Bundesländern zwischen 1993 und 1997 von 12,7 % auf 13,3 % zu, in den neuen Ländern von 7,9 % auf 8,4 %. Täglich werden ca. 120 ha zusätzlich als Siedlungs- und Verkehrsfläche in Nutzung genommen. Ein Ende des Flächenverbrauchs ist nicht absehbar.[10] Der Siedlungsflächenanteil einzelner Großstadtregionen beträgt derzeit für Hamburg 55,8 %, für München bereits 74,9 % mit steigender Tendenz.[11]

Innerhalb der Siedlungsflächen ist der Boden weitgehend zerstört. Etwa die Hälfte der Siedlungs- und Verkehrsfläche ist versiegelt, also durch Über- oder Unterbauungen abgedichtet.[12] Diese Besorgnis erregende Entwicklung ist indessen nicht nur als rein quantitatives Problem zu verstehen. Gerade in dichtbesiedelten Räumen konzentrieren sich die Bodenbelastungen durch stetigen Eintrag und Anreicherung von Schadstoffen, durch Grundwasserabsenkung und Erhöhung der Abflussspitzen, durch Verminderung der Pflanzendecke und Beschneidung biologisch aktiver Bodenflächen.[13]

Auf den landwirtschaftlich genutzten Flächen werden zunehmend nichtstoffliche Belastungen durch Erosion, Verdichtung und mechanische Bodenbearbeitung registriert. Dazu hat der Sachverständigenrat für Umweltfragen (SRU) festgestellt, dass mechanische Belastungen die Lebensraumfunktion der Böden insgesamt stärker beeinträchtigten und daher als noch bedenklicher einzustufen seien als stoffliche Belastungen, die vor allem als fortschreitende Bodenversauerung infolge unmittelbaren Säureeintrages zu Tage träten.[14] So bedürfen die Böden von Äckern und vieler Sonderkulturen (Wein-, Obst-, Hopfen- und Feldgemüsebau) einer ständigen Bearbeitung, die entweder in einer Lockerung oder häufiger in wendendem Pflügen besteht. Dadurch wird die durch Pflanzenanbau erzeugte oder durch wilden Aufwuchs („Unkräuter“) entstandene Pflanzendecke, die ober- und unterirdisch erosionshemmend wirkt, beseitigt und einer fortschreitenden Bodenerosion durch Wasser und Wind Vorschub geleistet. Häufiges Befahren der Äcker mit schweren Fahrzeugen zur Bodenbearbeitung verursacht Bodenverdichtungen insbesondere im Unterboden, die ihrerseits eine lockernde maschinelle Bodenbearbeitung erzwingen. Negative Folgen für die Regelungsfunktion des Bodens sind die Bildung von Staunässe sowie die Beein-

10 Bender/Sparwasser/Engel, Kap. 7 Rn. 9.
11 Bender/Sparwasser/Engel, Kap. 7 Rn. 15.
12 Erbguth/Stollmann, UPR 1996, 281, 286.
13 Weiterführend Bender/Sparwasser/Engel, Kap. 7 Rn. 15.
14 SRU, Umweltgutachten 1987, BT-Drucks. 11/1568, Tz. 616.

trächtigung der Grundwasserneubildung und zahlreicher Bodenorganismen infolge herabgesetzter Bodendurchlüftung.[15]

II. Der verwaltungsrechtliche Schutz des Bodens vor Inkrafttreten des BBodSchG

1. Bundesrecht

Das BBodSchG enthält die erste bundeseinheitliche Kodifikation des Bodenschutzrechts. In den neunziger Jahren reifte, nicht zuletzt unter dem Eindruck der nach der Wiedervereinigung bekannt gewordenen Altlastenflächen der ehemaligen DDR, die Einsicht in die Notwendigkeit eines besonderen Bodenschutzrechts. Zu zersplittert waren bis dahin die bodenschutzrelevanten Regelungen von Bund und Ländern, zu wenig war der Bodenschutz normativ konkretisiert.[16] Einige Rechtsvorschriften hatten den Bodenschutz zum wichtigsten oder gar ausschließlichen Ziel erhoben, zum Beispiel § 2 Abs. 1 Nr. 4, §§ 8, 8a BNatSchG, andere dagegen nur als ein Ziel neben weiteren, etwa § 1 Abs. 5 S. 3 BauGB, § 2 Nr. 6 PflSchG, § 2 Abs. 2 DMG.

Als Rechtsvorschriften mit nur mittelbar bodenschützenden Inhalten sind das Wasserhaushaltsgesetz (WHG), das Wasch- und Reinigungsmittelgesetz (WRMG), das Bundes-Immissionsschutzgesetz (BImSchG) nebst Störfallverordnung (12. BImSchV), die Verordnung über Großfeuerungsanlagen (13. BImSchV) mit der TA Luft, das Benzinbleigesetz (BzBlG), das Gesetz über die Beförderung gefährlicher Güter nebst Gefahrgutverordnung, die auf die Gewerbeordnung gestützte Verordnung über brennbare Flüssigkeiten, das Bundeswaldgesetz (BWaldG), das Grundstücksverkehrsgesetz (GüKG) und das Kreislaufwirtschafts- und Abfallgesetz (KrW-/AbfG) zu nennen.[17]

Das überkommene Bodenschutzrecht des Bundes stellte sich mithin eher als Regelungsmosaik denn als eine mehr oder weniger in sich geschlossene Regelungsmaterie dar. Auf Bundesebene existierten keine Gesetze oder Rechtsverordnungen, die sich ganz oder auch nur vorrangig ausschließlich dem Bodenschutz zuordnen ließen. Bodenschützende Normen wurden, soweit vorhanden, im Rahmen von Regelungen behandelt, die auch oder vorrangig anderen Schutzzwecken als dem Bodenschutz dienten.[18]

---

15 SRU, Umweltgutachten 1987, BT-Drucks. 11/1568, Tz. 594.

16 Seibert, NVwZ 1993, 16, 20.

17 Bodenschutzkonzeption der BReg vom 6.2.1985, BT-Drucks. 10/2977, S. 36 f.

18 Kloepfer, § 12 Rn. 3.

Die Bodenschutzkonzeption der Bundesregierung von 1985 hat den Bodenschutz deshalb zu Recht als „Querschnittsaufgabe“ des Umweltschutzes bewertet.[19] In der Folgezeit wurden, wie vorstehend dargestellt, zahlreiche Umweltgesetze des Bundes schlicht um bodenschützende Regelungen angereichert. Der Querschnittsansatz offenbarte indessen angesichts der hohen Zahl altlastenverdächtiger Flächen in der praktischen Gesetzesanwendung Regelungslücken und eine nur schwer überschaubare Fragmentierung der normativen Grundlagen.[20]

2. Landesrecht

Eine Reihe von Ländern besitzt Voll- oder Teilregelungen des Bodenschutz- und Altlastenrechts, teils in ihren Abfall- oder Wassergesetzen, teils in eigenen Bodenschutzgesetzen (Baden-Württemberg und Berlin), teils in einem Kombinationsgesetz (Sachsen), aber auch schon in einem eigenen Altlastengesetz (Hessen).[21] Mit dem Inkrafttreten von Landesbodenschutzgesetzen am 1.9.1991 übernahmen Baden-Württemberg[22] und Sachsen[23] im Bodenschutzrecht eine Vorreiterrolle unter den Bundesländern. Als drittes Bundesland setzte Berlin am 10.10.1995 ein eigenes Bodenschutzgesetz in Kraft.[24] Angesichts offenkundiger Rechtsanwendungsschwierigkeiten bei der Sanierung dioxinbelasteter Böden sollte einer weiteren Zersplitterung der Rechtsgrundlagen entgegengewirkt werden. Gleichwohl ist eine Zusammenfassung dieser Rechtsgrundlagen auf der Ebene des Landesrechts praktisch nicht zu erreichen.

Eine Reihe von Ländern haben auf die neue Gesetzeslage nach Inkrafttreten des BBodSchG reagiert, indem sie von den im Gesetz enthaltenen landesrechtlichen Öffnungsklauseln Gebrauch gemacht und Ausführungsgesetze, Änderungsgesetze und/oder Verordnungen über die Bestimmung der zuständigen Behörden erlassen haben. Nach § 21 Abs. 3 BBodSchG können sie Bodenbelastungsgebiete ausweisen und nach § 21 Abs. 4 BBodSchG Bodeninformationssysteme einrichten.[25]

---

19 Bodenschutzkonzeption der BReg vom 6.2.1985, BT-Drucks. 10/2977, S. 5.

20 Rid/Petersen, NVwZ 1994, 844, 844; Wolf, NuR 1999, 545, 545 f.

21 Bender/Sparwasser/Engel, Kap. 7 Rn. 69; Pape, NJW 1992, 2661, 2662 f.

22 Gesetz zum Schutz des Bodens, BW GBl. 1991, S. 434.

23 Erstes Gesetz zur Abfallwirtschaft und zum Bodenschutz im Freistaat Sachsen; SächsGVBl. 1991, S. 306.

24 Gesetz zur Vermeidung und Sanierung von Bodenverunreinigungen; GVBl. Bln. 1995, S. 646.

25 Dazu Erbguth/Stollmann, UPR 1996, 281, 287.

III. Das Bundes-Bodenschutzgesetz im Überblick

Das BBodSchG gliedert sich in fünf Teile[26], deren erster „Allgemeine Vorschriften“ enthält. Es folgen im zweiten Teil „Grundsätze und Pflichten“ und im dritten Teil „Ergänzende Vorschriften für Altlasten“. Der „Landwirtschaftlichen Bodennutzung“ ist der vierte Teil gewidmet. Die „Schlussvorschriften“ bilden den fünften Teil, der hier allerdings nicht behandelt werden soll.

1. Allgemeine Vorschriften (1. Teil)

Die Vorschriften des Allgemeinen Teils fassen Zweck und Grundsätze des BBodSchG, notwendige Begriffsbestimmungen sowie den sachlichen Anwendungsbereich des Gesetzes zusammen.

a) Gesetzeszweck und Grundsätze (§ 1 BBodSchG)

§ 1 BBodSchG erläutert Zweck und Grundsätze des BBodSchG: „Zweck dieses Gesetzes ist es, nachhaltig die Funktionen des Bodens zu sichern oder wiederherzustellen. Hierzu sind schädliche Bodenveränderungen abzuwehren, der Boden und Altlasten sowie hierdurch verursachte Gewässerverunreinigungen zu sanieren und Vorsorge gegen nachteilige Einwirkungen auf den Boden zu treffen. Bei Einwirkungen auf den Boden sollen Beeinträchtigungen seiner natürlichen Funktionen sowie seiner Funktion als Archiv der Natur- und Kulturgeschichte so weit wie möglich vermieden werden.“ Neben seiner vorsorgenden Funktion strebt das BBodSchG die Beseitigung von Gefahren an, die von schädlichen Bodenveränderungen oder Altlasten ausgehen.[27] Den drei Handlungszielen der Gefahrenabwehr, Sanierung und Vorsorge entsprechen die bodenschutzrechtlichen Pflichten in § 4 Abs. 1 und 2 (Gefahrenabwehr), § 4 Abs. 3 und § 5 (Sanierung) sowie §§ 6 und 7 (Vorsorge).[28] Die Zieltrias enthält jedoch weder unmittelbar verbindliche Verhaltensvorschriften für den einzelnen noch Eingriffsbefugnisse für die Behörden.[29] In verpflichtende Normen werden diese Zielsetzungen erst durch die §§ 4 ff. BBodSchG umgesetzt.[30]

---

26 Kurze Übersicht bei Hilger, in: Pfaff-Schley: Bodenschutz und Umgang mit kontaminierten Böden, S. 2.

27 Gesetzentwurf der BReg für ein BBodSchG, BR-Drucks. 702/96, S. 43 f.; Ott, ZUR 1994, 53, 56.

28 Ott, ZUR 1994, 53, 56.

29 Holzwarth/Radtke/Hilger/Bachmann, § 1 Rn. 2.

30 Wolf, NuR 1999, 545, 546.

b) *Begriffsbestimmungen (§ 2 BBodSchG)*

§ 2 BBodSchG enthält Legaldefinitionen der Begriffe Boden, Bodenfunktionen, schädliche Bodenveränderungen, Verdachtsflächen, Altlasten, altlastenverdächtige Flächen, Sanierung sowie Schutz- und Beschränkungsmaßnahmen. Diese Begriffsbestimmungen erleichtern die Handhabung des Gesetzes nicht unwesentlich und erlauben eine Abgleichung der verwaltungsrechtlichen Terminologie mit jener des Umweltstrafrechts.

aa) *Definition des Bodens (§ 2 Abs. 1)*

Unter „Boden" versteht § 2 Abs. 1 BBodSchG „die obere Schicht der Erdkruste, soweit sie Träger der in § 2 Abs. 2 genannten Bodenfunktionen ist, einschließlich der flüssigen Bestandteile (Bodenlösung) und der gasförmigen Bestandteile (Bodenluft), ohne Grundwasser und Gewässerbetten." Geschützt werden auch tiefere Bodenschichten, die vielfach als Filter, Puffer und Speicher dienen.[31] Mit dieser funktionalen Definition folgt das BBodSchG einem im wesentlichen anthropozentrischen Ansatz.[32] Ausdrücklich ausgenommen von der Begriffsbestimmung des Bodens werden das Grundwasser sowie Gewässerbetten, also der Grund stehender oder fließender Gewässer. Diese fallen gemäß § 1 Abs. 1 WHG in den sachlichen Anwendungsbereich des Wasserhaushaltsgesetzes.

bb) *Funktionen des Bodens (§ 2 Abs. 2)*

Gemäß § 2 Abs. 2 Nr. 1 BBodSchG erfüllt der Boden natürliche Funktionen als Lebensgrundlage und Lebensraum für Menschen, Tiere, Pflanzen und Bodenorganismen, als Bestandteil des Naturhaushalts, insbesondere mit seinen Wasser- und Nährstoffkreisläufen, sowie als Abbau-, Ausgleichs- und Aufbaumedium für stoffliche Einwirkungen aufgrund seiner Filter-, Puffer- und Stoffumwandlungseigenschaften, insbesondere auch zum Schutze des Grundwassers.[33] Die Aufteilung der natürlichen Bodenfunktionen reflektiert den Stand der Bodenforschung, enthält aber keine strikt nach wissenschaftlichen Kriterien durchführbare Abgrenzung der genannten Funktionsparameter. Diese stehen vielmehr in einem gegenseitigen Bedingungszusammenhang.[34]

Überdies erfüllt der Boden gemäß § 2 Abs. 2 Nr. 2 BBodSchG Funktionen als Archiv der Natur- und Kulturgeschichte[35] sowie gemäß § 2 Abs. 2 Nr. 3

---

31 Ott, ZUR 1994, 53, 57.

32 Kobes, NVwZ 1998, 786, 788 Fn. 22; Peine, DVBl. 1998, 157, 158.

33 Ausführlich dazu Kothe, Altlasten, Rn. 35 ff.

34 Wolf, NuR 1999, 545, 547.

35 Kothe, Altlasten, Rn. 39; Wolf, NuR 1999, 545, 547.

BBodSchG Nutzungsfunktionen als Rohstofflagerstätte, Fläche für Siedlung und Erholung, Standort für die land- und forstwirtschaftliche Nutzung sowie als Standort für sonstige wirtschaftliche und öffentliche Nutzungen, Verkehr, Ver- und Entsorgung.[36] Letztere umschreiben den ökonomisch-sozialen Aspekt der Bodennutzung.

cc) Schädliche Bodenveränderungen (§ 2 Abs. 3) und Altlasten (Abs. 5)

(i) Schädliche Bodenveränderungen

Zentraler Anknüpfungspunkt für den Erlass einer Sanierungsverfügung sind die Begriffe „schädliche Bodenveränderung" und „Altlast". Nach der Legaldefinition sind schädliche Bodenveränderungen „Beeinträchtigungen der Bodenfunktionen, die geeignet sind, Gefahren, erhebliche Nachteile oder erhebliche Belästigungen für den einzelnen oder die Allgemeinheit herbeizuführen" (§ 2 Abs. 3 BBodSchG). Der Begriff ist weit zu verstehen und umfasst stoffliche Einträge ebenso wie Veränderungen der Bodenphysik und Flächenversiegelung.[37]

Ob eine schädliche Bodenveränderung vorliegt, bestimmt sich vor allem unter dem Aspekt der Gefahrenabwehr danach, inwieweit durch Belastungen des Bodens seine Funktionen im Naturhaushalt oder seine Eignung als Standort für belastungsempfindliche Nutzungen beeinträchtigt sind. Im ersten Fall liegt eine schädliche Bodenveränderung etwa dann vor, wenn durch Stoffeinträge die Filterfunktion des Bodens beeinträchtigt wird und es dadurch zu nachteiligen Veränderungen des Grundwassers kommt.[38] In seiner Funktion als Standort für belastungsempfindliche Nutzungen ist der Boden beeinträchtigt, wenn beispielsweise aufgrund von Bodenbelastungen Nahrungs- oder Futtermittel nicht mehr uneingeschränkt angebaut oder Wohngebäude nicht errichtet werden können.[39]

Indem es für Nachteile und Belästigungen eine Erheblichkeitsschwelle einführt, trägt das BBodSchG dem Umstand Rechnung, dass Deutschland ein hochindustrialisiertes und dichtbesiedeltes Land ist und mehr als 150 Jahre Industriegeschichte dem Bodenschutz praktische, wirtschaftliche und soziale Grenzen ziehen. Die in § 1 angestrebte Wiederherstellung von Böden vor allem hinsicht-

36 Kothe, Altlasten, Rn. 40 ff.

37 Gesetzentwurf der BReg für ein BBodSchG, BT-Drucks. 13/6701, S. 29; Erbguth/Stollmann, NuR 1999, 127, 128; Kobes, NVwZ 1998, 786, 788; Kothe, Altlasten, Rn. 46; Ott, ZUR 1994, 53, 57; Pützenbacher, NJW 1999, 1137, 1138; Rid/Petersen, NVwZ 1994, 844, 846; Tomerius, ZUR 1999, 78, 82.

38 Gesetzentwurf der BReg für ein BBodSchG, BR-Drucks. 702/96, S. 44 f.

39 Gesetzentwurf der BReg für ein BBodSchG, BR-Drucks. 702/96, S. 45 f.

lich ihrer ökologischen Funktionen ist aus naturwissenschaftlich-technischen und finanziellen Gründen ohnehin nur eingeschränkt möglich, so dass der Erhaltung der Böden die größere Bedeutung zukommen wird.[40]

(ii) Altlasten

Bei Altlasten handelt es sich um alte Industriestandorte, auf denen mit umweltgefährdenden Stoffen umgegangen wurde, oder um stillgelegte Deponien.[41] Die in § 2 Abs. 5 BBodSchG genannten Gefahren oder Störungen müssen gegenwärtig und unmittelbar bestehen, eine Kausalität zwischen der Herbeiführung der Altlast und den aktuellen Gefahren oder Störungen lückenlos nachweisbar sein.[42]

Das BBodSchG beschränkt den Altlastenbegriff nicht auf Flächen, die gewerblich oder industriell genutzt worden sind, sondern dehnt den Kreis potenzieller Altlasten auf privat genutzte Flächen aus. Zweifelhaft ist daher, welche eigenständige Funktion ein solch unscharfer Altlastenbegriff neben jenem der schädlichen Bodenveränderung zu erfüllen vermag, zumal auch § 10 BBodSchG als Rechtsgrundlage für Sanierungsanordnungen bei Bodenkontaminationen eine Differenzierung zwischen beiden Begriffen nicht erkennen lässt.[43]

c) Anwendungsbereich des Gesetzes (§ 3 BBodSchG)

Das BBodSchG findet auf schädliche Bodenveränderungen und Altlasten keine Anwendung, *soweit* eine Bodennutzung oder eine wirtschaftliche Betätigung mit Einwirkung auf den Boden[44] bereits von einem der in § 3 Abs. 1 BBodSchG aufgezählten Fachgesetze erfasst wird. Die Subsidiarität des BBodSchG gilt insbesondere gegenüber den Normen des Anlagenzulassungsrechts nach dem Kreislaufwirtschafts- und Abfallgesetz (KrW-/AbfG) gemäß § 3 Abs. 1 Nr. 1 und 2, dem Bundes-Immissionsschutzgesetz (BImSchG) gemäß § 3 Abs. 1 Nr. 11 und Abs. 3, dem Atomgesetz (AtG) nach § 3 Abs. 2 S. 1 sowie dem Bundesberggesetz (BBergG) nach § 3 Abs. 1 Nr. 10. Ein Nachrang des BBodSchG

40 Ott, ZUR 1994, 53, 56.

41 Gesetzentwurf der BReg für ein BBodSchG, BR-Drucks. 702/96, S. 45.

42 Becker, DVBl. 1999, 134, 141.

43 Kritisch deshalb Kothe, Altlasten, Rn. 19; Notter, NuR 1999, 541, 543 f.; Vierhaus, NJW 1998, 1262, 1263; vgl. aber Erbguth/Stollmann, Bodenschutzrecht, Rn. 205; Sanden, Umweltrecht, § 10 Rn. 48: Der Altlastenbegriff hat dort eine eigenständige Bedeutung, wo kein „Boden“ vorhanden ist und somit eine schädliche Bodenveränderung ausscheidet, z. B. bei alten Deponiekörpern.

44 Tomerius, ZUR 1999, 378, 379 hebt die Abgrenzungsfunktion der „Einwirkung auf den Boden“ für den sachlichen Anwendungsbereich des BBodSchG hervor. Dem kann angesichts der begrifflichen Unschärfe nicht gefolgt werden.

besteht ferner gegenüber dem Bauordnungs- und weiten Teilen des Bauplanungsrechts (§ 3 Abs. 1 Nr. 9).[45]

Nach § 3 Abs. 2 BBodSchG findet das BBodSchG *von vornherein* keine Anwendung auf die Gefahren der Kernenergie und der ionisierenden Strahlung sowie auf Maßnahmen der Kampfmittelbeseitigung.[46] Demgegenüber sind mangels ausdrücklicher Bestimmung das BBodSchG und das Wasser- und Naturschutzrecht auch dort nebeneinander anwendbar, wo beide Gebiete bodenschutz- und grundwasserbezogene Regelungen enthalten. Es gilt hier lediglich der Anwendungsvorrang der spezielleren Norm.[47]

Das BBodSchG ist daher nur als Ergänzungsgesetz zu den bereits bestehenden bundesrechtlichen, zum Teil unmittelbar, zum Teil bloß mittelbar bodenschützenden Normen konzipiert.[48] Der Gesetzgeber hat von einer Integration aller bodenschützenden Vorschriften in einem Gesetz Abstand genommen, weil dies rechtstechnisch „nur um den Preis der Zerreißung anderer normativer Zusammenhänge oder zahlreicher Doppelregelungen" möglich gewesen wäre.[49] Da das BBodSchG über keinen eigenen Verfahrensmodus verfügt, erfolgt seine subsidiäre Anwendung allein im Zulassungsgerüst des jeweils anwendbaren Fachrechts.[50]

2. Grundsätze und Pflichten (2. Teil)

Sowohl die behördlichen Anordnungsbefugnisse als auch die gesetzlichen Verordnungsermächtigungen knüpfen an bodenschutzrechtliche Pflichten an. Diese bilden das normative Fundament des BBodSchG.[51] Die Ziele des Gesetzes sollen durch eine Trias von Grundsätzen und Pflichten erreicht werden, die, abweichend von der gesetzlichen Paragrafenfolge in zeitlich relevanter Abfolge dargestellt, Vorsorge, Gefahrenabwehr und Sanierung lauten.

45 Vgl. §§ 179 Abs. 1 Nr. 2 (Abbruchgebot), 209 BauGB (Boden- und Grundwasseruntersuchungen).

46 § 3 Abs. 1 und Abs. 2 BBodSchG unterscheiden sich daher im Umfang ihrer Ausschlusswirkung; vgl. Wolf, NuR 1999, 545, 546; kritisch Erbguth/Stollmann, UPR 1996, 281, 283 f.

47 Wolf, NuR 1999, 545, 547.

48 Kothe, Altlasten, Rn. 151.

49 Erbguth/Stollmann, UPR 1996; 281, 283; Kothe, Altlasten, Rn. 154; Rid/Petersen, NVwZ 1994, 844, 845; Schink, DÖV 1999, 797, 797; zur Kritik ausführlich Storm, in: HdUR, Bd. 1, Spalte 322 f.

50 Wolf, NuR 1999, 545, 546.

51 Gesetzentwuf der BReg für ein BBodSchG, BR-Drucks. 702/96, S. 46.

a) *Vorsorge, §§ 6, 7 BBodSchG*

aa) *Allgemeine Vorsorgepflicht, § 7 BBodSchG*

Die effiziente Abwehr schädlicher Bodenveränderungen setzt eine genaue Kenntnis der Wirkungszusammenhänge voraus. Nach heutigem Kenntnisstand kann jedoch vielfach nicht angegeben werden, zu welchem Zeitpunkt und aufgrund welcher Einwirkungen eine Gefährdung der Bodenfunktionen vorliegt oder eintreten wird.[52] § 7 BBodSchG ermöglicht deshalb vorsorgende Maßnahmen zum Schutze des Bodens bereits dann, wenn wegen des Prognoserisikos im Vorfeld der Gefahrenabwehr und der dort bestehenden Unsicherheiten bei der Bewertung komplexer naturwissenschaftlicher Kausalzusammenhänge das Herausfiltern einer einzelnen Ursachenkette nur schwer möglich ist.[53]

Vorsorgemaßnahmen sind nach § 7 S. 2 BBodSchG geboten, wenn wegen der räumlichen, langfristigen oder komplexen Auswirkungen einer Nutzung auf die Bodenfunktionen die Besorgnis einer schädlichen Bodenveränderung besteht.[54] Adressaten der Vorsorgepflicht sind der Grundstückseigentümer, der Inhaber der tatsächlichen Gewalt über ein Grundstück und derjenige, der Verrichtungen[55] auf einem Grundstück durchführt oder durchführen lässt, die zu Veränderungen der Bodenbeschaffenheit führen können.

§ 7 BBodSchG steuert ausschließlich die *künftige* Bodennutzung.[56] Die Vermeidung drohender oder die Beseitigung bereits eingetretener schädlicher Bodenveränderungen aufgrund schon bestehender Belastungen des Bodens bestimmt sich gemäß § 7 S. 7 BBodSchG allein nach § 4 BBodSchG.[57] Daraus ergibt sich die Notwendigkeit der Vorsorge neben der Gefahrenabwehr. Letztere

52 Gesetzentwurf der BReg für ein BBodSchG, BR-Drucks. 702/96, S. 48.

53 Gesetzentwurf der BReg für ein BBodSchG, BR-Drucks. 702/96, S. 111; Schlabach, UPR 1996, 1, 2; kritisch Bückmann/Lee/Zieschank, UPR 1999, 81, 82.

54 Vgl. dazu auch den Gesetzentwurf der BReg für ein BBodSchG, BR-Drucks. 702/96, S. 111 f.; zum Besorgnisgrundsatz ausführlich Hasche, DVBl. 2000, 91, 92 ff.

55 Der Begriff der Verrichtung ist in Anlehnung an die zu § 831 Abs. 1 S. 1 BGB entwickelten Grundsätze weit auszulegen: Erfasst wird jede zweckgerichtete Handlung, die auf einem Grundstück zur Erreichung eines bestimmten Erfolges durchgeführt wird. Darunter fallen insbesondere Arbeiten und Tätigkeiten zur Errichtung und Nutzung von Gebäuden und Anlagen oder Erdarbeiten zur Verlegung von Rohrleitungen oder Kabeln; vgl. Holzwarth/Radtke/Hilger/Bachmann, § 7 Rn. 5.

56 Vgl. die Begründung zum Entwurf einer BodSchV, BR-Drucks. 780/98, S. 6; Landel/Vogg/Wüterich, § 7 Rn. 29; Sanden/Schoeneck, § 7 Rn. 8.

57 Kobes, NVwZ 1998, 786, 791; Schlabach, UPR 1996, 1, 3.

zielt darauf ab, hinreichend wahrscheinliche und damit klar erkennbare Schadensverläufe in einem zeitlich und örtlich begrenzten Rahmen abzuwehren.[58]

bb) Einbringen von Materialien in den Boden, § 6 BBodSchG

Nach der Verordnungsermächtigung des § 6 BBodSchG können zur Erfüllung der gesetzlichen Anforderungen an das Auf- und Einbringen von Materialien auf oder in den Boden hinsichtlich der Schadstoffgehalte und sonstiger Eigenschaften Verbote und Beschränkungen sowie Untersuchungsverfahren geregelt werden. Dazu sieht § 12 Abs. 1 BBodSchV Beschränkungen für das Aufbringen von Materialien vor. § 6 BBodSchG begründet aber keine unmittelbaren Pflichten. Diese ergeben sich erst aus der BBodSchV.[59]

b) Gefahrenabwehr, § 4 Abs. 1, 2 BBodSchG

Ebenfalls vorbeugend wirken die in § 4 Abs. 1 und 2 BBodSchG genannten Pflichten. Sie dienen der Abwehr schädlicher Bodenveränderungen.[60] Dabei enthält § 4 Abs. 1 BBodSchG eine Generalklausel für das bodenrelevante Verhalten, § 4 Abs. 2 BBodSchG gibt der Verpflichtung des Eigentümers zur Gefahrenabwehr schärfere Konturen. Über die Legaldefinition der schädlichen Bodenveränderung wird der Schutz des Bodens als Schutzgut der Allgemeinheit in die Gefahrenabwehr integriert.[61] Jeder, der den Boden nutzt oder in sonstiger Weise auf ihn einwirkt, hat sich so zu verhalten, dass schädliche Bodenveränderungen nicht hervorgerufen werden. Grundstückseigentümer und Inhaber der tatsächlichen Gewalt über ein Grundstück sind verpflichtet, Maßnahmen zur Abwehr der von ihrem Grundstück drohenden schädlichen Bodenveränderungen zu ergreifen.[62]

c) Sanierung, §§ 4 Abs. 3, 5 BBodSchG

aa) Allgemeine Sanierungspflicht, § 4 Abs. 3 BBodSchG

Ist eine schädliche Bodenveränderung bereits eingetreten, besteht gemäß § 4 Abs. 3 BBodSchG eine Sanierungspflicht des Verursachers, seines Gesamt-

58 Gesetzentwurf der BReg für ein BBodSchG, BR-Drucks. 702/96, S. 110; Rid/Petersen, NVwZ 1994, 844, 847.

59 Gesetzentwurf der BReg für ein BBodSchG, BR-Drucks. 702/96, S. 47 f., 108 f.

60 Gesetzentwurf der BReg für ein BBodSchG, BR-Drucks. 702/96, S. 47, 100; Schink, DÖV 1999, 797, 798.

61 Gesetzentwurf der BReg für ein BBodSchG, BR-Drucks. 702/96, S. 101.

62 Vgl. Gesetzentwurf der BReg für ein BBodSchG, BR-Drucks. 702/96, S. 47.

rechtsnachfolgers und des Zustandsverantwortlichen.[63] Diese Pflicht gilt unmittelbar.[64] Es handelt sich um eine materielle Polizeipflicht, also um eine rechtsverbindliche, jederzeit und unabhängig von behördlichen Maßnahmen zu beachtende Handlungs- und Unterlassungspflicht, vergleichbar mit den Grundpflichten des § 5 BImSchG.[65]

Andererseits macht erst die behördliche Inanspruchnahme des Eigentümers auf der Grundlage des § 10 S. 1 BBodSchG die Sanierungspflicht staatlicherseits durchsetzbar.[66] Die bestehende Pflicht wird hierdurch auf ein vollziehbares Maß reduziert. Wird der Pflichtige bereits vor Erlass einer Sanierungsverfügung tätig, erfüllt er damit zwar seine Sanierungspflicht in einem Umfang, der, wäre er zuvor behördlich angeordnet worden, möglicherweise unverhältnismäßig wäre. Er handelt jedoch nicht überobligationsmäßig, sondern erfüllt nur seine „Schuld“ aus § 4 Abs. 3 BBodSchG gegenüber der Allgemeinheit.[67] § 4 BBodSchG legt den Kreis der Pflichtigen abschließend fest.[68]

bb) Flächenentsiegelung, § 5 BBodSchG

Jenseits der stofflichen Einwirkungen muß nach der Bodenschutzkonzeption der Bundesregierung[69] vorsorgender Bodenschutz beim Landverbrauch ansetzen.[70] § 5 BBodSchG, der nach der Legaldefinition in § 2 Abs. 7 Nr. 3 BBodSchG der Sanierung zuzuordnen sei dürfte, enthält dazu eine Verordnungsermächtigung für die Entsiegelung nicht mehr genutzter versiegelter Flächen. Normadressaten

63 In den neuen Bundesländern sind die Besonderheiten der Haftungsfreistellungen nach dem UmweltrahmenG (BGBl. 1991 I, S. 766) und die Anträge auf Haftungsfreistellung bis zum 1.3.1992 zu beachten. Bereits erfolgte Freistellungen können auch heute noch in Anspruch genommen werden, wenn eine Haftung nach § 4 Abs. 3 BBodSchG eintritt; vgl. Vierhaus, NJW 1998, 1262, 1265.

64 Gesetzentwurf der BReg für ein BBodSchG, BT-Drucks. 13/6701, S. 34; Gesetzentwurf der Reg für ein BBodSchG, BR-Drucks. 702/96, S. 101; Frenz, vor § 4 Rn. 2; a. A. Redeker/Dahs, DVBl. 1988, 803, 811; Robra/Meyer, wistra 1996, 243, 245, denen zufolge die Gefahrenabwehrpflicht des Eigentümers erst mit dem Zugang einer Ordnungsverfügung entsteht; dagegen überzeugend Sanden, wistra 1996, 283, 286; Wüterich, BB 1992, 2449, 2452.

65 Bender/Sparwasser/Engel, Kap. 7 Rn. 104; Frenz, vor § 4 Rn. 3; Peine, UPR 1999, 361, 362; Sanden/Schoeneck, § 4 Rn. 3; Schink, DÖV 1999, 797, 798; Schwartmann, DStR 1999, 324, 326.

66 Bender/Sparwasser/Engel, Kap. 7 Rn. 104; Peine, UPR 1999, 361, 362; Schwartmann, DStR 1999, 324, 326.

67 Bickel, § 4 Rn. 69.

68 Gesetzentwurf der BReg für ein BBodSchG, BT-Drucks. 13/6701, S. 15; VGH Kassel, DVBl. 2000, 210, 211; Knopp, NJW 2000, 905, 906; Riedel, ZIP 1999, 94, 97; Sanden/Schoeneck, § 4 Rn. 30; a. A. Bickel, § 4 Rn. 22.

69 Bodenschutzkonzeption der BReg vom 6.2.1985, BT-Drucks. 10/2977, S. 31.

70 Gesetzentwurf der BReg für ein BBodSchG, BR-Drucks. 702/96, S. 49.

sind alle Grundstückseigentümer. Die Entsiegelungspflicht betrifft Flächen, die dauerhaft nicht mehr genutzt werden und deren Versiegelung im Widerspruch zu planungsrechtlichen Festsetzungen steht. Der Boden ist in seiner Leistungsfähigkeit so weit wie möglich und zumutbar zu erhalten oder wiederherzustellen. § 5 BBodSchG findet allerdings auf bauliche Anlagen keine Anwendung, da diese der speziellen Regelung des § 179 Abs. 1 S. 2 BauGB unterfallen.[71] § 5 BBodSchG erfasst deshalb nur die Versiegelung des Bodens, die nicht auf eine bauliche Anlage zurückzuführen ist, was seinen Anwendungsbereich erheblich einschränkt.[72]

Eine unmittelbare Entsiegelungspflicht des Eigentümers folgt aus § 5 S. 1 BBodSchG nicht, sondern setzt den Erlass einer Rechtsverordnung voraus.[73] Eine solche existiert bislang nicht. Die BBodSchV regelt die Entsiegelungspflicht nicht.[74] Somit fehlt ein in sich geschlossener Regelungsansatz zum Bodenverbrauch. Die strafrechtliche Relevanz der Entsiegelungsvorschrift dürfte deshalb auf absehbare Zeit gering bleiben. Sie soll hier nicht weiter vertieft werden.

d) ***Verordnungsermächtigung, § 8 BBodSchG***

aa) *Beseitigung des „Listenwildwuchses" und Vereinheitlichung der technischen Kriterien*

Mit der Ermächtigungsgrundlage des § 8 Abs. 1 BBodSchG, die bereits am 25.3.1998 in Kraft trat, sollte der bis dato bestehende „Listenwildwuchs" beseitigt werden.[75] Für die Risikobewertung kontaminierter Standorte und die Festlegung der Anforderungen an eine Sanierung galten bislang über 30 regionale Wertelisten wie die so genannte „Holland-Liste"[76] mit unterschiedlichsten Gefahr- und Risikowerten, die allerdings allesamt keine rechtliche Verbindlich-

---

71 Vgl. § 3 Abs. 1 Nr. 9 BBodSchG.

72. Hoppe/Beckmann/Kauch, § 27 Rn. 81; Kotulla, Rn. 392; Notter, NuR 1999, 541, 541; Schmidt, § 6 Rn. 60; Schmidt-Räntsch/Sanden, NuR 1999, 555, 555; kritisch Hasche, DVBl. 2000, 91, 97 ff.

73 Gesetzentwurf der BReg für ein BBodSchG, BR-Drucks. 702/96, S. 47, 108.

74 Dazu kritisch Erbguth/Stollmann, UPR 1996, 281, 286; Schmidt-Räntsch/Sanden, NuR 1999, 555, 555.

75 Gesetzentwurf der BReg für ein BBodSchG, BT-Drucks. 13/6701, S. 22, 24, 37; BR-Drucks. 702/96, S. 113; Lindemann/Eickhoff, NuR 1994, 330, 333; Riedel, UPR 1999, 92, 95 Fn. 24; Sandner, NJW 2000, 2542, 2542 f.; Schmidt-Räntsch/Sanden, NuR 1999, 555, 558.

76 Dazu und zu den weiteren ca. 30 „Wertelisten" Bender/Sparwasser/Engel, 3. Aufl. 1995, Teil 5 Rn. 30.

keit besaßen.[77] Die technischen Standards, die für die konkrete Ausfüllung des abstrakten ordnungsrechtlichen Rahmens maßgeblich sind, waren in den Bundesländern jeweils eigenständig und ebenso unterschiedlich geregelt wie die technischen Methoden zur Ermittlung und Bewertung von Kontaminationen. Die praktische Handhabbarkeit und Vergleichbarkeit der Listen war überdies nur gering, weil sie so gut wie keine „Grenzwerte" enthielten, die gesetzlich klar vorgegebene Rechtsfolgen auslösten.[78]

bb) Zweistufiges Prüfungsverfahren durch Prüf- und Maßnahmenwerte

Die BBodSchV vom 12.7.1999 strebt deshalb ein bundeseinheitliches Vorgehen bei der Untersuchung und Bewertung von Altlasten an.[79] Sie bewirkt eine Vereinheitlichung des zersplitterten Sanierungsrechts insoweit, als sie in ihrem Anhang 1 erschöpfend die Methoden der Beprobung und Bewertung von Kontaminationen regelt und damit gewährleistet, dass künftig bundesweit Bodenbelastungen nach einheitlichen technischen Kriterien ermittelt werden.[80] In Anhang 2 der Verordnung werden einerseits Prüf- und Maßnahmenwerte gemäß § 8 Abs. 1 Nr. 1 und 2, andererseits Vorsorgewerte gemäß § 8 Abs. 2 Nr. 1 BBodSchG festgesetzt. Die Prüf- und Maßnahmenwerte dienen als bindende Vorgabe[81] für die Konkretisierung der sich aus § 4 BBodSchG ergebenden boden- und altlastenbezogenen Grundpflichten.[82] Damit gibt § 8 Abs. 1 BBodSchG in Verbindung mit den das Untersuchungs- und Bewertungsverfahren für Altlastenverdachtsflächen regelnden §§ 3, 4 BBodSchV[83] ein zweistufiges Untersuchungsmodell vor, das sich in der Unterscheidung in Anhang 2 der BBodSchV widerspiegelt:

77 Erbguth/Stollmann, NuR 1999, 127, 130; Kothe, Altlasten, Rn. 143; Kotulla, Rn. 387; Rid/Petersen, NVwZ 1994, 844, 844; Sandner, NJW 2000, 2542, 2542 f.; zur Anwendbarkeit der sog. „Holland-Liste" in Deutschland vgl. OVG Lüneburg, NJW 1998, 97, 97.

78 Kritisch dazu Pape, NJW 1992, 2661, 2664; Sandner, NJW 2000, 2542, 2543.

79 Gesetzentwurf der BReg für ein BBodSchG, BT-Drucks. 13/6701, S. 23 f.

80 Bickel, § 8 Rn. 4; Sandner, NJW 2000, 2542, 2543, der die technische von der rechtsdogmatischen Seite der Altlastensanierung unterscheidet und für letztere zu einem negativen Ergebnis gelangt.

81 Breuer, DVBl. 1994, 890, 899; Hilger, in: Pfaff-Schley (Hrsg.): Bodenschutz und Umgang mit kontaminierten Böden, S. 4; Knopp/Ebermann-Finken, wistra 1999, 2469, 2469.

82 Gesetzentwurf der BReg für ein BBodSchG, BR-Drucks. 702/96, S. 114.

83 Dazu ausführlich Schmidt-Räntsch/Sanden, NuR 1999, 555, 555 f.

(i) Prüfwerte

Prüfwerte sind Werte, bei deren Überschreiten unter Berücksichtigung der Bodennutzung eine einzelfallbezogene Prüfung durchzuführen und festzustellen ist, ob eine schädliche Bodenveränderung oder Altlast vorliegt, § 8 Abs. 1 S. 2 Nr. 1 BBodSchG. Ist der Prüfwert erreicht, so besteht ein Altlastenverdacht[84], Die Behörde hat dann durch Untersuchungsmaßnahmen und Gefahrerforschungseingriffe nach § 9 Abs. 1, 2 BBodSchG festzustellen, ob unter Berücksichtigung von Bodenart, Mobilität, Bioverfügbarkeit und Abbauverhalten des Schadstoffs am jeweiligen Standort sowie der Schutzwürdigkeit und Nutzung des Schutzgutes eine sanierungsbedürftige schädliche Bodenveränderung vorliegt.[85] Liegen die Schadstoffkonzentrationen im Boden unterhalb der festgelegten Prüfwerte, ist lediglich von einer unerheblichen Bodenbeeinträchtigung auszugehen. Prüfwerte markieren daher die *Unerheblichkeitsschwelle*.[86]

(ii) Maßnahmenwerte

Maßnahmenwerte sind Werte für Einwirkungen auf den Boden oder Belastungen, bei deren Überschreiten unter Berücksichtigung der jeweiligen Bodennutzung in der Regel von einer schädlichen Bodenveränderung auszugehen ist und Maßnahmen erforderlich sind, § 8 Abs. 1 S. 2 Nr. 2 BBodSchG. Ist ein Maßnahmenwert erreicht, so begründet dies im Regelfall eine Sanierungspflicht des Verantwortlichen, die durch Sanierungsanordnung oder –vertrag umgesetzt werden kann.[87] Nach der Systematik der BBodSchV entscheidet allein der entsprechende Maßnahmenwert über die Frage, ob eine Sanierungsverfügung ergehen kann. Maßnahmenwerte definieren also grundsätzlich die *Gefahrenschwelle*.[88]

cc) Regelungsdichte der BBodSchV

Umso schwerer wiegt vor diesem Hintergrund, dass die BBodSchV unter Anhang 2 Ziff. 2.2 und 2.3 bislang für den Wirkungspfad Boden – Nutzpflanze Maßnahmenwerte für derzeit lediglich neun Stoffe enthält. Die praktische Relevanz der Sanierung von landwirtschaftlich genutzten Flächen ist indessen

---

84 Knopp/Ebermann-Finken, wistra 1999, 2469, 2470; Knopp, NJW 2000, 905, 908.

85 Gesetzentwurf der BReg für ein BBodSchG, BR-Drucks. 702/96, S. 114 f., 116; Riedel, UPR 1999, 92, 95; Sandner, NJW 2000, 2542, 2543 f.; Tomerius, ZUR 1999, 78, 83.

86 Knopp, NJW 2000, 905, 908; Michler, UPR 1999, 100, 103.

87 Hasche, DVBl. 2000, 91, 95; Knopp/Ebermann-Finken, wistra 1999, 2469, 2470.

88 Erbguth/Stollmann, NuR 1999, 127, 130; Kothe, Altlasten, Rn. 147; Michler, UPR 1999, 100, 103; Riedel, UPR 1999, 92, 95; Sandner, NJW 2000, 2542, 2544; Vierhaus, NJW 1998, 1262, 1265.

vergleichsweise gering.[89] Für den erheblich bedeutsameren Wirkungspfad Boden – Mensch, also den direkten Kontakt mit kontaminiertem Erdreich, existieren in Anhang 2 Ziff. 1.2 nach Nutzungsart differenzierte Maßnahmenwerte nur für Dioxine und Furane (PCDD/F)[90], für den besonders praxisrelevanten Wirkungspfand Boden – Grundwasser fehlen sie völlig.[91] Demgegenüber hat der Verordnungsgeber in allen drei geregelten Wirkungspfaden eine Vielzahl von Prüfwerten festgelegt[92], die allerdings für das Überschreiten der Gefahrenschwelle und die Berechtigung der Behörde, eine Sanierung zu verlangen, keinerlei Aussage treffen können.[93]

Der Hauptansatz des BBodSchG, einen bundeseinheitlichen Vollzug der Boden- und Altlastensanierung zu erreichen, ist somit bislang nur unzureichend realisiert worden.[94] Unabhängig davon bergen auch Maßnahmenwerte als Gefahrenschwelle stets das Risiko, dass der Boden bis zu einer bestimmten Grenze sanktionslos belastet, also mit Schadstoffen „aufgefüllt" werden kann. Maßnahmenwerte stellen in gewisser Hinsicht ein „Verschmutzungsrecht" dar.[95]

3. Ergänzende Vorschriften für Altlasten (3. Teil)

Von Altlasten gehen erhebliche Gefahren für Mensch und Umwelt aus. Etwa 10 % der Altlastenflächen sind nach heutigem Kenntnisstand sanierungsbedürftig.[96] Neuere Untersuchungen im Jahre 1994 haben einen Sanierungsbedarf in

---

89 Sandner, NJW 2000, 2542, 2544; Knopp/Ebermann-Finken, wistra 1999, 2469, 2471.

90 Der als extrem gefährlich identifizierte Wirkstoff, um den es bei „Dioxinen" geht, ist das Tetrachlordibenzo-para-Dioxin, das mit Abstand die höchste Giftigkeit besitzt. Andere, chemisch ähnliche Wirkstoffe sind jedoch ebenfalls sogenannte Ultragifte, so dass sich eingebürgert hat, hier als Sammelbegriff von „Dioxinen" zu sprechen. Dazu zählen auch die Furane, die sich von den „Dioxinen" nur geringfügig durch die Molekularstruktur unterscheiden. Hautkontakt kann bereits in geringsten Konzentrationen Chlorakne auslösen. Langzeitstudien ordnen „Dioxine" als Erbgut schädigend und Krebs auslösend ein.

91 Nach § 4 Abs. 5 BBodSchV sind für die Bewertung insoweit die zur Ableitung der entsprechenden Werte in Anhang 2 herangezogenen Methoden und Maßstäbe zu beachten, wobei auf deren Veröffentlichung im Bundesanzeiger Nr. 161a vom 28.8.1999 Bezug genommen wird; vgl. Knopp/Ebermann-Finken, wistra 1999, 2469, 2471.

92 Vgl. Knopp/Ebermann-Finken, wistra 1999, 2469, 2471; für den Wirkungspfad Boden – Mensch fehlen allerdings Prüfwerte für Mineralölkohlenwasserstoffe (MKW), chlorierte Kohlenwasserstoffe (CKW) und polycyclische aromatische Kohlenwasserstoffe (PAK).

93 So zu Recht Sandner, NJW 2000, 2542, 2544.

94 Sandner, NJW 2000, 2542, 2544 f.; Tomerius, ZUR 1999, 78, 83; Vierhaus, NJW 1998, 1262, 1265.

95 Ott, ZUR 1994, 53, 58.

96 Bender/Sparwasser/Engel, Kap. 7 Rn. 23.

Höhe von 150 Mrd. € für die nächsten zehn Jahre ergeben.[97] Noch immer zunehmend ist die Zahl der neu entdeckten verdächtigen Altstandorte. Im August 1997 waren 190.716 Verdachtsflächen erfasst, wobei jeweils auf die neuen und auf die alten Bundesländer etwa 95.000 entfielen, davon 87.444 sogenannte Altablagerungen und 103.272 Altstandorte.[98] Nicht nur angesichts dieser Zahlen, sondern auch in Anbetracht der in jedem einzelnen Sanierungsfall zu ergreifenden Maßnahmen stellt die Beseitigung von Altlasten inzwischen ein erhebliches Kostenrisiko für die Sanierungsverantwortlichen dar.[99]

Die operativen Vorschriften der §§ 11 bis 16 BBodSchG über die Sicherung von Altlasten verstärken deshalb das reaktive Potenzial des BBodSchG gegenüber seiner vorsorgenden Zielrichtung. Das BBodSchG schafft eine Grundlage für behördliche Untersuchungsanordnungen, regelt die Mitwirkung des Verursachers und des Grundstückseigentümers bei der Feststellung einer Altlast und enthält eine Ermächtigung zur Festsetzung von Bodenwerten und bundeseinheitlichen Bewertungsgrundsätzen durch Rechtsverordnung. Mit der Anordnungsbefugnis zur Altlastensanierung, den Bestimmungen zur Sanierungsplanung, zu den Informationspflichten des Sanierungspflichtigen und zur Überwachung von Altlasten sind den Bodenschutzbehörden Instrumente zur Durchsetzung der Sanierungspflichten im Einzelfall an die Hand gegeben.[100]

Als Instrument der Verfahrensprivatisierung soll der Sanierungsplan gemäß § 13 Abs. 1 BBodSchG eine Beschleunigung des Sanierungsverfahrens und eine finanzielle Entlastung der öffentlichen Hand bewirken.[101] Bei gravierenden und komplexen Altlasten kann gemäß § 13 Abs. 4 BBodSchG ein mit dem Sanierungsplan verbundener Sanierungsvertrag Transparenz schaffen und damit einen Beitrag zur Akzeptanz der notwendigen Sanierungsmaßnahmen bei den Betroffenen leisten.[102] Hier können detaillierte Kostentragungsabsprachen getroffen werden. Auch kann festgelegt werden, wer unter Berücksichtigung seiner individuellen Leistungsfähigkeit die erforderlichen Sanierungsmaßnahmen durch-

97 Bender/Sparwasser/Engel, Kap. 7 Rn. 23; Breuer, DVBl. 1994, 890, 890; Knopp/Albrecht, Altlastenrecht, Rn. 15; der Sachverständigenrat für Umweltfragen schätzt die Kosten für Gesamtdeutschland auf 300 Mrd. DM (ca. 153 Mrd. €); vgl. Sondergutachten des SRU „Altlasten II“ (1995), BT-Drucks. 13/380.

98 BMU-Information zum BBodSchG v. 6.2.1999, S. 9, zitiert nach Knopp/Albrecht, BB 1998, 1853, 1853; Holzwarth/Radtke/Hilger/Bachmann, Einführung Rn. 11; Nolte, NVwZ 2000, 1135, 1135.

99 Ausführlich zu der zivilrechtlichen Kostenausgleichsbestimmung in § 24 Abs. 2 BBodSchG von Westerholt, NJW 2000, 931 ff.

100 Gesetzentwurf der BReg für ein BBodSchG, BR-Drucks. 702/96, S. 46; vgl. auch Pützenbacher, NJW 1999, 1137, 1139.

101 Diehr, UPR 1998, 128, 129.

102 Bender/Sparwasser/Engel, Kap. 7 Rn. 173; Erbguth/Stollmann, NuR 1999, 127, 133.

führt und welche Sachverständigen und Fachunternehmen tätig werden sollen.[103]

Der Sanierungsvertrag hat die Ausführung des Sanierungsplans zum Inhalt. Erst in diesem Erkenntnisstadium ist die Möglichkeit einer vertraglichen Abstimmung zwischen Behörde und Sanierungspflichtigem vorgesehen.[104] Der Sanierungsvertrag tritt dann als alternatives Konzept neben die Sanierungsverfügung, die stets im Subordinationsverhältnis an den materiell sanierungspflichtigen Adressaten ergeht, und macht diese entbehrlich.[105] Die Behörde hat lediglich sicherzustellen, dass die Anforderungen des § 4 Abs. 3 BBodSchG im Ergebnis erfüllt werden.[106] Betroffene Grundstücke können dadurch mittelfristig wieder dem Grundstücksverkehr zugeführt werden.[107]

Zur Verfahrenserleichterung und –beschleunigung sehen § 13 Abs. 6 S. 2 für die private, § 14 Abs. 2 für die behördliche Sanierungsplanung sowie § 16 Abs. 2 BBodSchG für ergänzende behördliche Anordnungen zur Altlastensanierung eine verwaltungsrechtliche Konzentrationswirkung des Sanierungsplans beziehungsweise der Sanierungsanordnung vor. Außer bei UVP-pflichtigen Vorhaben werden weitere für die Sanierung erforderliche behördliche Genehmigungen durch einen gemäß § 13 Abs. 6 S. 1 BBodSchG verbindlich erklärten Sanierungsplan oder eine Sanierungsanordnung mit eingeschlossen. Die Verbindlicherklärung des Sanierungsplans ist ein an den Sanierungspflichtigen beziehungsweise an den Planersteller gerichteter Verwaltungsakt. Sie kann den Plan modifizieren oder ihn mit Nebenbestimmungen im Sinne von § 36 VwVfG versehen (§§ 13 Abs. 6 S. 1, 14 Abs. 2 BBodSchG).[108] Im Umfang der Konzentrationswirkung sind die sonst zuständigen Fachbehörden zu beteiligen.

4. Landwirtschaftliche Bodennutzung (4. Teil)

Nach § 17 Abs. 1 S. 1 BBodSchG wird die allgemeine Vorsorgepflicht bei der landwirtschaftlichen Bodennutzung durch die Einhaltung der guten fachlichen Praxis erfüllt, die § 17 Abs. 2 BBodSchG durch Regelbeispiele präzisiert.

---

103 Pape, NJW 1994, 409, 411; Oerder/Numberger/Schönfeld, § 4 Rn. 20; Rengeling, in: Breuer (Hrsg.), Bodenschutz und Umweltrecht, S. 78.

104 Zeitlich vorgelagerte Absprachen werden sind damit aber nicht ausgeschlossen; vgl. Sahm, UPR 1999, 374, 375.

105 Knopp/Albrecht, BB 1998, 1853, 1854; Sahm, UPR 1999, 374, 376.

106 Knopp/Albrecht, Altlastenrecht, Rn. 92.

107 Gesetzentwurf der BReg für ein BBodSchG, BR-Drucks. 702/96, S. 45 f.; Brandner, UPR 1997, 21, 23; Hilger, in: Pfaff-Schley (Hrsg.), Bodenschutz und Umgang mit kontaminierten Böden, S. 3; Rengeling, in: Breuer (Hrsg.), Bodenschutz und Umweltrecht, S. 78.

108 Fluck, DVBl. 1999, 1551, 1552 f.

Grundsätze der guten fachlichen Praxis sind danach die nachhaltige Sicherung der Bodenfruchtbarkeit und der Leistungsfähigkeit des Bodens als natürliche Ressource. § 17 Abs. 2 S. 2 BBodSchG schreibt vor, dass die Bodenstruktur erhalten (Nr. 2), durch standortabhängige und –angepasste Nutzung Bodenverdichtungen (Nr. 3) und Bodenabträge (Nr. 4) so weit wie möglich vermieden und die biologische Aktivität des Bodens gefördert wird (Nr. 6). Die Grundsätze der guten fachlichen Praxis sollen den Landwirten nach § 17 Abs. 1 S. 2 BBodSchG durch die landwirtschaftlichen Beratungsstellen vermittelt werden.

IV. Der Tatbestand des § 324a StGB

Sein Pendant im Kernstrafrecht des StGB findet das BBodSchG im Bodenschutztatbestand des § 324a StGB. Mit § 324a StGB wurde durch das 31.StrÄndG/2. UKG im Jahre 1994 erstmals ein eigenständiger Straftatbestand zum Schutz des Bodens eingeführt.

1. Strafbarkeitslücken vor Inkrafttreten des 2. UKG

Zuvor bestanden Zweifel, ob angesichts des Fehlens einer umfassenden umweltverwaltungsrechtlichen Kodifikation des Bodenschutzes eine sinnvolle Anknüpfung an das Verwaltungsrecht überhaupt möglich sei.[109] Das Umweltmedium Boden erfuhr daher nur durch § 329 Abs. 2 und 3 StGB mit den dort aufgeführten Beschränkungen auf bestimmte, als schutzwürdig erachtete Flächen unmittelbaren Schutz. Durch die vorhandenen Straftatbestände der Gewässerverunreinigung und der umweltgefährdenden Abfallbeseitigung bestand nur ein mittelbarer Schutz, der zudem Strafbarkeitslücken offenbarte.[110] Dazu das folgende Beispiel[111]:

Der Beschuldigte A lieferte bei der Firma B einen mit Trichlorethan befüllten Tankwagen an. Die Flüssigkeit sollte in unterirdische Tanks gepumpt werden. A verwechselte jedoch den Einfüllstutzen des Tanks mit einem 2 m daneben angebrachten Blindstutzen, schloß den Schlauch dort an und betätigte die Pumpe. Dadurch flossen 3.000 Liter Trichlorethan in einen Kellerraum. Die Werksfeuerwehr konnte 2.500 Liter absaugen, 500 Liter gelangten in das Erdreich. Ein

---

109 Winkelbauer, DÖV 1988, 723, 730.

110 Gesetzentwurf der BReg für ein 2. UKG, BT-Drucks. 12/192, S. 16; Sanden, wistra 1996, 283, 283; Schall, NStZ 1997, 420, 420; Tröndle/Fischer, § 324a Rn. 2; Wüterich, BB 1992, 2449, 2450; vgl. auch Möhrenschläger, JR 1991, 342, 343 (Anm. zu OLG Düsseldorf, JR 1991, 340), der zu Recht feststellt, dass es oft nur vom Zufall abhänge, welches Umweltmedium letztlich verunreinigt werde.

111 StA Stuttgart, wistra 1987, 305, 305.

Vergehen der Gewässerverunreinigung war hier deshalb nicht nachweisbar, weil ein signifikanter Anstieg des CKW-Gehalts in dem bereits vorbelasteten Grundwasser nicht festgestellt werden konnte. Es lag lediglich eine Ordnungswidrigkeit nach § 41 Abs. 1 Nr. 6d in Verbindung mit § 19k WHG vor.[112]

In den neuen Bundesländern galt hingegen bis zum Inkrafttreten des 2. UKG der Straftatbestand des § 191a DDR-StGB[113] fort, der mit der „Verursachung einer Umweltgefahr" die Verunreinigung des Bodens mit schädlichen Stoffen oder Krankheitserregern unter Strafe stellte.[114] Die Einführung des § 324a StGB sollte vorhandene Strafbarkeitslücken schließen und die Rechtsanwendung im Bundesgebiet vereinheitlichen.[115]

2. Wortlaut und Deliktscharakter des § 324a StGB

Gemäß § 324a Abs.1 StGB wird mit Freiheitsstrafe bis zu fünf Jahren oder mit Geldstrafe bestraft, wer unter Verletzung verwaltungsrechtlicher Pflichten Stoffe in den Boden einbringt, eindringen lässt oder freisetzt und diesen dadurch in einer Weise, die geeignet ist, die Gesundheit eines anderen, Tiere, Pflanzen oder andere Sachen von bedeutendem Wert oder ein Gewässer zu schädigen, oder in bedeutendem Umfang verunreinigt oder sonst nachteilig verändert. Der Versuch ist gemäß § 324a Abs. 2 in Verbindung mit §§ 23 Abs. 1, 12 Abs. 2 StGB strafbar. Handelt der Täter fahrlässig, lautet die Strafe gemäß § 324a Abs. 3 StGB auf Freiheitsentzug bis zu drei Jahren oder Geldstrafe.

Während § 324a Abs. 1 Nr. 2 StGB ein reines Erfolgsdelikt ist, das lediglich eine Bodenverunreinigung oder sonst nachteilige Bodenveränderung voraussetzt[116], herrscht über die Einordnung der Nr. 1 Streit. Ebenso wie Nr. 2 verlangt auch Nr. 1 dem Wortlaut nach eine nachteilige Bodenveränderung und ist daher ebenfalls grundsätzlich als Erfolgsdelikt einzuordnen.[117] Hinzukommen muss aber eine Schädigungseignung gegenüber den Schutzgütern. § 324a Abs. 1 Nr. 1 StGB ist deshalb ein Erfolgsdelikt mit potenzieller Gefährdungs-

112 Vgl. dazu Franzheim/Pfohl, Rn. 154.

113 Fassung vom 14.12.1988, BGBl. I 1989 Nr. 3, S. 33, 65; im Wortlaut abgedruckt bei LK-Steindorf, § 324a Rn. 3; § 191a StGB-DDR wurde durch Art. 12 des 31. StrÄndG/2. UKG – vom 27.6.1994 (BGBl. I S. 1440) aufgehoben.

114 Sanden, wistra 1996, 283, 283.

115 Zur Statistik vgl. Sack, § 324a Rn. 4a.

116 Bartholme, S. 207; Franzheim/Pfohl, Rn. 155; Kloepfer/Vierhaus, Rn. 109; Lackner/Kühl, § 324a Rn. 1; Michalke, Umweltstrafsachen, Rn. 124, 150; Perschke, wistra 1996, 161, 162; Sack, § 324a Rn. 6; a. A. Sanden, wistra 1996, 283, 284.

117 SK-Horn, § 324a Rn. 3.

komponente[118], die den tatbestandlichen Erfolg qualifiziert. Zuzugeben ist, dass die Eignungsformel die Tatbestandsalternative Nr. 1 in die Nähe der abstrakten Gefährdungsdelikte rückt, wie dies auch verschiedentlich im Schrifttum vertreten wird.[119]

Täter des § 324a StGB kann nur der Träger verwaltungsrechtlicher Pflichten sein. Die Vorschrift bildet insoweit ein Sonderdelikt.[120] Nur dann, wenn jedermann Pflichtenadressat ist, ist § 324a StGB als Allgemeindelikt anzusehen.[121] Zu denken wäre hier jedenfalls an den generalklauselartig gefassten § 4 Abs. 1 BBodSchG, wobei weitergehende Fragen strafrechtlicher Bestimmtheit dann freilich nicht außer Betracht bleiben dürfen.

3. Geschütztes Rechtsgut

§ 324a StGB nennt als primäres Schutzgut den Boden. Dieser ist wesentliche Lebensgrundlage und Lebensraum für Menschen, Tiere und Pflanzen.[122] Er umfasst die obere Schicht der Erdkruste, soweit sie Träger der genannten Funktionen ist. In erster Linie handelt es sich dabei um die Schichten, die von Tieren, Pflanzen und Mikroorganismen belebt sind. Aber auch der unbelebte Untergrund sollte miteinbezogen werden, jedenfalls soweit ein Austauschverhältnis mit der belebten Schicht besteht oder Filter- und Speicherfunktionen ausgeübt werden.[123] Der Boden wird mithin in seiner ökologischen Funktion geschützt.[124] Darüber hinaus gebietet der Wortlaut § 324a StGB jedoch eine differenzierte Betrachtung je nachdem, ob Absatz 1 Nr. 1 oder Nr. 2 in Bezug genommen wird.[125]

---

118 Arzt/Weber, Strafrecht BT, § 41 Rn. 10; Bartholme, S. 207; Franzheim/Pfohl, Rn. 155, 168; Kloepfer/Vierhaus, Rn. 109; Lackner/Kühl, § 324a Rn. 1; Michalke, Umweltstrafsachen, Rn. 124, 134; Perschke, wistra 1996, 161, 162; Sack, § 324a Rn. 6.

119 So etwa Sanden, wistra 1996, 283, 284; Otto, Jura 1995, 134, 142; SK-Horn, § 324a Rn. 3: abstraktes Gefährdungsdelikt.

120 Arzt/Weber, Strafrecht BT, § 41 Rn. 17; Schendzielorz, in: Kahl/Voßkuhle, Kap. 3 Rn. 37; SK-Horn, § 324a Rn. 13.

121 Michalke, Umweltstrafsachen, Rn. 125; Sanden, wista 1996, 283, 285.

122 Kuchenbauer, NJW 1997, 2009, 2014; LK-Steindorf, § 324a Rn. 4 f., 10; Michalke, Umweltstrafsachen, Rn. 126; SK-Horn, § 324a Rn. 2; Tröndle/Fischer, § 324a Rn. 2.

123 LK-Steindorf, § 324a Rn. 9; Möhrenschläger, NStZ 1994, 513, 517; SK-Horn, § 324a Rn. 4.

124 Sack, § 324a Rn. 6; vgl. auch Storm, in: HdUR, Bd. 1, Spalte 318.

125 Bartholme, S: 205 ff.; Sack, § 324a Rn. 6; a. A. wohl Sanden, wistra 1996, 283, 284.

a) Schutzgüter des § 324a Abs. 1 Nr. 1 StGB

Neben dem Boden werden durch § 324a Abs. 1 Nr. 1 StGB als Sekundärrechtsgüter[126] die menschliche Gesundheit, Tiere, Pflanzen oder andere Sachen von bedeutendem Wert und Gewässer geschützt. Der bedeutende Wert von Tieren, Pflanzen und anderen Sachen ist nicht nur ökonomisch, sondern auch ökologisch auszulegen.[127] Da Bodenverunreinigungen, auch wenn sie etwa durch rückstandsloses Versickern im Erdreich die Beschaffenheit des Bodens nicht nachhaltig beeinträchtigen, ein Gewässer erheblich schädigen können, wurden auch die Gewässer als Schutzobjekt in den Tatbestand aufgenommen.[128] Der Gesetzgeber trägt damit dem Umstand Rechnung, dass Stoffe im Rahmen interdependenter Wirkungszusammenhänge über den Boden in Oberflächengewässer oder in das Grundwasser eindringen können.[129] Als Gewässer definiert § 330d Nr. 1 StGB neben oberirdischen Gewässer auch das Grundwasser.[130]

§ 324a Abs. 1 Nr. 1 StGB weist keine in sich geschlossene Schutzrichtung auf. Er schützt den Boden nur teilweise ökozentrisch, also um seiner selbst Willen. Denn Verunreinigungen oder sonstige nachteilige Bodenveränderungen erfüllen den Tatbestand des § 324a Abs. 1 Nr. 1 StGB nur dann, wenn der Beeinträchtigung des Bodens eine Schädigungseignung zu Lasten weiterer Sekundärschutzgüter innewohnt.[131] Eine anthropozentrische, also auf den Menschen bezogene Ausrichtung erhält der Tatbestand insbesondere durch den Schutz der menschlichen Gesundheit. Zwar ist im Gesetzgebungsverfahren offenbar ein durchgängig ökologischer Ansatz verfolgt worden.[132] Der Wortlaut der Norm spricht indessen für eine zumindest im Hinblick auf die menschliche Gesundheit, das Eigentum („andere Sachen“) und Gewässer doppelten, mithin ökologisch-anthropozentrischen Rechtsgutsbezug.[133] So ist im Rahmen der Nr. 1

---

126 Schwerdtfeger, S. 254.

127 Gesetzentwurf der BReg für ein 2. UKG, BT-Drucks. 12/192, S. 17; Beschlussempfehlung des Rechtsausschusses für ein 2. UKG, BT-Drucks. 12/7300, S. 22; Gesetzentwurf der BReg für ein 2. UKG, BR-Drucks. 126/90, S. 46; Bartholme, S. 214; Franzheim/Pfohl, Rn. 167; Kloepfer/Vierhaus, Rn. 109; Lackner/Kühl, § 324a Rn. 4; Michalke, Umweltstrafsachen, Rn. 149; Sack, § 324a Rn.17.

128 Sack, § 324a Rn. 18.

129 Gesetzentwurf der BReg für ein 2. UKG, BT-Drucks. 12/192, S. 17; Schwerdtfeger, S. 255; Tröndle/Fischer, § 324a Rn. 9.

130 Nicht zu folgen ist der Auffassung Möhrenschlägers, NStZ 1994, 513, 517, § 324a StGB gelte nicht für das Grundwasser, da dieses ausreichend von § 324 StGB erfasst sei. Dem steht der Wortlaut des § 330d Nr. 1 StGB entgegen, der das Grundwasser ausdrücklich unter den Gewässerbegriff des § 324a Abs. 1 Nr. 1 StGB fasst.

131 Ebenso Pfohl, in: Müller-Gugenberger/Bieneck (Hrsg.), § 54 Rn. 177.

132 Gesetzentwurf der BReg für ein 2. UKG, BT-Drucks. 12/192, S. 15 f.

133 Franzheim/Pfohl, Rn. 167; LK-Steindorf, § 324a Rn. 4; Michalke, Umweltstrafsachen, Rn. 126.

vor allem die Gefahr einer Grundwasserverunreinigung, zum Beispiel durch Versickern hochgiftiger Chlorkohlenwasserstoffe, von praktischer Bedeutung für die öffentliche Wasserversorgung und den privaten Verbraucher.[134] Es gilt die Formel: „Schutz der Umwelt vor dem Menschen für den Menschen".[135]

b) Rechtsgut des § 324 Abs. 1 Nr. 2 StGB

Der textliche Befund des § 324a Abs. 1 Nr. 2 StGB ergibt im Umkehrschluss zu Nr. 1, dass der Boden durch Nr. 2 ohne jegliche Einschränkung ökologisch geschützt ist.[136] § 324a Abs. 1 Nr. 2 StGB soll einen Auffangtatbestand für diejenigen Fälle bilden, in denen eine Schädigungseignung nach Nr. 1 nicht nachweisbar ist. Mit der in Anlehnung an die Vorgängervorschrift § 191a StGB-DDR gewählten Formulierung „in bedeutendem Umfang" sollen Sachverhalte von gleicher Bedeutung wie Nr. 1 erfaßt werden.[137] Die dadurch angestrebte Tatbestandsbeschränkung auf strafwürdige, nicht vernachlässigbare nachteilige Bodenveränderungen kompensiert das Fehlen einer Minima-Klausel, wie sie in § 326 Abs. 6 StGB zu finden ist.[138]

Das Merkmal „in bedeutendem Umfang" ist enger als die zunächst im Regierungsentwurf zu § 324a Abs. 1 Nr. 2 StGB vorgesehene Wendung „sonst erheblich".[139] Bestätigt wird dieser Versuch der Einengung durch § 2 Abs. 3 BBodSchG, der erhebliche Nachteile schon für jede „schädliche Bodenveränderung" verlangt.[140] Nicht erfasst werden nur vorübergehende, kurzfristige Schädigungen des Bodens, und zwar auch dann nicht, wenn die Verunreinigung bereits eine erhebliche „Drittwirkung" im Ökosystem entfaltet hat, Tiere zum

---

134 Pfohl, in: Müller-Gugenberger/Bieneck (Hrsg.), § 54 Rn. 179; Sanden, Umweltrecht, § 10 Rn. 26 weist darauf hin, dass in 85 % der Fälle von Bodenkontaminationen auch Maßnahmen zur Sanierung von Gewässern, insbesondere des Grundwassers, erforderlich sind.

135 Michalke, Umweltstrafsachen, Rn. 126; Ossenbühl/Huschens, UPR 1991, 161, 162; Rudolphi, NStZ 1984, 193, 193; Storm, in: HdUR, Bd. 1, Spalte 318; Tröndle/Fischer, vor § 324 Rn. 3.

136 Bartholme, S. 206; Sack, § 324a Rn. 6; insoweit auch Möhrenschläger, NStZ 1994, 513, 516; a. A. Sanden, wistra 1996, 283, 284.

137 Sack, § 324a Rn. 19.

138 Michalke, Umweltstrafsachen, Rn. 150; Möhrenschläger, NStZ 1994, 513, 517; Sack, § 324a Rn. 19; Sanden, wistra 1996, 283, 284; verfassungsrechtliche Zweifel im Hinblick auf das Bestimmtheitsgebot äußern Pfohl, in: Müller-Gugenberger/Bieneck (Hrsg.), § 54 Rn. 179 sowie Tröndle/Fischer, § 324a Rn. 10.

139 Gesetzentwurf der BReg für ein 2. UKG, BT-Drucks. 12/192, S. 12, 17; Beschlussempfehlung des Rechtsausschusses für ein 2. UKG, BT-Drucks. 12/7300, S. 22; Lackner/Kühl, § 324a Rn. 5; vgl. auch Möhrenschläger, NStZ 1994, 513, 517.

140 Lackner/Kühl, § 324a Rn. 5.

Beispiel auf verseuchtem Boden wachsendes Gras gefressen haben und daran verendet sind.[141]

Der ökologische Schutzzweck zwingt nicht zu einem wirtschaftlichen Begriffsverständnis etwa im Sinne von potenziellen Sanierungskosten.[142] Der „bedeutende Umfang" ist daher nicht nur quantitativ[143], sondern auch qualitativ zu verstehen: Berücksichtigung findet auch der ökologische Wert des geschädigten Bodens.[144]

Fraglich bleibt, welche strafwürdigen Fälle nicht bereits von § 324a Abs. 1 Nr. 1 StGB, sondern erst von Nr. 2 erfasst werden.[145] Die Rechtspraxis könnte dem sprachlich griffigeren Tatbestandsmerkmal „in bedeutendem Umfang" den Vorzug gegenüber der naturwissenschaftlich komplexen Schädigungseignung gemäß § 324a Abs. 1 Nr. 1 StGB einräumen.[146] Eine gewisse praktische Handhabbarkeit dürfte das Tatbestandsmerkmal durch Bezugnahme auf die verwaltungsrechtlichen Vorgaben des § 4 BBodSchV nebst der dazugehörigen Anhänge jedenfalls erlangen.[147]

4. Unter Verletzung verwaltungsrechtlicher Pflichten

Die Schädigung des Bodens und der weiteren in § 324a Abs. 1 Nr. 1 StGB genannten Schutzgüter unterliegt nur dann strafrechtlicher Ahndung, wenn sie „unter Verletzung verwaltungsrechtlicher Pflichten" erfolgt. Eine verwaltungsrechtliche Pflicht im Sinne des 29. Abschnitts des StGB ist nach der Legaldefinition des § 330d Nr. 4 StGB eine Pflicht, die sich aus einer Rechtsvorschrift, einer gerichtlichen Entscheidung, einem vollziehbaren Verwaltungsakt, einer vollziehbaren Auflage oder einem öffentlich-rechtlichen Vertrag, soweit die Pflicht auch durch Verwaltungsakt hätte auferlegt werden können, ergibt und dem Schutz vor Gefahren oder schädlichen Einwirkungen

141 Vgl. Schwerdtfeger, Reform, S. 254; Otto, Jura 1995, 134, 142; a. A. Sack, § 324a Rn. 19.

142 Für den Regelfall anders wohl BT-Drucks. 12/192, S. 17; 12/7300, S. 22; im hiesigen Sinne aber Sanden, wistra 1996, 283, 284; Schendzielorz, in: Kahl/Voßkuhle (Hrsg.), Teil III Rn. 43; Tröndle/Fischer, § 324a Rn. 10; a. A. Lackner/Kühl, § 324a Rn. 5.

143 So aber Bartholme, S. 215.

144 Gesetzentwurf der BReg für ein 2. UKG, BT-Drucks. 12/192, S. 17; Kloepfer/Vierhaus, Rn. 109; Lackner/Kühl, § 324a Rn. 5; Möhrenschläger, NStZ 1994, 513, 517; Sanden, wistra 1996, 283, 284; Schendzielorz, in: Kahl/Voßkuhle (Hrsg.), Teil III Rn. 43; a. A. Bartholme, S. 215; Hofmann, Bodenschutz, S. 58, 101.

145 Hofmann, Bodenschutz, S. 106 f.; Franzheim/Pfohl, Rn. 169; Michalke, Umweltstrafsachen, Rn. 151; SK-Horn, § 324a Rn. 8; Tröndle/Fischer, § 324a Rn. 10.

146 Worauf Michalke, Umweltstrafsachen, Rn. 152, zutreffend hinweist; vgl. aber auch Franzheim/Pfohl, Rn. 169; Kuchenbauer, NJW 1997, 2009, 2014.

147 Franzheim/Pfohl, Rn. 170.

auf die Umwelt, insbesondere auf Menschen, Tiere oder Pflanzen, Gewässer, die Luft oder den Boden, dient. Das Merkmal der Verletzung verwaltungsrechtlicher Pflichten schränkt den Tatbestand ein.[148] Fehlt es bereits an dieser Voraussetzung, handelt der Täter nicht tatbestandsmäßig.[149] Vorausgesetzt ist zudem ein nachweisbarer Kausalzusammenhang zwischen Pflichtverletzung und tatbestandsmäßigem Erfolg.[150]

Verwaltungsrechtliche Pflichten ergeben sich aus jeder Vorschrift, die vorrangig oder als Nebenzweck dem Schutz des Umweltmediums Boden dient und eine hinreichend konkrete Verhaltensanweisung enthält, die den Normadressaten das von ihm geforderte Verhalten erkennen lässt.[151] Zielrichtung der Pflicht muss der zumindest mittelbare[152] Schutz des Bodens entweder vor Gefahren oder vor schädlichen Einwirkungen sein.[153]

Die Bezugnahme einer Strafnorm auf eine außerstrafrechtliche Verhaltensnorm (Blankettausfüllungsnorm) erschwert die Erkennbarkeit des strafrechtlichen Normbefehls. Gleichwohl ist die Zulässigkeit sogenannter Blankettstrafgesetze in der Rechtsprechung des *Bundesverfassungsgerichts* grundsätzlich anerkannt.[154] Bei der Auswahl der für die Pflichtenkonkretisierung maßgebenden Rechtsvorschriften muss allerdings das verfassungsrechtliche Bestimmtheitsgebot der Art. 103 Abs. 2, 104 Abs. 1 GG beachtet werden. Die dynamische Entwicklung des Umweltrechts bringt es mit sich, dass im Umweltstrafrecht nicht sämtliche Strafbarkeitsvoraussetzungen im einzelnen gesetzlich festgelegt werden können, sondern häufig von Konkretisierungen in umweltrechtlichen Gesetzen, Rechtsverordnungen und Verwaltungsakten abhängig sind.[155] Gleichwohl soll jeder einzelne „vorhersehen können, welches Verhalten verbo-

---

148 Lackner/Kühl, § 324a Rn. 7; NK-Ransiek, § 324a Rn. 15; Schall, NStZ 1997, 420, 420; Tröndle/Fischer, § 325 Rn. 3; kritisch zur Praktikabilität dieses Tatbestandsmerkmals Sack, MDR 1990, 286, 287 (§ 325 StGB) und 288 (§ 324a StGB).

149 Sack, § 324a Rn. 24.

150 Schall, NStZ 1997, 420, 421.

151 Gesetzentwurf der BReg für ein 2. UKG, BT-Drucks. 12/192, S. 17, 31; Lackner/Kühl, § 325 Rn. 6; Michalke, Umweltstrafsachen, Rn. 156; SK-Horn, § 324a Rn. 11; S/S-Cramer/Heine, §324a Rn. 13.

152 Gesetzentwurf der BReg für ein 2. UKG, BT-Drucks. 12/192, S. 17; Franzheim/Pfohl, Rn. 162; Möhrenschläger, NStZ 1994, 513, 517; ders., JR 1991, 342, 343 (Anm. zu OLG Düsseldorf, JR 1991, 340); Tröndle/Fischer, § 324a Rn. 3; ausführlich Storm, in: HdUR, Bd. 1, Spalte 319: Das Schutzgut wird unmittelbar geschützt, wenn es in der in Bezug genommenen Rechtsvorschrift entweder ausdrücklich genannt oder jedenfalls einen über den Begriff der Gefahren und Nachteile für den einzelnen oder die Allgemeinheit gleichsam „mediatisiert" geschützt wird.

153 Gesetzentwurf für ein 2. UKG, BT-Drucks. 12/192, S. 45.

154 St. Rspr.; vgl. zuletzt BVerfGE 75, 329, 342; 87, 399, 407.

155 Gesetzentwurf der BReg für ein 2. UKG, BT-Drucks. 12/192, S. 12.

ten und mit Strafe bedroht ist“, damit er sein Verhalten darauf einrichten kann.[156] Zum anderen soll gewährleistet sein, dass der Gesetzgeber selbst und nicht das rechtsanwendende Gericht über die Reichweite der Strafbarkeit entscheidet.[157]

Keine Bedenken bestehen insoweit bei bußgeldbewehrten Vorschriften, da sie der Gesetzgeber bereits als tauglichen Anknüpfungspunkt für eine Sanktion gewertet hat.[158] Typischerweise lassen auch Verwaltungsakte den Bürger ein an ihn gerichtetes Ge- oder Verbot mit hinreichender Bestimmtheit erkennen.[159]

Nicht erfasst sind dagegen Verstöße gegen auf Konkretisierung durch untergesetzliche Rechtsakte angewiesene Programmsätze wie § 6 Abs. 1 S. 1, 2 PflSchG und § 1a Abs. 2 WHG.[160] Andere Vorschriften müssen im Einzelfall sorgfältig geprüft werden, ob im Zusammenspiel mit § 324a StGB der Normadressat das strafrechtlich Verbotene mit hinreichender Sicherheit erkennen kann. Im Rahmen von § 324a StGB kann ein Großteil der Vorschriften, die dem Grundwasserschutz dienen, zur Pflichtenkonkretisierung herangezogen werden, da es im Vorfeld einer Grundwasserbeeinträchtigung regelmäßig auch zu einer Bodenverunreinigung kommen wird.[161]

Nicht als Rechtsvorschriften in diesem Sinne sind Verwaltungsvorschriften anzusehen, die nur als Verwaltungsinternum Geltung beanspruchen. Dazu zählt auch die TA Luft. Eine Verletzung verwaltungsrechtlicher Pflichten scheidet mithin aus, wenn ein Anlagenbetreiber lediglich durch Verwaltungsvorschrift geregelte Grenzwerte missachtet.[162]

---

156 BVerfGE 73, 206, 234 f.; 78, 374, 381 f.; 87, 363, 391; 92, 1, 12; Degenhart, in: Sachs, GG, Art. 103 Rn. 67.

157 BVerfGE 87, 399; 411; NJW 1995, 3050, 3051; mit Ausnahme des Bereiches der Blankettstrafnormen hat sich das Bestimmtheitsgebot in der Praxis bislang nicht als relevanter Nichtigkeitsgrund erwiesen; vgl. Degenhart, in: Sachs, GG, Art. 103 Rn. 68.

158 Gesetzentwurf der BReg für ein 2. UKG, BT-Drucks. 12/192, S. 31; Sack, § 324a Rn. 22; kritisch Hofmann, wistra 1997, 89.

159 Michalke, Umweltstrafsachen, Rn. 156.

160 Gesetzentwurf der BReg für ein 2. UKG, BT-Drucks. 12/192, S. 31; Franzheim/Pfohl, Rn. 162; Kloepfer/Vierhaus, Rn. 105 Fn. 216; Kuchenbauer, NJW 1997, 2009, 2010; Lackner/Kühl, § 324a Rn. 7; Möhrenschläger, NStZ 1994, 513, 514; Sack, § 324a Rn. 21; Sanden, wistra 1996, 283, 285; Schendzielorz, in: Kahl/Voßkuhle (Hrsg.), Teil III Rn. 44; Schöndorf, in: Pfaff-Schley (Hrsg.), S. 132; S/S-Cramer/Heine, § 324a Rn. 14; NK-Ransiek, § 324a Rn. 16.

161 Gesetzentwurf der BReg für ein 2. UKG, BT-Drucks. 12/192, S. 17; vgl. auch Sack, § 324a Rn. 22.

162 Franzheim/Pfohl, Rn. 160.

Soweit *Michalke* ein Probleme darin sieht, die Verletzung verwaltungsrechtlicher Pflichten im Sinne des § 324a StGB unmittelbar aus einer Rechtsnorm, etwa dem BBodSchG herzuleiten, weil dieses, wie auch die meisten anderen Umweltverwaltungsgesetze, nicht an den einzelnen Bürger, sondern nur an die Verwaltung und den Gesetzgeber adressiert sei[163], kann dem nicht gefolgt werden. Im Zweiten Teil des BBodSchG werden materielle Polizeipflichten normiert, die auch und gerade für den einzelnen unabhängig von einer Aktualisierung durch behördliche Verfügung gelten. Der Bürger ist hier Pflichtenadressat.[164] Abzulehnen ist daher die Auffassung, es bedürfe zur Begründung einer individuellen Pflicht des Bürgers noch eines konkreten behördlichen Gestaltungsakts.[165] Eine ganz andere Frage, auf die noch einzugehen sein wird, ist es dagegen, ob die Pflichten auch hinreichend konkret aus dem Gesetz erkennbar oder durch untergesetzliches Regelwerk ausfüllungsbedürftig sind und ob der Normadressat etwa von einer ihn treffenden Sanierungspflicht überhaupt Kenntnis besitzt, wenn eine behördliche Sanierungsanordnung noch nicht erlassen wurde.

5. Tathandlungen

Als Tathandlungen nennt § 324a StGB das Einbringen von Stoffen in den Boden, das Eindringenlassen und das Freisetzen von Stoffen. Die Festlegung bestimmter Verletzungshandlungen schränkt den gesetzlichen Tatbestand weiter ein.[166]

a) Einbringen

Einbringen bedeutet einen finalen Stoffeintrag in den Boden, also die bewusste und zweckgerichtete Tätigkeit, die auf das Hineingelangen von Stoffen in den Boden gerichtet ist.[167] Beispiele sind das mit Entledigungswillen vorgenommene Ablassen oder Ablagern von flüssigen oder festen Abfällen, der übermäßige Einsatz von Pflanzenschutz- oder Düngemitteln, das Aufbringen von Klärschlamm oder Gülle und ähnliche unmittelbar auf den Boden zielende Handlungen.[168]

---

163 Michalke, Umweltstrafsachen, Rn. 157.

164 Knopp/Ebermann-Finken, wistra 1999, 2469, 2470.

165 So aber offenbar Michalke, Umweltstrafsachen, Rn. 157.

166 Gesetzentwurf der BReg für ein 2. UKG, BT-Drucks. 12/192, S. 16; Franzheim/Pfohl, Rn. 166.

167 Gesetzentwurf der BReg für ein 2. UKG, BT-Drucks. 12/192, S. 17; Gesetzentwurf der BReg für ein 2. UKG, BR-Drucks. 126/90, S. 146; a. A. SK-Horn, 324a Rn. 10, unter Hinweis auf den Fahrlässigkeitstatbestand des § 324a Abs. 3 StGB.

168 Gesetzentwurf der BReg für ein 2. UKG, BT-Drucks. 12/192, S. 16; Bartholme, S. 211; Franzheim/Pfohl, Rn. 165; Kloepfer/Vierhaus, Rn. 107; Lackner/Kühl, § 324a Rn. 6;

b) *Eindringenlassen*

Das Eindringenlassen erfasst jene Fälle, in denen pflichtwidrig[169] nicht verhindert wird, dass der Boden durch Stoffe verunreinigt wird.[170] Nicht notwendig ist ein gezieltes, auf den Boden gerichtetes Handeln. Das Eindringen kann vielmehr auch kausale Folge eines Handelns mit ganz anderer Zielrichtung sein, insbesondere die Folge fahrlässigen Handelns.[171]

Das Unterlassungsdelikt findet insbesondere Anwendung in Fällen des Unterlassens einer (rechtzeitigen) Altlastensanierung.[172] Die Frage, ob das Eindringenlassen eine Garantenstellung des Unterlassungstäters erfordert, kann offenbleiben, weil es die Verletzung einer verwaltungsrechtlichen Pflicht bereits tatbestandlich voraussetzt. Die verwaltungsrechtliche Pflicht, eine Verunreinigung des Bodens zu unterlassen, begründet eine Garantenpflicht gemäß § 13 Abs. 1 StGB.[173]

Erfasst wird von der Tatbestandsalternative des Eindringenlassens auch die weitere nachteilige Veränderung des Bodens, die zum Beispiel durch ungesichertes Liegenlassen einer Altlast entsteht.[174] Allerdings erfüllt die Nichtbeseitigung einer bereits eingetretenen Verbindung von Fremdstoffen mit dem Boden den Tatbestand nicht, denn § 324a StGB ist kein Dauerdelikt.[175]

c) *Freisetzen*

Mit Freisetzen sind wie in § 330a StGB die Fälle gemeint, in denen der Täter eine Lage schafft, durch die sich der Stoff ganz oder teilweise unkontrollierbar

---

Michalke, Umweltstrafsachen, Rn. 135; Möhrenschläger, NStZ 1994, 513, 517; Sack, § 324a Rn. 10; Sanden, wistra 1996, 283, 284; S/S-Cramer/Heine, § 324a Rn. 7; Tröndle/Fischer, § 324a Rn. 4.

169 Lackner/Kühl, § 324a Rn. 6; LK-Steindorf, § 324a Rn. 33; Michalke, Umweltstrafsachen, Rn. 136; S/S-Cramer/Heine, § 324a Rn. 7; a. A. Sack, § 324a Rn. 11.

170 Gesetzentwurf der BReg für ein 2. UKG, BT-Drucks. 12/192, S. 17; Gesetzentwurf der BReg für ein 2. UKG, BR-Drucks. 126/90, S. 146; Lackner/Kühl, § 324a Rn. 6; Michalke, Umweltstrafsachen, Rn. 136; Sanden, wistra 1996, 283, 284 f.; S/S-Cramer/Heine, § 324a Rn. 7; Tröndle/Fischer, § 324a Rn. 4.

171 Sieder/Zeitler/Dahme/Knopp, WHG, § 324a Rn. 6.

172 LK-Steindorf, § 324a Rn. 35; Sanden, wistra 1996, 283, 288 f.

173 BGH, NStZ 1991, 490, 490; NK-Ransiek, § 324a Rn. 12; Sanden, wistra 1996, 283, 289; vgl. dazu unten E II 1.

174 Franzheim/Pfohl, Rn. 165; Lackner/Kühl, § 324a Rn. 6.; Sanden, wistra 1996, 283, 288 m. w. N.

175 SK-Horn, § 324a Rn. 10.

in der Umwelt ausbreiten kann.[176] Hiervon werden insbesondere auch mittelbare Bodenbeeinträchtigungen erfasst, die nicht im Wege des Einbringens erfolgen, zum Beispiel die Verursachung von Schadstoffimmissionen durch Fahrzeugabgase oder Müllverbrennungs- und Industrieanlagen, die sich über den Luftpfad im Boden anreichern.[177] Zu denken ist schließlich an Schadstoffe, die über Gewässerverunreinigungen, etwa nach Hochwasserkatastrophen, in den Boden gelangen.[178] Problematisch ist hier der Kausalitätsnachweis eines bestimmten Verhaltens einer Person für die gesundheitsgefährdende oder bedeutende Bodenveränderung, wobei Summations- oder Synergieeffekte eine erhebliche Rolle spielen.[179]

6. Stoffliche und nichtstoffliche Belastungen

In der dichtbesiedelten Bundesrepublik Deutschland ist der Boden vor allem durch die Einwirkung gefährlicher Stoffe bedroht.[180] Der Begriff des Stoffes im Sinne von § 324a Abs. 1 StGB ist wie bei § 224 Abs. 1 Nr. 1 StGB weit auszulegen.[181] Darunter fallen nicht nur Gifte, sondern alle festen, flüssigen oder gasförmigen organischen oder anorganischen Substanzen, die geeignet sind, die physikalische, chemische oder biologische Bodenbeschaffenheit nachteilig zu beeinflussen, ohne selbst „Schadstoffe" zu sein.[182] Auf die Eignung zur Gesundheitszerstörung kommt es für den Stoffbegriff nicht an, da diese durch § 324a Abs. 1 Nr. 1 StGB bereits ausdrücklich verlangt wird.[183] Durch die ausdrückliche Anbindung der Tatbestandserfüllung an Stoffe als Tatmittel sind nach § 324a StGB alle Bodenbelastungen strafbar, die aufgrund unmittelbarer oder mittelbarer Schadstoffeinträge hervorgerufen werden.[184]

---

176 Gesetzentwurf der BReg für ein 2. UKG, BT-Drucks. 12/192, S. 17; Franzheim/Pfohl, Umweltstrafrecht, Rn. 165; Lackner/Kühl, § 324a Rn. 6; Sanden, wistra 1996, 283, 285; kritisch Hofmann, Bodenschutz, S. 22: überflüssige Tatbestandsvariante.

177 Michalke, Umweltstrafsachen, Rn. 144; Sack, § 324a Rn. 12; Sanden, wistra 1996, 283, 288; S/S-Cramer/Heine, § 324a Rn. 7; Tröndle/Fischer, § 324a Rn. 4.

178 Maurach/Schroeder/Maiwald, Strafrecht BT 2, § 58 Rn. 47; Möhrenschläger, NStZ 1994, 513, 517; Sack, § 324a Rn. 12.

179 LK-Steindorf, § 324a Rn. 36; Michalke, Umweltstrafsachen, Rn. 144.

180 Gesetzentwurf der BReg für ein 2. UKG, BT-Drucks. 12/192, S. 16.

181 Gesetzentwurf der BReg für ein 2. UKG, BT-Drucks. 12/192, S. 17; Gesetzentwurf der BReg für ein 2. UKG, BR-Drucks. 126/90, S. 46; Kloepfer, § 7 Rn. 43; Kloepfer/Vierhaus, Rn. 107; Michalke, Umweltstrafsachen, Rn. 145; Sack, § 324a Rn. 9; Tröndle/Fischer, § 324a Rn. 4.

182 Kloepfer/Vierhaus, Rn. 107; Michalke, Umweltstrafsachen, Rn. 145; Sack, § 324a Rn. 9; SK-Horn, § 324a Rn. 9; S/S-Cramer/Heine, § 324a Rn. 5.

183 Kloepfer/Vierhaus, Rn. 107.

184 Robra/Meyer, wistra 1996, 243, 244; Schendzielorz, in: Kahl/Voßkuhle, (Hrsg.), Teil III Rn. 40; Tröndle/Fischer, § 324a Rn. 4.

Nichtstoffliche Beeinträchtigungen stellen hingegen keine strafbaren Tathandlungen im Sinne von § 324a Abs. 1 StGB dar. Der Schutz des Bodens vor übermäßigem Flächenverbrauch und Versiegelung, der sogenannte quantitative Bodenschutz, ist im Gegensatz zum weiter gefassten Referentenentwurf eines 2. UKG nicht mehr erfasst, da dies insbesondere zu einer im Ergebnis unangemessenen Strafbarkeit ungenehmigter Schwarzbauten führen würde.[185] Abgrabungen, Aufschüttungen, Grundwasserabsenkungen, Entwässerungen und Rodungen sowie das ungenehmigte Errichten von Gebäuden, die zu Bodenerosionen und Bodenverdichtungen führen können, werden lediglich durch § 329 Abs. 2 und 3 StGB und nur in besonders geschützten Gebieten erfasst.[186] Allerdings liegen gerade in den Stoffeinträgen erhebliche Gefährdungspotenziale, so dass diese Einschränkung sinnvoll ist.[187]

7. Verunreinigung oder sonst nachteilige Veränderung des Bodens

Der Boden muß durch eine der genannten Tathandlungen verunreinigt oder sonst nachteilig verändert worden sein. Zwischen Tathandlung und Taterfolg muß ein Kausalzusammenhang bestehen.[188] Beide Begriffe sind an § 324 StGB angelehnt.[189] Nachteilige Veränderung ist jede die ökologischen Bodenfunktionen beeinträchtigende Veränderung der physikalischen, chemischen oder biologischen Beschaffenheit des Bodens.[190] Zur Ermittlung, ob eine nachteilige Veränderung vorliegt, ist die Bodenqualität vor und nach dem Eingriff zu vergleichen.[191] Dies bedeutet für die Praxis der Strafverfahren insoweit eine Vereinfachung, als jede Abweichung vom Ist-Zustand des Bodens das Tatbe-

---

185 Gesetzentwurf der BReg für ein 2. UKG, BT-Drucks. 12/192, S. 16; S/S-Cramer/Heine, § 324a Rn. 1.

186 Z. B. Wasser- oder Heilquellenschutzgebiete, Naturschutzgebiete oder Nationalparks; vgl. BT-Drucks. 12/192, S. 16; BR-Drucks. 126/90, S. 44 f.; Bartholme, S. 210; Franzheim/Pfohl, Rn. 166; Lackner/Kühl, § 324a Rn. 6; Michalke, Umweltstrafsachen, Rn. 155; Möhrenschläger, NStZ 1994, 513; 516; Sanden, wistra 1996, 283, 284; SK-Horn, § 324a Rn. 9.

187 Gesetzentwurf der BReg für ein 2. UKG, BR-Drucks. 126/90, S. 44; Lackner/Kühl, § 324a Rn. 6; Michalke, Umweltstrafsachen, Rn. 155; Sanden, wistra 1996, 283, 284; kritisch Franzheim/Pfohl, Rn. 166.

188 Vgl. den Wortlaut „und dadurch".

189 Gesetzentwurf der BReg für ein 2. UKG, BT-Drucks. 12/192, S. 15 f.; Michalke, Umweltstrafsachen, Rn. 126, 129.

190 Vgl. Gesetzentwurf, BT-Drucks. 12/192, S. 16; BR-Drucks. 126/90, S. 45; Lackner/Kühl, § 324a Rn. 3; Langkeit, WiB 1994, 710, 711; Michalke, Umweltstrafsachen, Rn. 153; Möhrenschläger, NStZ 1994, 513, 517; Rudolphi, NStZ 1984, 193, 194; Sack, § 324a Rn. 14; Sanden, wistra 1996, 283, 284; Tröndle/Fischer, § 324 Rn. 6.

191 Gesetzentwurf der BReg für ein 2. UKG, BT-Drucks. 12/192, S. 16; Gesetzentwurf der BReg für ein 2. UKG, BR-Drucks. 126/90, S. 45; Kloepfer/Vierhaus, Rn. 108; LK-Steindorf, § 324a Rn. 38.

standsmerkmal der Verunreinigung erfüllen kann und somit auch bereits verunreinigte Böden strafrechtlichen Schutz genießen.[192] Geschützt wird mithin die „relative Reinheit“ des Bodens.[193]

Mit dem Erfordernis der Nachteiligkeit verfolgt der Gesetzgeber zudem eine Einschränkung des Straftatbestandes auf solche Fälle, die vor dem Hintergrund der ökologischen beziehungsweise ökologisch-anthropozentrischen Schutzrichtung der Norm strafwürdig erscheinen. Von der Strafbarkeit ohnehin von vornherein ausgenommen sind bloß minimale Beeinträchtigungen des Bodens durch das Erfordernis der Erheblichkeit in Wert (Nr. 1) oder Umfang (Nr. 2).[194] Damit erübrigt sich die tatbestandliche Verankerung einer „Minima-Klausel“ in § 324a StGB.[195]

Systematisch stellt die nachteilige Bodenveränderung den Oberbegriff, die Verunreinigung des Bodens einen Unterfall dar, der lediglich wegen seiner Plastizität ausdrücklich hervorgehoben wird.[196] Verunreinigt wird der Boden durch jede sichtbare Veränderung seiner Zusammensetzung, die sich ökologisch nachteilig auf die Bodenfunktionen auswirkt.[197] Eine Schädigung oder konkrete Gefährdung der Umwelt ist nicht erforderlich.[198]

8. Eignungsklausel des § 324a Abs. 1 Nr. 1 StGB

Das Erfordernis der Eignung zur Herbeiführung bestimmter Schädigungen schränkt die Anwendbarkeit der Norm auf erhebliche Veränderungen ein.[199] Zu

---

192 Franzheim, ZfW 1985, 145, 145; LK-Steindorf, § 324a Rn. 17; Michalke, Umweltstrafsachen, Rn. 126, 153; Möhrenschläger, NStZ 1994, 513, 517; Schendzielorz, in: Kahl/Voßkuhle (Hrsg.), Teil III Rn. 42; SK-Horn, § 324a Rn. 5; sehr plastischer Vergleich bei Horn, UPR 1983, 362, 364: Man müsse auch nicht wissen, was Gesundheit heißt, um feststellen zu können, dass jemand krank geworden ist.

193 Kloepfer, § 7 Rn. 42; Michalke, Umweltstrafsachen, Rn. 153.

194 Sogenanntes „Bagatellausschlussprinzip“ vgl. Gesetzentwurf der BReg für ein 2. UKG, BT-Drucks. 12/192, S. 17; Kloepfer/Vierhaus, Rn. 109; Lackner/Kühl, § 324a Rn. 3; Schendzielorz, in: Kahl/Voßkuhle (Hrsg.), Teil III Rn. 41.

195 Dahs/Redeker, DVBl. 1988, 809 f.; Sack, § 324a Rn. 14; vgl. auch Tröndle/Fischer, § 326 Rn. 17.

196 Gesetzentwurf der BReg für ein 2. UKG, BT-Drucks. 12/192, S. 16; Bartholme, S. 211; Lackner/Kühl, § 324a Rn. 3; Michalke, Umweltstrafsachen, Rn. 153; Sack, § 324a Rn. 14; Sanden, wistra 1996, 283, 284; Tröndle/Fischer, § 324a Rn. 5.

197 Gesetzentwurf der BReg für ein 2. UKG, BT-Drucks. 12/192, S. 16; Bartholme, S. 211; Lackner/Kühl, § 324a Rn. 3; Sanden, wistra 1996, 283, 284.

198 Bartholme, S. 212; Kuchenbauer, NJW 1997, 2009, 2013; LK-Steindorf, § 324 Rn. 36 f.; Sack, § 324 Rn. 28; S/S-Cramer/Heine, § 324 Rn. 9; a. A. SK-Horn, § 324 Rn. 4.

199 Gesetzentwurf der BReg für ein 2. UKG, BT-Drucks. 12/192, S. 16; vgl. auch Tröndle/Fischer, § 325 Rn. 7.

denken ist hier an Fallgestaltungen, in denen Stoffe als Bestandteil des durch den Täter veränderten Bodens über die Nahrungskette in den menschlichen Körper gelangen und dort ihre gesundheitsschädigende Wirkung entfalten.[200] Fälle, in denen Bodenveränderungen nur zu Belästigungen oder Störungen (für Mensch oder Tier) führen, reichen dagegen für § 324a Abs. 1 Nr. 1 nicht aus.[201]

Wann die Erheblichkeitsschwelle bei Bodenverunreinigungen erreicht ist, verstand sich bislang wegen des Fehlens einheitlicher verwaltungsrechtlicher Vorgaben auf dem Gebiet des Bodenschutzes nicht von selbst und stellte den Rechtsanwender vor eine kaum zu bewältigende Herausforderung.[202] Für die Feststellung der Schädigungseignung können aber nunmehr die Prüf- und Maßnahmenwerte der BBodSchV herangezogen werden.[203] In Betracht kommen hier vor allem die Ergebnisse von Sickerwasserproben nach § 4 Abs. 3 BBodSchV sowie die in Anhang 2 zur BBodSchV vorgesehenen Maßnahmenwerte für den Wirkungspfad Boden-Grundwasser, zumindest vorübergehend auch die in den Anhängen zur BBodSchV bereits festgesetzten Prüfwerte.[204]

Die Schädigungseignung setzt weder einen Schaden an den Schutzgütern noch eine konkrete Gefährdung derselben voraus.[205] Ausreichend ist, dass eine nachteilige Bodenveränderung verursacht wird, die nach gesicherter naturwissenschaftlicher Erfahrung in ihrer konkreten Beschaffenheit und unter den konkreten Umständen generell geeignet ist[206], Schädigungen an einem der geschützten Rechtsgüter herbeizuführen. Das Merkmal der „Eignung" zur Herbeiführung eines bestimmten Erfolges ist dem Urteil des Richters überlassen. Allerdings kann das Fehlen jeder Möglichkeit einer konkreten Gefährdung bei der Auslegung herangezogen werden, um die Strafbarkeit entfallen zu lassen, wenn der Eintritt der Gefahr für die nach dem Tatbestand vorausgesetzten Schutzgüter absolut ausgeschlossen war.[207] Die Rechtsprechung hat von dieser Möglichkeit bislang eher zurückhaltend Gebrauch gemacht.[208]

---

200 Michalke, Umweltstrafsachen, Rn. 146.

201 Lackner/Kühl, § 324a Rn. 4; Maurach/Schroeder/Maiwald, Strafrecht BT 2, § 58 Rn. 48; Möhrenschläger, NStZ 1994, 513, 517; Sanden, wistra 1996, 283, 284; SK-Horn, § 324a Rn. 6.

202 Michalke, StraFo 1996, 73, 74.

203 Sack, § 324a Rn. 15; Sanden, wistra 1996, 283, 287, a. A. Michalke, Umweltstrafsachen, Rn. 148.

204 Franzheim/Pfohl, Rn. 180.

205 Kuchenbauer, NJW 1997, 2009, 2013; Möhrenschläger, NStZ 1994, 513, 517; SK-Horn, § 324a Rn. 7, Tröndle/Fischer, § 325 Rn. 7.

206 Bartholme, S. 212; Sack, § 324a Rn. 15; Tröndle/Fischer, § 325 Rn. 7.

207 Jescheck/Weigend, Strafrecht AT, § 26 II 2.

208 BGHSt 23, 308, 311; 23, 313, 315 ff.; 26, 121, 124.

Mit der Eignungsformel soll vor allem der Kausalitätsnachweis erleichtert werden. Dieses Ziel ist jedoch nur eingeschränkt erreichbar, weil eine Schädigungseignung nur angenommen werden kann, wenn ein naturwissenschaftlich gesichertes Kausalgesetz vorhanden und bekannt ist.[209] Kann eine Gefährdung aufgrund der örtlichen Gegebenheiten ausgeschlossen werden, etwa weil die Filterfunktion des Bodens an der betreffenden Stelle so hoch ist, dass sich die punktuelle Bodenveränderung nicht fortsetzen kann, ist eine Eignung abzulehnen.[210]

9. Vorsatz und Fahrlässigkeit im Rahmen des § 324a StGB

a) Abgrenzung von Vorsatz und Fahrlässigkeit

Für die vorsätzliche Tatbegehung gemäß § 324a Abs. 1 StGB genügt dolus eventualis.[211] Der Täter muss den Tatverlauf in seinen wesentlichen Grundzügen als möglich voraussehen und zumindest billigend in Kauf nehmen.[212] Er muss die tatsächlichen Umstände kennen, die das von ihm angegriffene Schutzobjekt zum „Boden" machen, und wissen, dass sein Verhalten dazu führen kann, dass Bodenfunktionen verschlechtert werden. Ausreichend ist eine zutreffende Parallelwertung in der Laiensphäre. Somit ist nicht Voraussetzung, dass der Täter die genauen chemischen, physikalischen und biologischen Prozesse im Boden, die aus seiner Handlung resultieren, im einzelnen kennt.[213]

Schwierigkeiten bereitet die Abgrenzung zur Fahrlässigkeit häufig dann, wenn der Täter hofft, es werde „noch einmal gut gehen" und der von ihm als möglich vorausgesehene Taterfolg nicht eintreten. Bei bewusster Fahrlässigkeit vertraut der Täter auf das Nichtvorliegen eines Tatumstandes oder sonst auf das Ausbleiben des tatbestandlichen Erfolges.[214] Dagegen ist dolus eventualis anzunehmen, wenn der Täter ein unsachgemäßes Lagern von Fässern mit hochgiftigen Stoffen veranlasst, obwohl er weiß, dass dass ihr Leckwerden eine Gefährdung des Schutzgutes bedeutet, oder wenn er eine chemische Flüssigkeit

---

209 Arzt/Weber, Strafrecht BT, § 41 Rn. 10; Michalke, Umweltstrafsachen, Rn. 146 f.: Die gewonnenen Erkenntnisse müssen noch nicht endgültig in der Praxis verifiziert, aber mit massenstatistischen Beweisen nachprüfbar sein; vgl. auch Bartholme, S. 212 f.; Schendzielorz, in: Kahl/Voßkuhle (Hrsg.), Kap. III Rn. 9; SK-Horn, § 324a Rn. 7; Schmidt-Salzer, NJW 1996, 1, 6.

210 OLG Celle, NStZ-RR 1998, 208 f.; Michalke, Umweltstrafsachen, Rn. 147.

211 Bartholme, S. 222; Otto, Jura 1995, 134, 142.

212 Tröndle/Fischer, § 15 Rn. 10.

213 Braun, S. 73; Landel/Vogg/Wüterich, § 324 Rn. 70.

214 Tröndle/Fischer, § 15 Rn. 13.

trotz Kenntnis ihrer Gefährlichkeit für Boden und Grundwasser in das ungeschützte Erdreich laufen lässt.[215]

b) *Die fahrlässige Tatbegehung, § 324a Abs. 3 StGB*

§ 324a Abs. 3 StGB sanktioniert die den praktischen Regelfall[216] bildende fahrlässige Bodenverunreinigung. Von erheblicher Bedeutung sind hier die Fälle fachlich unzureichender Altlastensanierung, in denen der Täter objektiv pflichtwidrig von einer Geeignetheit ergriffener Sicherungsmaßnahmen ausgeht. Fahrlässige Tatbegehung ist ferner zu prüfen, wenn der Täter irrtümlich annimmt, sein Verhalten könne eine nachteilige Bodenveränderung nicht hervorrufen (§ 16 StGB).[217] Pflichtwidrige Handlungen sind überdies im Vorfeld des tatsächlichen Schadenseintritts denkbar, so zum Beispiel bei unsachgemäßem Erdaushub in unmittelbarer Nähe von unterirdisch verlaufenden, heizölführenden Rohrleitungen.[218] Die Beauftragung ungeeigneter Dritter durch den nach BBodSchG Sanierungspflichtigen schließt dessen Fahrlässigkeit nicht aus, sondern kann ein Auswahlverschulden mit der Folge einer gesteigerten Überwachungspflicht begründen, wenn das mit der Sanierung beauftragte Unternehmen nicht ordnungsgemäß arbeitet.[219]

aa) *Sorgfaltsmaßstab des § 324a Abs. 3 StGB*

(i) *Definition nach allgemeinen Grundsätzen?*

Dagegen kann die unterbliebene Einschaltung von Ordnungsbehörden oder der Feuerwehr nach Eintritt des Schadens Anknüpfungspunkt für den Fahrlässigkeitsvorwurf nur dann sein, wenn eine Anzeigepflicht durch „Sondernormen", etwa in § 15 Abs. 3 S. 1 BBodSchG hinsichtlich der Ergebnisse von Eigenkontrollmaßnahmen oder in den Ausführungsgesetzen der Länder zum BBodSchG[220], ausdrücklich geregelt wird. Denn § 324a StGB ist im Gegensatz zu § 324 StGB kein „offener" Tatbestand, sondern setzt eine „Verletzung ver-

---

215 Braun, S. 74.

216 Gesetzentwurf der BReg für ein 2. UKG, BT-Drucks. 12/192, S. 16; dagegen aber Kloepfer, § 7 Rn. 7, unter Bezugnahme auf die Strafverfolgungsstatistik 1989, S. 28 - 31: Der Anteil der fahrlässigen Begehungsformen im Bereich der Umweltkriminalität liege nur bei 14 % gegenüber 23,7 % bei den Brandstiftungsdelikten.

217 Braun, S. 74; Michalke, Umweltstrafsachen, Rn. 164.

218 OLG Düsseldorf JR 1991, 340, 341.

219 Vgl. OLG Düsseldorf, JR 1991, 340, 341; Sanden, wistra 1996, 283, 289.

220 Zur verfassungsrechtlichen Unbedenklichkeit der Verweisung von Bundesstrafnormen auf Landesgesetze vgl. Winkelbauer, Verwaltungsakzessorietät, S. 30: Die landesrechtliche Blankettausfüllungsnorm wird nicht Bestandteil des Bundesstrafgesetzes; letzteres hat die Aufgabe, die Landesnorm unter (bundes-)strafrechtlichen Schutz zu stellen.

waltungsrechtlicher Pflichten“ voraus. Soweit sich diese gemäß § 330d Nr. 4a StGB aus Rechtsvorschriften ergeben können, kommen hierfür lediglich Gesetze, Verordnungen und Satzungen in Betracht.[221] Eine Herleitung des Sorgfaltsmaßstabs aus Verwaltungsvorschriften, DIN-Normen, technischen Regelwerken[222], ungeschriebenen Verhaltensmaßregeln, allgemeinen Erfahrungssätzen oder unmittelbar aus der Strafnorm selbst ist, selbst wenn sich daraus bodenschutzrelevante Sorgfaltspflichten ergeben, im Rahmen des § 324a Abs. 1, Abs. 3 StGB nicht statthaft, denn darin liegt gerade keine „Verletzung verwaltungsrechtlicher Pflichten“ im Sinne von § 324a Abs. 1, Abs. 3 in Verbindung mit § 330d Nr. 4a StGB.[223]

Der Fahrlässigkeitsmaßstab bestimmt sich für § 324a Abs. 3 StGB somit nicht nach allgemeinen strafrechtlichen Grundsätzen.[224] Nach allgemeinen Grundsätzen handelt fahrlässig, wer bei Anwendung derjenigen Sorgfalt, die ihm nach den Umständen des Falles und nach seinen persönlichen Kenntnissen und Fähigkeiten billigerweise zugemutet werden kann, den eingetretenen Erfolg voraussehen und die Möglichkeit der Verhinderung sowie seine Rechtspflicht dazu erkennen kann, jedoch infolge Außerachtlassung jener Sorgfalt zu dieser Voraussicht und Erkenntnis nicht gelangt. Abzustellen ist auf die „Sorgfalt eines umweltbewussten Rechtsgenossen“.[225] Dieser allgemeine Sorgfaltsmaßstab kommt für § 324a Abs. 3 StGB nicht, auch nicht subsidiär zur Anwendung, was den Anwendungsbereich der Vorschrift ganz erheblich einschränkt. Die Anwendbarkeit des in Fällen nachteiliger, grundwassergefährdender Bodenveränderungen gegenüber § 324 Abs. 3 StGB an sich sachnäheren § 324a Abs. 3 StGB hängt also zunächst maßgeblich davon ab, ob eine verletzte Rechtsvorschrift existiert.[226] Weitergehend ist dann aber zu klären, ob nicht zumindest der generalklauselartig formulierte § 4 Abs. 1 BBodSchG wiederum auf einen allgemeinen Sorgfaltsmaßstab verweist, der dem Gesetz vorgelagert ist.[227]

---

221 Tröndle/Fischer, § 330d Rn. 6.

222 Dazu ausführlich Michalke, Umweltstrafsachen, Rn. 117 ff.; für den Bürger erlangen diese Regelwerke freilich erst mittelbar durch Bezugnahme in behördlichen Erlaubnissen Bedeutung.

223 Rengier, FS Boujong, S. 791, 805.

224 A. A. S/S-Cramer/Heine, § 324a Rn. 16; zu § 324 StGB ausführlich Winkemann, S. 80 ff.

225 OLG Stuttgart, NStZ 1989, 122, 123; OLG Celle, ZfW 1990, 303, 304; 1991, 254, 255; LK-Steindorf, § 324a Rn. 67; ders., § 324 Rn. 123; Tröndle/Fischer, § 324 Rn. 10.

226 Rengier, FS Boujong, S. 791, 805.

227 Dazu sogleich B IV 9 b) aa) (ii); zur Bestimmheit von § 4 Abs. 1 BBodSchG siehe auch unten D III 2 b).

(ii) Anforderungen an die praktische Rechtsanwendung

Das *OLG Celle* hatte den Fall zu entscheiden, dass beim Anlegen zweier landwirtschaftlicher Feldmieten (Rübenblattsilos) durch unsorgfältig verlegte Dichtungsfolien Silageflüssigkeit in das Erdreich eingedrungen war und sich diffus unter der Bodenoberfläche ausgebreitet hatte.[228] Den Fahrlässigkeitsvorwurf nach § 324 Abs. 3 StGB hat das Gericht nicht primär an gesetzliche Sorgfaltspflichten, sondern an die Pflicht des Angeklagten geknüpft, sich über die Bodenbeschaffenheit seines Grundstücks zu vergewissern. So hätten sich Anzeichen für eine mangelnde Wasseraufnahmefähigkeit des Bodens aus einer länger dauernden Pfützenbildung nach ergiebigen Regenfällen im Herbst oder aus Eintragungen in Bodenkarten ergeben können.[229] Zusätzliche Sorgfaltsanforderungen sollten sich überdies einem Merkblatt der Landwirtschaftskammer über die Gefährdung von Gewässern durch Silosickersaft entnehmen lassen.[230]

Für die Beurteilung der Sorgfaltswidrigkeit des Täters gemäß § 324a Abs. 3 StGB in vorstehendem Fall ist unter Berücksichtigung des oben Gesagten nicht nur auf die §§ 4, 7 BBodSchG zurückzugreifen, sondern es sind stets auch Rechtsverordnungen und Satzungen hinzuzuziehen, die den Einzelfall regelnde Verhaltensanforderungen mit zumindest mittelbarem Bodenschutzbezug aufstellen.[231] Ein bloßer „Schutzreflex" genügt nicht.[232] Andererseits verbietet sich für § 324a Abs. 3 StGB grundsätzlich die Auffassung des *OLG Celle*, vor allem bei gefährlichen Schadstoffen auch konkrete öffentlich-rechtliche Verhaltensregeln, wie etwa ein Merkblatt der Landwirtschaftskammer, oder solche des Produktherstellers, zum Beispiel bei Düngemitteln, heranzuziehen.[233] Etwas anderes kann nur dann gelten, wenn diese Regeln durch materielles Gesetz bestimmt werden.

Problematisch ist überdies, dass die bodenbezogenen Grundpflichten der §§ 4, 7 BBodSchG eine durchgängig finale Programmierung aufweisen. Der Normbefehl wird ergebnisorientiert auf das Entstehen oder auf die Beseitigung einer schädlichen Bodenveränderung bezogen. Eine solche ist entweder zu vermeiden (§ 4 Abs. 1 und 2, § 7 BBodSchG) oder nachträglich zu sanieren (§ 4 Abs. 3

228 OLG Celle, ZfW 1991, 254 ff.
229 OLG Celle ZfW 1991, 254, 255.
230 OLG Celle ZfW 1991, 254, 256.
231 Gesetzentwurf der BReg für ein 2. UKG, BT-Drucks. 12/192, S. 17; Hofmann, Bodenschutz, S. 127; LK-Steindorf, § 325 Rn. 29; Rengier, FS Boujong, S. 791, 803; Rudolphi, NStZ 1984, 248, 252; Sch/Sch-Stree, § 325 Rn. 12; SK-Horn, § 325 Rn. 10.
232 Gesetzentwurf der BReg für ein 2. UKG, BT-Drucks. 12/192, S. 31; Hofmann, Bodenschutz, S. 126; Sanden, wistra 1996, 283, 285; SK-Samson, § 324 Rn. 17; S/S-Cramer/Heine, § 324a Rn. 16, § 324 Rn. 15; Winkemann, S. 107.
233 So aber offenbar LK-Steindorf, § 324a Rn. 67.

BBodSchG). Wie dies zu geschehen hat, erwähnt das Gesetz nicht. Ein konkreter Sorgfaltsmaßstab für das Fahrlässigkeitsdelikt lässt sich aus den §§ 4, 7 BBodSchG nicht herleiten.

Wählt man demgegenüber gemäß § 330d Nr. 4c StGB eine behördliche Gefahrenabwehr- oder Sanierungsverfügung nach §§ 4, 10 Abs. 1 BBodSchG oder den öffentlich-rechtlichen Sanierungsvertrag gemäß § 13 Abs. 4 BBodschG als Anknüpfungspunkt für die Bestimmung des Sorgfaltsmaßstabs, wird für den Pflichtadressaten regelmäßig nicht bloß Fahrlässigkeit, sondern bedingter Vorsatz anzunehmen sein. Denn eine Berufung des Pflichtadressaten auf Unkenntnis der maßgeblichen Sorgfaltsanforderungen wird dann in aller Regel ausscheiden.[234]

bb) Ausschluss der Fahrlässigkeit

Die Fahrlässigkeit kann im Einzelfall ausgeschlossen sein, wenn der Täter Kumulations- oder Summationseffekte bei Schadstoffeinträgen im Bagatellbereich nicht vorhersehen konnte.[235] Beruht nämlich eine Bodenverunreinigung auf mehreren Ursachen, kann ein Fahrlässigkeitsvorwurf nur dann erhoben werden, wenn der Täter zur Verhinderung von Ursachen, der er selbst nicht gesetzt hatte, verpflichtet gewesen wäre.[236] Überdies ist hier besonders sorgfältig zu prüfen, ob für den Täter, dessen Verhalten nicht unmittelbar bodenbezogen war, der Unrechtserfolg konkret voraussehbar war. So weisen etwa die Vorschriften des Straßenverkehrs keinen unmittelbaren Bezug zum Bodenschutz auf. Der Unrechtserfolg des § 324a StGB kann sich in diesen Fällen lediglich als zufällige Folge einer verkehrsbezogenen Fehlleistung darstellen und aus dem Schutzbereich der konkreten Verhaltensnorm herausfallen.[237] Keinen Vorwand bietet dagegen ein „eingerissener Schlendrian“ wie zum Beispiel die Üblichkeit einer Überdüngung landwirtschaftlich genutzter Flächen.[238] Hier können sich Sorgfaltsanforderungen aber aus § 17 BBodSchG ergeben.

10. Probleme bei der Normanwendung

Die bereits erwähnten Schwierigkeiten des naturwissenschaftlichen Kausalitätsnachweises werfen zusätzliche strafprozessuale Probleme auf: In jenen Fällen, die nicht bereits nach §§ 153 ff. oder § 170 Abs. 2 StPO eingestellt werden, er-

234 Kothe, Altlasten, Rn. 645.

235 LK-Steindorf, § 324a Rn. 68; Michalke, Umweltstrafsachen, Rn. 164.

236 LK-Steindorf, § 324 Rn. 123.

237 Michalke, Umweltstrafsachen, Rn. 116.; vgl. aber den Gegenentwurf bei Rengier, FS Boujong, S. 791 ff.

238 LK-Steindorf, § 324a Rn. 68.

hebt die Staatsanwaltschaft gemäß § 152 Abs. 1 StPO Anklage. Hier muß der Staatsanwalt penibel auf eine hinreichend präzise Formulierung des Anklagesatzes achten, was dann nicht einfach gelingen wird, wenn die zur Tatvollendung hinführende Kausalkette nicht sogleich offen zu Tage liegt. Schließlich gilt es auch die Auswirkungen länger zurückliegender Bodenverunreinigungen auf die Strafverfolgungsverjährung im Auge zu behalten.

a) Beweisschwierigkeiten

Zu Recht weist *Bartholme* darauf hin, dass mit der tatbestandlichen Fassung des § 324a Abs. 1 StGB als Erfolgsdelikt der umweltstrafrechtliche Bodenschutz nur ein begrenztes Anwendungsfeld findet.[239] Zum einen stehen die Strafverfolgungsbehörden vor der Frage, ob eine einmal erkannte Bodenveränderung auch die notwendige spezifische Schädigungseignung für die Schutzgüter des § 324a Abs. 1 Nr. 1 StGB aufweist. Sie werden sich hierzu in der Regel externen Sachverstandes bedienen müssen.[240] Als für eine wirksame Strafverfolgung überaus problematisch erweist sich zudem die natürliche Pufferfähigkeit des Bodens, die eine nachteilige Bodenveränderung unter Umständen erst dann erkennen lässt, wenn der Boden die Grenzen seiner Aufnahmefähigkeit bereits überschritten hat. Dadurch wird die Zuordnung der Bodenveränderung zu einem bestimmten Täter und einer bestimmten Tathandlung im Sinne des § 324a Abs. 1 StGB nicht unerheblich erschwert, sofern überhaupt eine Individualhandlung Ausgangspunkt der Beeinträchtigung ist und nicht lediglich Summations- oder Kumulationseffekte sich nachträglich auswirken.[241] So führt zum Beispiel der jahrelange Umgang mit chlorierten Kohlenwasserstoffen in metallverarbeitenden Betrieben durch sogenannte „Verkleckerungsverluste“ und über Immissionen zu den heute feststellbaren, zum Teil gravierenden Bodenverunreinigungen. Das versicherungsrechtliche Schrifttum spricht hier von „gestreckten Schadensfällen“.[242]

In den seltensten Fällen können konkrete Störfälle, zumal in industriellen Ballungsräumen, als Ursache einer Verunreinigung ermittelt werden. Gerade bei Umweltdelikten im gewerblichen Bereich bestehen schon wegen der innerbetrieblichen Organisation und einer möglichen Verschiebung der Verantwortlichkeiten auf Rechtsvorgänger oder –nachfolger erhebliche Aufklärungsschwierigkeiten, die die Grenzen des Individualstrafrechts aufzeigen und auch durch das

---

239 Bartholme, S. 207 f.

240 Bartholme, S. 208; Maurach/Schroeder/Maiwald, Strafrecht BT 2, § 58 Rn. 48; Vierhaus, NJW 1998, 1262, 1269.

241 Gesetzentwurf der BReg für ein 2. UKG, BT-Drucks. 12/192, S. 16; Maurach/Schroeder/Maiwald, Strafrecht BT 2, § 58 Rn. 27; Schall, NJW 1990, 1263, 1272.

242 Dazu ausführlich Emde, VersR 1996, 291 ff.

2. UKG noch nicht ausreichend gelöst sind.[243] Hier bieten in strafrechtlicher Hinsicht die Rechtsprechung des *Bundesgerichtshofs* im Anschluss an die „Lederspray“-Entscheidung[244] zur Umweltverantwortung in Unternehmen und auf verwaltungsrechtlicher Ebene das BBodSchG mit der Erweiterung der Haftungssubjekte auf Rechtsnachfolge- und Dereliktionstatbestände möglicherweise neue Lösungsansätze.

b) Prozessuale Probleme: § 200 StPO

In prozessualer Hinsicht finden die Schwierigkeiten des Kausalitätsnachweises ihre Entsprechung in der Vorschrift des § 200 Abs. 1 S. 1 StPO: Die Anklageschrift hat den Angeschuldigten, die Tat, die ihm zur Last gelegt wird, Zeit und Ort ihrer Begehung (...) zu bezeichnen. Der Anklagesatz dient nicht nur der Information des Angeschuldigten über die ihm vorgeworfene Tat. Er hat vor allem die Funktion, die Tat genau zu umschreiben, um dadurch den Verfahrensgegenstand zu bestimmen und die Reichweite der materiellen Rechtskraft des Strafurteils einzugrenzen.[245] Hintergrund ist das verfassungsrechtliche Verbot der Doppelbestrafung gemäß Art. 103 Abs. 3 GG.

Besonderer Sorgfalt bedarf die Begründung einer Garantenpflicht in Fällen der Unterlassungsstrafbarkeit.[246] Allerdings wird die Reichweite der strafrechtlichen Handlungspflicht durch den Umfang der verwaltungsrechtlichen Pflicht begrenzt. Der Pflichtenumfang des Garanten in Altlastenfällen lässt sich im Hinblick auf die vorhandenen gesetzlichen Normen nunmehr vorrangig dem BBodSchG entnehmen, das hier für größere Rechtsklarheit sorgt, indem es die Handlungspflichten des Verantwortlichen bundeseinheitlich festlegt. Ergänzend sind landesgesetzliche Pflichten heranzuziehen, soweit diese nicht durch das BBodSchG überlagert werden. Zu prüfen ist schließlich, ob dem Täter die gesetzlich oder behördlich geforderte Handlung nicht nur tatsächlich, sondern auch rechtlich möglich war. Hier können mit der Altlastensanierung zusammenhängende Genehmigungserfordernisse, etwa nach dem WHG, zu beachten sein, zumal wenn diese nicht von der Konzentrationswirkung des § 13 Abs. 6 S. 2 BBodSchG erfasst werden.[247]

---

243 BGH, Urt. v. 4.7.1992, 4 StR 179/91, teilweise abgedruckt in NStZ 1991, 490; Möhrenschläger, NStZ 1994, 513, 514; Schall, NJW 1990, 1263, 1272; Schmidt-Salzer, NJW 1996, 1, 5; vgl. auch Wüterich, BB 1992, 2449, 2450.

244 BGHSt 37, 106 = NJW 1990, 2560.

245 Schlüchter, JR 1990, 10, 12.

246 Die Formulierung „unter Verletzung verwaltungsrechtlicher Pflichten” in § 324a Abs. 1 StGB bedeutet nichts anderes als das Erfordernis einer Garantenstellung des Täters.

247 Sanden, wistra 1996, 283, 289.

c) *Verjährung*

Gemäß § 78 Abs. 3 Nr. 4 StGB verjährt das Delikt der nachteiligen Bodenveränderung in fünf Jahren.[248] Die Strafverfolgungsverjährung beginnt gemäß § 78a S. 1 StGB mit der *Beendigung* der Bodenverunreinigung.[249] Allerdings können Schadstoffe als Tatspuren aufgrund der Speicherfähigkeit des Bodens über längere Zeiträume darin verborgen bleiben und erst mit Überschreiten der Kapazitätsgrenzen des Bodens unvermittelt zu Tage treten. Verjährungsprobleme können deshalb dort entstehen, wo der Eintrag umweltschädlicher Stoffe, etwa von chlorierten Kohlenwasserstoffen, in das Erdreich schon Jahrzehnte zurückliegt und nicht mehr ermittelt werden kann, inwieweit Bodenverunreinigungen in bereits verjährte Zeiträume fallen.[250]

Es kommt daher entscheidend auf die Festlegung des Zeitpunktes der Beendigung der Tat an. Der für die Tatbeendigung notwendige Eintritt des tatbestandlichen Erfolgs liegt bei § 324a StGB dann vor, wenn die Verunreinigung oder sonst nachteilige Veränderung des Bodens eingetreten ist.[251] Formelle Vollendung und materielle Beendigung der Tat fallen hier also zusammen. Eine weitere Ausbreitung von Schadstoffen im Boden bei einmal eingetretenem Taterfolg schiebt den Beginn der Verjährungsfrist allerdings nicht auf.[252]

Die Gegenansicht, die bei einer weiteren Ausbreitung der Verunreinigung den Beginn der Verfolgungsverjährung erst dann annimmt, wenn der Ausbreitungsvorgang der Schadstoffe endgültig abgeschlossen sei, überzeugt nicht.[253] Angesichts regelmäßig schleichender chemisch-physikalischer Stoffumwandlungs- und Veränderungsprozesse im Boden wäre eine Beendigung der Tat nach *Sack* kaum jemals anzunehmen.[254] Eine Annäherung der Bodenverunreinigung

---

248 Unzutreffend Kloepfer/Vierhaus, Rn. 10, die drei Jahre annehmen. Hier dürfte indessen eine schlichte Verwechselung mit der Strafdrohung für Fahrlässigkeit bei § 324a StGB vorliegen.

249 § 78a S. 2 StGB hat dagegen keine selbständige Bedeutung, da die Beendigung der Tat immer den Eintritt des tatbestandsmäßigen Erfolgs voraussetzt; vgl. Jescheck/Weigend, Strafrecht AT, § 86 I 2; Kloeper/Vierhaus, Rn. 110 Fn. 268.

250 Franzheim/Pfohl, Rn. 148; 172; Kloepfer/Vierhaus, Rn. 110.

251 Kloepfer/Vierhaus, Rn. 110; Sanden, wistra 1996, 283, 288; S/S-Cramer/Heine, § 324a Rn. 17.

252 S/S-Cramer/Heine, § 324a Rn. 17.

253 So aber Sack, Umweltstrafrecht, § 324a Rn. 59, § 324 Rn. 52; Franzheim/Pfohl, Rn. 148.

254 Konsequent insofern Franzheim/Pfohl, Rn. 148: Bei sukzessiven Verunreinigungsprozessen wird es hinsichtlich des Verjährungsbeginns erforderlich sein, einen Sachverständigen dazu zu befragen, wann der letzte Tropfen CKW versickert ist. Ist eine Klärung nicht möglich, so ist in dubio pro reo Verjährung anzunehmen, was im Ergebnis der hier vertretenen Auffassung gleichkommt.

an den Deliktstypus der Dauerdelikte scheitert zudem am Fehlen einer wesentlichen Voraussetzung von Dauerdelikten: der willentlichen Aufrechterhaltung eines rechtswidrigen Zustandes.[255] Eine solche scheidet bei den Umweltdelikten in aller Regel aus, denn allenfalls der unmittelbare Stoffeintrag ist noch willensgetragen, nicht jedoch die zum Teil jahrzehntelang währenden Ausbreitungsprozesse von Schadstoffen. Schließlich kann eine Fortsetzung des Begehungsdelikts durch unechtes Unterlassen infolge Vergrößerung der Gefahr ohne Rücksicht auf Handlungsmöglichkeit, Zumutbarkeit und Willensentschluss des Täters nicht in Betracht kommen.[256] Durch die restriktive Rechtsprechung des *Bundesgerichtshofs* zur Figur des Fortsetzungszusammenhangs dürfte nicht nur bei „Kleckerschäden"[257] die Verjährungsproblematik eher noch größer geworden sein. Nach dem Beschluss des *GrSenBGH* vom 3.5.1994[258] verbietet sich in den vorstehend behandelten Fällen die Annahme einer fortgesetzten Handlung, weil hier keine sachlichen Gründe ersichtlich sind, die einen Fortsetzungszusammenhang zur sachgerechten Würdigung des Gesamtunwertes mehrerer nicht zur natürlichen Handlungseinheit verbundenen Tatbestandsverwirklichungen des § 324a StGB als unumgänglich erscheinen lassen.[259]

Unerheblich ist, wann der Erfolg von den Strafverfolgungsbehörden tatsächlich erkannt wird oder hätte erkannt werden können. Dieses dem Täter entgegenkommende Ergebnis des § 78a StGB hätte der Gesetzgeber des 2. UKG vermeiden können, wenn er mit Blick auf die Altlastenproblematik eine spezielle, lange Verjährungsfrist für § 324a StGB eingeführt hätte.[260] Die absolute Verjährung einer Bodenverunreinigung tritt de lege lata gemäß § 78c Abs. 3 S. 2 StGB zehn Jahre nach Beginn der Verjährungsfrist ein. Verjährungsunterbrechungen, etwa durch verantwortliche Vernehmung eines Beschuldigten, scheiden nach diesem Zeitpunkt aus.

§ 324a StGB kann überdies nur bei Tathandlungen zur Anwendung gelangen, die nach Inkrafttreten des 31. StÄG/2. UKG am 1.11.1994 erfolgt sind. Kann zudem nicht ausgeschlossen werden, dass Verunreinigungen des Bodens auf

255 S/S-Stree, vor §§ 52 ff. Rn. 81 f.; S/S-Cramer/Heine, § 324a Rn. 17.

256 S/S-Cramer/Heine, § 324a Rn. 17; differenzierend LK-Steindorf, § 324a Rn. 70: Zwar hindere die weitere Ausbreitung der Schadstoffe den Verjährungsbeginn. Allerdings bedürfe eine solche Ausbreitung positiver Feststellung. Zweifel an der Beendigung der Tat müssten dann zugunsten des Beschuldigten gewertet werden, weil andernfalls wegen der theoretisch immerwährenden Veränderungsprozesse des Bodens als dynamischem System die Beendigung des Vergehens nach § 324a StGB praktisch niemals anzunehmen wäre.

257 Zum Begriff Emde, VersR 1996, 291, 291.

258 BGHSt 40, 138; vgl. nur Tröndle/Fischer, vor § 52 Rn. 25 ff.

259 BGHSt 40, 138, 166.

260 Kloepfer/Vierhaus, Rn. 110; LK-Steindorf, § 324a Rn. 70.

verjährte Zeiträume zurückgehen, so werden die Schwierigkeiten nahezu unüberwindlich, wenn eine Isolierbarkeit einzelner Tathandlungen ausscheidet. Eine Bestrafung nach § 324a StGB kommt deshalb bei Altlasten nur dann in Betracht, wenn nach dem 1.11.1994 eine weitere Einwirkung auf den Boden vorgenommen worden ist, die einen neuen tatbestandsmäßigen Erfolg verursacht hat.[261] Strafrechtlich relevantes aktives Tun wird somit nur selten Anknüpfungspunkt für ein Hauptverfahren mit dem Tatvorwurf des § 324a StGB sein.[262] Dreh- und Angelpunkt der Verfahren im Zusammenhang mit Altlasten werden vielmehr die Fälle des strafwürdigen Unterlassens, etwa in Gestalt einer nicht vorgenommenen Dekontamination oder Verhinderung schädlichen Sickerwasserabflusses sein.[263]

d) Vollzugsdefizit

Aufgrund der Verwaltungsabhängigkeit des § 324a StGB hängt die Definition des tatbestandlichen Erfolges und damit auch die Möglichkeit strafrechtlicher Sanktionierung nicht primär von den Strafverfolgungsbehörden, sondern von den Umweltverwaltungsbehörden ab. Dies hat zur Folge, dass Vollzugsprobleme und Defizite der Verwaltung, wie zum Beispiel unklare und unbestimmte Bescheide, Unklarheiten bei der Auslegung von Grenzwertbestimmungen oder Duldungen rechtswidriger Zustände, sich hemmend auf die Anwendung des Straftatbestandes auswirken. Dessen Wirksamkeit steht mithin in Abhängigkeit von der Effizienz der Umweltverwaltung. Umgekehrt sind die Strafverfolgungsorgane auf die Mitwirkung der Verwaltungsbehörden angewiesen, die vielfach aufgrund ihrer Kontroll- und Überwachungstätigkeit über eine größere Sachnähe vor allem zu gewerblichen Emittenten verfügen und von Störfällen regelmäßig als erste Kenntnis erlangen.[264] Die Verwaltungsakzessorietät ist somit Chance und Achillesferse des Umweltstrafrechts zugleich. Das Strafrecht verkommt dadurch nicht zum „Büttel“ des Verwaltungsrechts.[265]

---

261 Knopp/Albrecht, Altlastenrecht, Rn. 300; LK-Steindorf, § 324a Rn. 29.

262 Franzheim/Pfohl, Rn. 172.

263 Franzheim/Pfohl, Rn. 173; Sanden, wistra 1996, 283, 288.

264 Franzheim/Pfohl, Rn. 20; Redeker/Dahs, DVBl. 1988, 803, 806; Schall, NJW 1990, 1263, 1270; Winkelbauer, DÖV 1988, 723, 729.

265 Redeker/Dahs, DVBl. 1988, 803, 804.

C. REICHWEITE DER VERWALTUNGSABHÄNGIGKEIT DES STRAFRECHTS, SPEZIELL DES § 324A STGB

I. Das Verhältnis von Straf- und Verwaltungsrecht

Der Gesetzgeber geht nicht nur vom Schutz der Umwelt durch die Verwaltung aus. Er hat ihr auch die Aufgabe übertragen, die Voraussetzungen, Maßstäbe und Kriterien für diesen Schutz zu entwickeln und durchzusetzen. Dabei steht die Exekutive laufend vor Abwägungs- und Koordinierungsentscheidungen. Dies bedingt, dass der Gesetzgeber normativ nur die Richtung vorgeben kann, während der Normvollzug im einzelnen der Verwaltung überlassen bleiben muss. Das Nebeneinander von Umweltverwaltungs- und Umweltstrafrecht wirft die Frage auf, inwieweit verwaltungsrechtliche Regelungen und Maßnahmen für die Auslegung und Anwendung des § 324a StGB Beachtung fordern. Zuvor ist in gebotener Kürze der Frage nachzugehen, ob die Anbindung des § 324a StGB an das BBodSchG zu einer – nach Art. 103 Abs. 2 GG unzulässigen - „Selbstentmachtung" des Strafgesetzgebers führt, wie verschiedentlich geargwöhnt wird, weil das Strafrecht in diesem Falle nicht mehr das Schutzgut „Umwelt", sondern nur noch das Bewirtschaftungsinteresse der Verwaltung schütze.[1]

1. Selbstentmachtung des Strafgesetzgebers?

Die Frage einer „Selbstentmachtung des Strafgesetzgebers" stellt sich, weil der außerstrafrechtliche Verhaltensbefehl den Tatbestand des Strafgesetzes entweder nur konkretisieren oder weithin über das Ob einer Strafbarkeit entscheiden kann.[2] Findet also eine Verlagerung von Gesetzgebungsbefugnissen zugunsten der Umweltverwaltung statt?

Diese Frage ist bereits im Ansatz falsch formuliert: Es gibt nur *einen* Gesetzgeber, für den freilich dann, wenn er über Normen des Strafrechts beschließt, das verfassungsrechtliche Bestimmtheitsgebot der Art. 103 Abs. 2, 104 Abs. 1 GG gilt. Der „Strafgesetzgeber" als besonderes Organ der Legislative ist der Verfassungsordnung aber fremd.[3] So ist der Gesetzgeber des 2. UKG der Idealvorstellung, dass die Regelungsmaterie des Umweltstrafrechts allein durch das Strafrecht bewältigt werden könne, nicht gefolgt. Im Umweltbereich ist der Begriff der Verwaltungsabhängigkeit des Strafrechts ein gebräuchlicher Terminus

1 Vgl. Winkelbauer, DÖV 1988, 723, 724.

2 Schulze-Fielitz, in: Dreier, GG, Bd. III, Art. 103 Abs. 2 Rn. 27; Tröndle/Fischer, vor § 324 Rn. 4a.

3 Kloepfer/Vierhaus, Rn. 29; Kühl, FS Lackner, S. 815, 829.

geworden.[4] Hier gilt es zu unterscheiden zwischen der Verwaltungsnorm- und der Verwaltungsaktabhängigkeit.

a) Verwaltungsnormabhängigkeit

Der Kritik kommt das Verdienst zu, den oftmals einseitig auf die Perspektive des Straftäters abstellenden Gesichtspunkt der strafrechtlichen Normbestimmtheit nach Art. 103 Abs. 2, 104 Abs. 1 GG um den ebenso wichtigen demokratischen und gewaltenteilenden Aspekt dieser Vorschriften zu erweitern, der aus Art. 20 Abs. 2 GG folgt. Dies schafft die Voraussetzung dafür, die demokratische Verantwortung des parlamentarischen Gesetzgebers (Art. 104 Abs. 1 GG) und das Verbot der freiwilligen Selbstentmachtung des zur Festlegung des Strafbarkeitsbereichs zuständigen Gesetzgebers (Art. 103 Abs. 2 GG) zu Kriterien für verwaltungsakzessorische Blankettstrafgesetze wie § 324a StGB zu erheben.[5]

Ist der parlamentarische Gesetzgeber schlechthin das zur Festlegung des Strafbarkeitsbereichs zuständige Organ, ist diese Kompetenzregelung auch dann eingehalten, wenn er seine auf ein verwaltungsrechtliches Spezialgesetz konzentrierte Gesetzgebungsarbeit so aufteilt, dass er die blankettartige Strafvorschrift in das StGB einstellt, die formalgesetzliche Ausfüllungs- sowie Ermächtigungsnorm zum Erlass von Rechtsverordnungen, die die Strafvorschrift auf der Tatbestandsseite vervollständigt, hingegen in einem anderen Gesetz unterbringt (dynamische Außenverweisungen). Auch insofern ist der „Strafgesetzgeber“ keine Besonderheit.[6]

b) Verwaltungsaktabhängigkeit

Probleme können allerdings dort entstehen, wo sich die Strafbarkeit aus einem Verstoß gegen einen Verwaltungsakt ergibt. § 330d Nr. 4c StGB bestimmt, dass auch vollziehbare Verwaltungsakte grundsätzlich zur Pflichtenkonkretisierung des § 324a StGB in Betracht kommen können. Hier sind Bedenken laut geworden, dass die Behörde gerade bei Ermessensentscheidungen im Einzelfall über erhebliche Möglichkeiten der Einflussnahme auf den Inhalt strafrechtlicher Normen habe, so dass entgegen Art. 103 Abs. 2 GG nicht der Gesetzgeber, son-

4 Kloepfer/Vierhaus, Rn. 29; Kühl, FS Lackner, S. 815, 825.

5 Kühl, FS Lackner, S. 815, 829; Winkelbauer, Verwaltungsakzessorietät, S. 32; ders., DÖV 1988, 723, 725.

6 BVerfGE 75, 329, 342; Kloepfer/Vierhaus, Rn. 30; Kühl, FS Lackner, S. 815, 829; Perschke, wistra 1996, 161, 163.

dern die Verwaltung letztlich über die Strafbarkeit eines umweltrelevanten Verhaltens entscheide.[7]

Diese auf strafrechtlichen Legalitätsvorstellungen beruhende Kritik verkennt indessen, daß die Neufassung des § 330d Nr. 4 StGB durch das 2. UKG die Pflichtenkonkretisierung durch verwaltungsrechtliche Verfügung lediglich als eine unter mehreren Möglichkeiten einer inhaltlichen Ausfüllung des § 324a StGB anerkennt. Die Abhängigkeit der Strafbarkeit von verwaltungsbehördlichen Einzelentscheidungen ist geringer geworden. Somit wird die Problematik der Verwaltungsaktabhängigkeit durch die Stärkung der Verwaltungsrechtsabhängigkeit relativiert, wenngleich noch nicht behoben.[8]

Ausschlaggebend ist indessen, dass das Gesetzlichkeitsprinzip gewahrt bleibt. Es findet keine unzulässige Übertragung von Legislativbefugnissen auf die Verwaltung statt.[9] Dies liegt begründet in der Gesetzesbindung der Verwaltung gemäß Art. 20 Abs. 3 GG. Der Exekutive kommt nicht das Recht zu, Voraussetzungen der Strafbarkeit selbst konstitutiv zu gestalten. Ihre beim Erlass von Einzelverfügungen vorhandenen Gestaltungsspielräume beschränken sich vielmehr darauf, die abstrakten gesetzlichen Vorgaben für den konkreten Fall zu aktualisieren und damit eine für den Normadressaten eindeutige Grenze zwischen erlaubtem und strafbarem Verhalten zu ziehen.[10]

Unter der Voraussetzung, dass die Verwaltungsakte durch eine ausreichende Ermächtigungsgrundlage inhaltlich hinreichend bestimmt sind, ist die Anknüpfung der Strafdrohung an gesetzeskonkretisierende Verwaltungsakte nicht zu beanstanden.[11] § 324a StGB enthält seinerseits bereits normative Vorgaben sowohl über den Taterfolg („verunreinigt oder sonst nachteilig verändert“) als auch, und zwar abschließend, über die Tathandlungen („einbringen, eindringenlassen, freisetzen“).[12] Damit bleibt der Verwaltungsakt Vollzugsakt des Verwaltungsgesetzes auch dann, wenn er strafrechtliche Relevanz entfalten soll.

Ein Verzicht auf die Verwaltungsaktabhängigkeit würde zudem der Tendenz Vorschub leisten, gegen umweltrelevante Verhaltensweisen nicht mit verwal-

---

7 Arzt/Weber, Strafrecht BT, § 41 Rn. 15; Lackner/Kühl, vor § 324 Rn. 3; Perschke, wistra 1996, 161, 163; Sonnen/Tetzlaff, wistra 1999, 1, 7.

8 Kloepfer/Vierhaus, Rn. 30; Schall, NJW 1990, 1263, 1266; vgl. auch Jünemann, UPR 1997, 399, 401.

9 A. A. Sonnen/Tetzlaff, wistra 1999, 1, 7.

10 Winkelbauer, Verwaltungsakzessorietät, S. 35.

11 BVerfGE 75, 329, 346; 78, 374, 382 f.; 80, 244, 256 f.; Perschke, wistra 1996, 161, 163; Schröder, VVDStRL 50 (1991), 196, 220; Winkelbauer, Verwaltungsakzessorietät, S. 34 f.; ders., DÖV 1988, 723, 725.

12 Ebenso Ossenbühl/Huschens, UPR 1991, 161, 164.

tungsrechtlichen Rechtsbehelfen, sondern verstärkt mit dem Mittel der Strafanzeige vorzugehen. Dies entspricht weder der typischen Aufgabenzuweisung noch dem wohlverstandenen Interesse der Strafrechtspflege, man denke nur an deren geringe sachliche und personelle Ressourcen.[13]

2. Primat des Verwaltungsrechts

Alle Umweltstraftaten mit Ausnahme der „schweren Gefährdung durch Freisetzen von Giften" gemäß § 330a StGB stellen Übersteigerungen von sozialethisch grundsätzlich gebilligten, wenn auch verwaltungsrechtlich kontrollierten Tätigkeiten dar.[14] Diese Verwaltungsrechtsabhängigkeit kommt bei § 324a StGB durch die „Verletzung verwaltungsrechtlicher Pflichten" zum Ausdruck. Dabei fällt nach dem Grundsatz der Organadäquanz, wonach ein Organ nur Funktionen wahrnehmen soll, die seiner Struktur und fachlichen Grundfunktion entsprechen, den Behörden der Umweltverwaltung eine Einschätzungsprärogative gegenüber den Strafverfolgungsorganen zu.[15] Diese Verschränkung von Straf- und Verwaltungsrecht hat den Vorteil, dass das Strafrecht an die voranschreitende soziale, wirtschaftliche und technische Entwicklung, beispielsweise an neue, Analyse- oder Dekontaminationsverfahren bei der Altlastensanierung, angepasst werden kann, ohne dass es ständiger gesetzgeberischer Eingriffe in das StGB bedarf.[16] Vor allem hierin liegt die Aufgabe und Zweckerfüllung von Blankettstrafnormen wie § 324a StGB.

Allerdings ist die Verwaltungsakzessorietät des Umweltstrafrechts nicht einförmig ausgestaltet, sondern folgt auch hier verwaltungsrechtlichen Bedürfnissen. Dies zeigt ein kurzer Vergleich des § 324a StGB mit der Gewässerschutznorm des § 324 StGB.

a) Absoluter Gewässerschutz durch § 324 StGB

§ 324 StGB kommt die Aufgabe zu, das öffentlich-rechtliche Konzept einer umfassenden Gewässerbewirtschaftung strafrechtlich abzusichern. Insofern wird auch von „absolutem" Gewässerschutz gesprochen.[17] Der Bewirtschaftungsansatz kommt in dem nach § 2 WHG für Gewässernutzungen geregelten Erlaubnis- und Bewilligungserfordernis zum Ausdruck, das sich als repressives

---

13 Winkelbauer, DöV 1988, 723, 729.

14 Maurach/Schroeder/Maiwald, Strafrecht BT, § 58 Rn. 7.

15 Dies gebietet nicht nur das Postulat der Einheit und Widerspruchsfreiheit der Rechtsordnung, sondern auch der Vertrauensschutz der Bürger; vgl. Ossenbühl/Huschens, UPR 1991, 161, 166 und 167; Redeker/Dahs, DVBl. 1988, 803, 805.

16 Ossenbühl/Huschens, UPR 1991, 161, 166; Schendzielorz, in: Kahl/Voßkuhle (Hrsg.), Kap. III Rn. 13.

17 Hofmann, Bodenschutz, S. 39; Meinberg/Möhrenschläger/Link, S. 19.

Verbot mit Befreiungsvorbehalt charakterisieren lässt.[18] Der Bürger hat keinen subjektiv-öffentlichen Anspruch auf Erteilung einer Genehmigung. Die Wasserbehörde kann also im Rahmen fehlerfreier Ermessensausübung den Interessen des Umweltschutzes den Vorrang einräumen und eine beantragte Erlaubnis versagen.[19]

Seine Entsprechung findet dieser Ansatz in der tatbestandlichen Ausgestaltung des § 324 StGB, der anders als § 324a StGB auf verwaltungsrechtliche Bezugnahmen auf Tatbestandsebene gerade verzichtet. Der Gesetzgeber hat sich hier im Gegensatz zu § 324a StGB für eine verwaltungsrechtsunabhängige Fixierung des strafwürdigen Verhaltens entschieden. Verwaltungsrechtliche Wertungen kommen erst auf Rechtswidrigkeitsebene zum Tragen, indem der Täter „unbefugt" gehandelt haben muss.[20] Dies ist konsequent, will man eine Einschränkung der Strafbarkeit nicht bereits auf Tatbestandsebene erzielen, sondern möglichst viele Fälle von Gewässerverunreinigungen zunächst einmal tatbestandlich erfassen. Erst die Rechtswidrigkeitsprüfung nach Maßgabe des Verwaltungsrechts übernimmt die notwendige Aussonderung strafunwürdiger Fälle.[21]

b) Tatbestandliche Verknüpfung bei § 324a StGB

Ein vergleichbares Bewirtschaftungsniveau lässt sich für das Umweltmedium Boden auch nach Inkrafttreten des BBodSchG nicht aufzeigen. Die Norm- und Vollzugsdichte ist hier wesentlich geringer als im Wasserrecht.[22] In Anlehnung an die Gesetzgebung der Länder und anders als im Wasserrecht ist die Flächeninanspruchnahme ebenso wie jegliche Einwirkung auf den Boden einem eigenen Verfahrensmodus nicht unterworfen. Verhaltensanweisungen an den betroffenen Bürger ergeben sich in Gestalt von Dauerpflichten aus dem Gesetz selbst sowie aus der BBodSchV und werden, wenn es ihrer Durchsetzung bedarf, durch behördliche Einzelanordnungen konkretisiert.[23] Die Bodenschutzbehörde kann eine präventive Steuerungsfunktion wie nach dem WHG nicht ausüben, indem sie die „Schranke des Rechts" für den Bodennutzer zu öffnen vermochte.

---

18 Hofmann, Bodenschutz, S. 39.
19 Hofmann, Bodenschutz, S. 36.
20 Hofmann, Bodenschutz, S. 39; Tröndle/Fischer, § 324 Rn. 7.
21 Hofmann, Bodenschutz, S. 39.
22 Redeker/Dahs, DVBl. 1988, 803, 805.
23 Arzt/Weber, Strafrecht BT, § 41 Rn. 22: Bei § 324a StGB ist das bodenrelevante Verhalten prinzipiell sozial wertneutral, so dass typisches strafwürdiges Unrecht erst durch Missachtung einer Genehmigung begründet wird, die sich freilich nicht aus dem BBodSchG selbst ergeben kann.

§ 324a StGB kann und soll deshalb auch keinen „absoluten Bodenschutz" gewährleisten.[24] Der Strafrechtsschutz gemäß § 324a StGB wirkt erst dann, wenn die Bodenverunreinigung in „bedeutendem Umfang" oder unter den einschränkenden Voraussetzungen des § 324a Abs. 1 Nr. 1 StGB eintritt. Dementsprechend erfolgt die Verzahnung von Verwaltungsrecht und Strafrecht hier bereits auf Tatbestandsebene: Wer sich verwaltungsrechtskonform verhält, erfüllt schon nicht den Tatbestand der Strafnorm § 324a StGB.[25]

c) Erkennbarkeit des Normbefehls

Die soeben herausgestellte Unterscheidung hat indessen auch unter dem Aspekt einer hinreichenden Bestimmtheit des strafrechtlichen Normbefehls erhebliche Auswirkungen: Während nämlich die Gestattung nach dem WHG für den Bürger eine entlastende Funktion ausübt, indem dieser durch Einhaltung der Erlaubnisbedingungen zugleich seiner Jedermanns-Pflicht aus § 1a Abs. 2 WHG nachkommt[26], fehlt es im BBodSchG an einem solchen Entlastungsmechanismus. Ohne ein entsprechendes Genehmigungsregime muss der Normadressat des BBodSchG die (strafrechtliche) Reichweite etwa der unmittelbar geltenden Grundpflichten in jedem Einzelfall bodenrelevanten Verhaltens selbst erkennen und für sich bestimmen können. Im folgenden sollen daher vor allem Aspekte der Normbestimmtheit und Auslegung des § 324a StGB im Zusammenwirken mit dem BBodSchG besprochen werden.

3. Verwaltungsabhängigkeit des § 324a StGB

Nicht jede unbefugte Bodenverunreinigung soll strafbewehrt sein. Deshalb schränkt das Merkmal „unter Verletzung verwaltungsrechtlicher Pflichten" den Tatbestand des § 324a Abs. 1 StGB ein. Pflichtbestimmend sind gemäß § 330d Nr. 4 StGB Rechtsnormen, Gerichtsentscheidungen sowie vollziehbare Verwaltungsakte und Auflagen und unter bestimmten Voraussetzungen auch öffentlich-rechtliche Verträge, wie zum Beispiel Sanierungsverträge nach § 13 Abs. 4 BBodSchG, die materiell dem Schutz des Bodens vor schädlichen Einwirkungen und Gefahren dienen. Dies läuft auf die Frage hinaus, wann eine bodenschutzrechtliche Norm aus sich heraus den Normbefehl hinreichend deutlich erkennen lässt, also „self-executing" ist, und ab wann mangels normativer Bestimmtheit eine ordnungsbehördliche Konkretisierung durch Einzelverfügung erforderlich ist.

---

24 Schendzielorz, in: Kahl/Voßkuhle (Hrsg.), Kap. III Rn. 8.

25 Zur Problematik bei § 324 StGB vgl. Michalke, Umweltstrafsachen, Rn. 20: Tatbestandlichkeit auch bei genehmigter Abwassereinleitung!

26 Winkelbauer, DÖV 1988, 723, 727.

Ordnungsverfügungen werfen weitere Fragen auf, die hier kurz erörtert seien. Ihre Relevanz ergibt sich zum einen aus der Ermächtigungsnorm des § 10 Abs. 1 BBodSchG, nach der die Verwaltung zur Erfüllung der aus den §§ 4, 7 sowie aus der BBodSchV sich ergebenden Pflichten die „notwendigen Maßnahmen" treffen kann. Einzelanordnungen der Verwaltung erlangen aber auch dort Bedeutung, wo gemäß § 9 BBodSchG aufgrund von Anhaltspunkten für eine schädliche Bodenveränderung die Behörde Maßnahmen zur Gefährdungsabschätzung treffen soll oder Gefahrerforschungsmaßnahmen durch die in § 4 Abs. 3, 5 und 6 BBodSchG genannten Personen anordnen kann. Dritter wichtiger Bereich für behördliche Einzelanordnungen sind Maßnahmen im Zusammenhang mit der Aufstellung von Sanierungsplänen wie die Anordnung von Sanierungsuntersuchungen gemäß § 13 Abs. 1 oder die Verbindlicherklärung eines Sanierungsplans gemäß § 13 Abs. 6 BBodSchG.

a) Die formelle Wirksamkeit von Verwaltungsakten

Anknüpfungspunkt der Strafnorm ist, soweit diese auf Verwaltungsakte zurückgreift, nach überwiegender Meinung eine wirksame Verwaltungsentscheidung, wobei deren inhaltlicher Richtigkeit mit Ausnahme von Missbrauchsfällen keine Relevanz zukommen soll.[27] Im Sinne von § 44 VwVfG nichtige Verwaltungsakte sind strafrechtlich unbeachtlich.[28] Angesichts des klaren Wortlauts des § 330d Nr. 5 gilt dies auch für § 324a StGB: Ein Handeln ohne Genehmigung (...) oder sonstige Zulassung ist auch ein Handeln aufgrund einer durch Drohung, Bestechung oder Kollusion erwirkten oder durch unrichtige oder unvollständige Angaben erschlichenen Genehmigung (...) oder sonstigen Zulassung. Gleichwohl betrifft § 330d Nr. 5 StGB nicht typischerweise nichtige, sondern wirksame Verwaltungsakte, die gleichwohl strafrechtlich unbeachtlich sein sollen.[29] Das Prinzip der Verwaltungsakzessorietät wird insoweit durchbrochen.[30]

Sowohl bei bloß rücknehmbaren rechtswidrigen begünstigenden Verwaltungsakten als auch bei rechtswidrigen belastenden Verwaltungsakten kommt es daher allein auf deren verwaltungsrechtliche Wirksamkeit an.[31] Die insbesondere für die zweite Konstellation geäußerte Ansicht, dass der Schutz des Bodens als elementarer Lebensgrundlage eine auch materielle Verwaltungsakzessorietät voraussetze, weil sich sonst das Täterverhalten unter Umständen auf die bloße Negation eines – rechtswidrigen – Verwaltungsbefehls ohne greifbare Umwelt-

---

27 Kloepfer/Vierhaus, Rn. 33; Perschke, wistra 1996, 161, 164; Redeker/Dahs, DVBl. 1988, 803, 810; Sanden, wistra 1996, 283, 285 f.; Winkelbauer, DÖV 1988, 723, 726.

28 Kloepfer, § 7 Rn. 12; Kloepfer/Vierhaus, Rn. 32; Schall, NJW 1990, 1263, 1266.

29 Zur Kritik an § 330d Nr. 5 StGB vgl. Jünemann, UPR 1997, 399, 400.

30 Maurach/Schroeder/Maiwald, Strafrecht BT 2, § 58 Rn. 9.

31 Kloepfer, § 7 Rn. 12.

beeinträchtigung beschränke, überzeugt nicht.[32] Denn eine Rangfolge unter den Umweltmedien, die für den strafrechtlichen Bodenschutz eine Durchbrechung des Prinzips der Einheit der Rechtsordnung rechtfertigen soll, lässt sich weder dem Grundgesetz noch den einschlägigen Fachgesetzen entnehmen. Zudem hat sich der Gesetzgeber grundsätzlich für einen Vorrang des Verwaltungs- rechts entschieden.[33] Andererseits schützt die Tatbestandswirkung wirksamer Verwaltungsakte nicht nur die Zuständigkeit und Verantwortung der Erlassbehörde für die Konkretisierung der Verwaltungsrechtslage, sondern auch die prinzipiell berechtigte Erwartung des einzelnen, dass seine durch Verwaltungsakt bestimmten Rechte und Pflichten nicht von dritter Seite anders bestimmt oder gar annulliert werden.[34]

Dementsprechend setzt die Annahme einer Garantenstellung im Bereich der Unterlassungsstrafbarkeit auch nicht zwingend den Erlass einer behördlichen Verfügung voraus.[35] Das Strafrecht kann das Unterlassen des normativ geforderten Handelns grundsätzlich auch dann sanktionieren, wenn die zuständige Verwaltungsbehörde das Bestehen einer Handlungspflicht weder festgestellt noch konkretisiert hat.[36]

Hinzu kommt noch ein weiterer Aspekt: Soll der strafrechtliche Schutz der Umwelt sich nicht auf Verletzungen, sondern bereits auf Umweltgefährdungen erstrecken, bedarf es eines generellen strafrechtlichen Verbots für bestimmte, typischerweise gefährliche Handlungsweisen, auch wenn sie im Einzelfall ausnahmsweise nicht gefährlich sein sollten.[37] Bloßer Verwaltungsungehorsam wird dadurch nicht pönalisiert, denn im Kernstrafrecht geht es stets auch um den Schutz dahinterstehender materieller Rechtsgüter.[38]

b) Der Suspensiveffekts des Widerspruchs

Die formelle Wirksamkeit der Verwaltungsentscheidung leitet zur Lösung jener Fälle hin, in denen ein gegen eine Sanierungsverfügung eingelegter Widerspruch Suspensivwirkung entfaltet. Da Widerspruch und Klage gegen einen Verwal-

---

32 So aber Bartholme, S. 218 ff.; Kühl, FS Lackner, S. 815, 853; Perschke, wistra 1996, 161, 164 f.; Schall, NJW 1990, 1263, 1267 f.

33 Kloepfer, § 7 Rn. 12.

34 Kloepfer, § 7 Rn. 12; Kloepfer/Vierhaus, Rn. 33; Schröder, VVDStRL 50 (1991), 196, 222.

35 A. A. Redeker/Dahs, DVBl. 1988, 803, 811.

36 Sanden, wistra 1996, 283, 286.

37 Winkelbauer, DÖV 1988, 723, 726; vgl. auch LK-Steindorf, § 325 Rn. 46, der für die Fälle rechtswidriger, aber wirksamer Verwaltungsakte einen Strafaufhebungsgrund erwägt.

38 Schröder, VVDStRL 50 (1991), 196, 223 f.

tungsakt gemäß § 80 Abs. 1 S. 1 VwGO grundsätzlich aufschiebende Wirkung haben, werden Ordnungsverfügungen üblicherweise gemäß § 80 Abs. 2 Nr. 4 VwGO für sofort vollziehbar erklärt, denn nur auf diese Weise ist eine Verwaltungsvollstreckung möglich, ohne dass zuvor die Bestandskraft abgewartet werden muss. Nach herrschender Meinung wird durch die Einlegung des Widerspruchs lediglich die Vollziehbarkeit des Verwaltungsakts vorläufig[39] gehemmt, nicht aber dessen Wirksamkeit aufgehoben.[40]

Wird indessen die sofortige Vollziehbarkeit einer Entscheidung gemäß § 80 Abs. 2 Nr. 4 VwGO nicht angeordnet, so trifft die Behörde während der Rechtsmittelfrist sowie in der Zeit des laufenden Widerspruchsverfahrens eine Duldungspflicht, die eine strafrechtliche Ahndung wegen Nichtvornahme der angeordneten Handlung ausschließt.[41] Deshalb verlangt auch § 330d Nr. 4c StGB einen *vollziehbaren* Verwaltungsakt. Fehlt es an der Vollziehbarkeit, so besteht keine verwaltungsrechtliche Pflicht im Sinne von § 324a Abs. 1 StGB, gegen die verstoßen werden könnte. Für die Sanierung, die durch den Widerspruch „gestoppt“ wurde, bedeutet dies, dass sie durch Einleitung eines Strafverfahrens auch nicht mittelbar erzwungen werden kann. Dies gilt allerdings nicht für die Ahndung solcher Tathandlungen, die vor Eintritt der aufschiebenden Wirkung begangen wurden.[42]

II. Der Begriff des Bodens nach § 324a StGB und § 2 BBodSchG

Bei der rein begrifflichen Verwaltungsabhängigkeit können sich Schwierigkeiten ergeben, wenn derselbe Begriff im Verwaltungsrecht und im Strafrecht unterschiedlich ausgelegt wird.[43] Dabei ist einer engen begrifflichen Anbindung des Straftatbestandes § 324a StGB an das Verwaltungsrecht der Vorzug einzuräumen. Die damit zusammenhängenden Fragen sollen am Begriff des Bodens vertieft werden.[44]

---

39 Kopp, VwGO, § 80 Rn. 16.

40 BVerwGE 13, 1, 7 ff.; 66, 218, 220 ff.; a. A. die Vertreter der sog. Wirksamkeitstheorie, vgl. die Nachweise bei Kopp, VwGO, § 80 Rn. 6.

41 Kopp, VwGO, § 80 Rn. 17; Odenthal, NStZ 1991, 418 f.; Schmitz, Verwaltungshandeln, S. 125 f.

42 Kopp, VwGO, § 80 Rn. 17.

43 Franzheim/Pfohl, Rn. 11, 14; Perschke, wistra 1996, 161, 162; Schall, NJW 1990, 1263, 1265.

44 Die Frage, was unter dem Boden im Sinne des § 324a StGB zu verstehen ist, beantwortet das StGB nicht; es findet sich weder in § 324a StGB noch in den Begriffsbestimmungen des § 330d StGB eine Definition.

1. Begriffliche Anbindung an § 2 BBodSchG

a) Der Boden als „dreidimensionales Umweltsystem"

Nach der Legaldefinition des § 2 Abs. 1 BBodSchG ist Boden die obere Schicht der Erdkruste, soweit sie Träger der in § 2 Abs. 2 BBodSchG genannten Bodenfunktionen ist. Die Befürworter eines ökologisch umfassenden Bodenbegriffs im Strafrecht verstehen den Boden im Sinne von § 324a StGB als „dreidimensionales Umweltsystem", das unabhängig von der Umgebung die mannigfachen Bodenfunktionen für Mensch, Tier und Pflanze umfasse. Strafrechtlichen Schutz genieße das Erdreich nicht nur als Fläche oder oberste Lockermaterialschicht[45], sondern auch in seiner weiteren Ausdehnung in die Tiefe. Hierbei wird entscheidend darauf abgestellt, ob auch der unbelebte Untergrund noch in einem Austauschverhältnis mit den belebten oberen Bodenschichten steht, indem er etwa eine ökologisch bedeutsame Filter- und Pufferfunktion erfüllt.[46] In der Orientierung des Bodenbegriffs an den verwaltungsrechtlichen Vorgaben des § 2 BBodSchG liege eine kriminalpolitisch sachwidrige Eingrenzung des Schutzzwecks der Strafnorm auf die Produktions- und die Biotopfunktion des Bodens.[47]

b) Schutz des Bodens im Ausland?

Einen weiteren Schwerpunkt in der Diskussion um den Bodenbegriff bildet die Frage, ob der Boden auch im Ausland durch § 324a StGB geschützt wird. Verwiesen sei hier nur auf die parallele Fragestellung zum Gewässerschutztatbestand des § 324 StGB, nachdem mit der Neufassung des § 330d Nr. 1 StGB durch das 2. UKG der Gewässerbegriff nicht mehr auf den „räumlichen Geltungsbereich dieses Gesetzes" beschränkt ist.[48] Sieht man den Boden wegen seiner hohen ökologischen Bedeutung vorbehaltlich des innerstaatlichen Strafanwendungsrechts der §§ 3 bis 7 StGB auch im Ausland als durch § 324a StGB geschützt an[49],. bleibt zu klären, wie das Tatbestandsmerkmal der Verletzung verwaltungsrechtlicher Pflichten auszufüllen ist, wo deutsches Verwaltungsrecht aufgrund des dort geltenden Territorialitätsprinzips keine Anwendung findet. Ausländischer Boden unterliegt nicht der Geltung des deutschen Verwaltungsrechts. Behauptet wird daher, dass die „verwaltungsrechtlichen Pflichten" auch

45 Damit ist die in der Regel nur 20 bis 40 cm dicke Schicht der sogenannten Braunerde gemeint; vgl. Kloepfer/Vierhaus, Rn. 104.
46 Franzheim/Pfohl, Rn. 157; Kloepfer/Vierhaus, Rn. 104; LK-Steindorf, § 324a Rn. 9.
47 Franzheim/Pfohl, Rn. 157; Kloepfer/Vierhaus, Rn. 104; Lackner/Kühl, § 324a Rn. 2; LK-Steindorf, § 324a Rn. 9.
48 Michalke, StraFo 1996, 73, 74.
49 So z. B. LK-Steindorf, § 324a Rn. 6.

unter Verzicht auf das Tatbestandsmerkmal hinreichend bestimmt und das ausländische Verwaltungsrecht zur Tatbestandseingrenzung tauglich seien.[50]

c) *Funktionale Auslegung des Bodenbegriffs des § 324a StGB*

In beiden vorgenannten Fallkonstellationen ist problematisch, dass sich eine eigenständige strafrechtlich-ökologische Rechtsgutsdefinition der Schwierigkeit einer drohenden Verselbständigung des Rechtsguts gegenübersähe und in Konflikt mit dem Verwaltungsgesetz geriete, zu dem es nach der Vorstellung des Gesetzgebers doch begrifflich akzessorisch sein soll.[51] Für das internationale Strafrecht ergibt sich dieser Befund bereits daraus, dass die Vorgabewirkung des deutschen Umweltverwaltungsrechts im Ausland entfällt, sich mithin zwangsläufig ein „autonomes" Begriffsverständnis entwickeln muß. Doch birgt der ökologische Ansatz des § 324a StGB auch im Inland die Gefahr divergierender Entscheidungen im Straf- und im Verwaltungsrecht in ein und derselben Sache.[52]

Verfehlt wäre es indessen, hier bereits die Einheit der Rechtsordnung gefährdet zu sehen, die auf Kosten der strafrechtlichen Bestimmtheit des § 324a StGB durchbrochen würde.[53] Konsequenz wäre dann in der Tat eine nicht mehr hinnehmbare Ausweitung der Strafbarkeit. Wie die gebotene enge Anbindung des § 324a StGB an das BBodSchG in Bezug auf das Schutzgut Boden im einzelnen auszugestalten ist, muß daher grundsätzlich der Rechtsprechung vorbehalten bleiben.

Auslegungshilfen lassen sich der gesetzlichen Regelung selbst entnehmen: Durch § 1 S. 1 BBodSchG wird zwar nicht der Schutz des Bodens an sich, sondern nur der seiner gesetzlich definierten Funktionen angestrebt. Mit dem *funktionalen* Ansatz wird der ökologische Wirkungszusammenhang des Bodens im Naturhaushalt hervorgehoben. Wie tief der Boden aber zu schützen ist, lässt sich für das BBodSchG nicht allgemein angeben, sondern erschließt sich erst aus der Fokussierung auf einzelne Bodenfunktionen. So ist der Boden als Rohstofflagerstätte (§ 2 Abs. 2 Nr. 3a BBodSchG) gegen schädliche Bodenveränderungen so weit zu schützen, wie die förderbaren Bodenschätze in die Erdkruste hineinreichen. Als Siedlungsfläche (§ 2 Abs. 2 Nr. 3b BBodSchG) reicht der spezifische Schutz des Bodens weniger tief. Demgegenüber umfasst der Schutz der natürlichen Bodenfunktionen (§ 2 Abs. 2 Nr. 1 BBodSchG) wieder-

50 LK-Steindorf, § 324a Rn. 6.
51 Michalke, Umweltstrafsachen, Rn. 128.
52 Michalke, Umweltstrafsachen, Rn. 126.
53 Michalke, Umweltstrafsachen, Rn. 128.

um die gesamte Ökosphäre und schließt damit alle Bodenschichten bis zum Grundwasser mit ein.[54]

Bei genauerer Betrachtung zeigt sich mithin, dass der funktionale Schutzansatz des BBodSchG sich gerade nicht kategorisch auf die obere Schicht der Erdkruste beschränkt, sondern den Boden umfasst, soweit er Träger der in § 2 Abs. 2 BBodSchG genannten Funktionen ist. Dadurch werden vermeintliche Divergenzen des Schutzumfangs zwischen BBodSchG und § 324a StGB vielfach bereits im Ansatz nivelliert oder lassen sich durch eine differenzierte Auslegung am Maßstab des § 2 Abs. 2 BBodSchG sachgerecht beseitigen.[55]

2. Nachteilige und schädliche Bodenveränderungen

a) Zweistufigkeit des § 2 BBodSchG

Mit dem Zentralbegriff der schädlichen Bodenveränderung in § 2 Abs. 3 BBodSchG als Bezugspunkt für die im Gesetz normierten Grundpflichten und dem Abstellen auf eine Gefahr für den einzelnen oder die Allgemeinheit folgt das BBodSchG einem ordnungsrechtlichen Ansatz.[56] Voraussetzung einer schädlichen Bodenveränderung ist stets die Beeinträchtigung einer der in § 2 Abs. 2 BBodSchG aufgeführten Bodenfunktionen.[57] Der Begriff der schädlichen Bodenveränderung ist zweigliedrig aufgebaut. Auf einer ersten Stufe muss festgestellt werden, ob eine Beeinträchtigung der in § 2 Abs. 2 BBodSchG genannten Bodenfunktionen vorliegt. Darüber hinaus bedarf es eines zusätzlichen Korrektivs, um bestimmte Fälle sozial erwünschter Bodenbeeinträchtigungen, zumal wenn diese nur vorübergehender Natur sind, aus dem Begriff der schädlichen Bodenveränderung eliminieren. Hierzu ist die Eignung des Eingriffes, Gefahren, erhebliche Nachteile oder erhebliche Belästigungen für den einzelnen oder die Allgemeinheit herbeizuführen, festzustellen.[58] Eine konkrete Gefahr im strikten Sinne des Gefahrenabwehrrechts ist nicht vorausgesetzt.[59] Ob die erheblichen Nachteile und erheblichen Belästigungen gemäß § 2 Abs. 3 BBodSchG strafrechtlichen Schutz genießen, ergibt sich aus § 324a Abs. 1 StGB. Danach wird eine Schädigung von Schutzgütern tatbestandlich nicht vorausgesetzt, sondern es genügt die Schädigungseignung einer nachteiligen Bodenveränderung. Ob eine solche auch schon durch erhebliche Nachteile oder

---

54 Wolf, NuR 1999, 545, 548.

55 Zutreffend daher LK-Steindorf, § 324a Rn. 10 f.: In der Praxis gelangen beide Auffassungen zum gleichen Ergebnis; S/S-Cramer/Heine, § 324a Rn. 12.

56 Holzwarth/Radtke/Hilger/Bachmann, § 2 Rn. 23; Sanden/Schoeneck, § 2 Rn. 32.

57 Holzwarth/Radtke/Hilger/Bachmann, § 2 Rn. 9; Sanden/Schoeneck, § 2 Rn. 22.

58 Lindemann/Eickhoff, NuR 1994, 330, 332; Holzwarth/Radtke/Hilger/Bachmann, § 2 Rn. 26; Sanden/Schoeneck, § 2 Rn. 33; Wolf, NuR 1999, 545, 549.

59 S/S-Heine, vor §§ 306 ff. Rn. 5.

Belästigungen ausgelöst werden kann, muss der Prüfung anhand des § 324a StGB vorbehalten bleiben.

b) Einstufigkeit des § 324a StGB

Der Begriff der schädlichen Bodenveränderung in § 2 Abs. 3 BBodSchG nimmt damit definitorisch vorweg, was in § 324a Abs. 1 StGB ein eigenes Tatbestandsmerkmal darstellt: Durch das Merkmal der Schädigungseignung wird ausgedrückt, dass die konkrete Gefahr einer Schädigung nicht erforderlich ist, sondern die nach den Umständen nicht fern liegende generelle Möglichkeit einer Schädigung der genannten Schutzgüter ausreicht.[60] Erforderlich ist die Eignung der Bodenverunreinigung, eines der in § 324a Abs. 1 Nr. 1 StGB genannten Schutzgüter zu schädigen. Bloße Belästigungen und Störungen sind somit unerheblich.[61] Damit erscheint der strafrechtliche Begriff der „nachteiligen Bodenveränderungen“ zunächst enger als jener der „schädlichen Bodenveränderungen“ gemäß § 2 Abs. 3 BBodSchG. Zum anderen schließt der Begriff der schädlichen Bodenveränderung gemäß § 2 Abs. 3 BBodSchG neben den durch § 324a StGB ebenfalls geschützten ökologischen Bodenfunktionen (vgl. § 2 Abs. 2 Nr. 1 BBodSchG) weitere Bodenfunktionen ein, nämlich Archiv- und Nutzungsfunktionen (§ 2 Abs. 2 Nrn. 2 u. 3 BBodSchG).[62] In dieser Inkongruenz der geschützten Bodenfunktionen liegt das eigentliche Problem der begrifflichen Anpassung von schädlichen und nachteiligen Bodenveränderungen.

3. Schutz von Nutzungsfunktionen durch § 324a StGB?

a) Inkongruenz der geschützten Bodenfunktionen

Umweltgüter können im Hinblick auf die Notwendigkeit, sie bis zu einem gewissen Grad für den Menschen zu nutzen, nur relativ geschützt werden. Dies hat in § 2 Abs. 2 Nr. 2 und 3 BBodSchG seinen Niederschlag gefunden. Die Formulierung des § 2 Abs. 1 BBodSchG „soweit sie Träger der in Absatz 2 genannten Bodenfunktionen ist“ lässt erkennen, dass im Einzelfall nicht alle Bodenfunktionen zugleich betroffen sein müssen. Es kann daher der Fall eintreten, dass lediglich die in § 2 Abs. 2 Nr. 3 BBodSchG genannten ökonomischen Funktionen des Bodens berührt sind.

---

60 Bartholme, S. 212 f.; LK-Steindorf, § 324a Rn. 42 f.; S/S-Cramer/Heine, § 324a Rn. 11.

61 Möhrenschläger, NStZ 1994, 513, 517; S/S-Cramer/Heine, § 324a Rn. 11.

62 Dazu kritisch Michalke, Umweltstrafsachen, Rn. 129: Ob allen diesen Funktionsträgerschaften in der Praxis der Strafverfahren eine eigene Bedeutung zukommt, erscheint wegen der vielfach noch ausstehenden Klärung hochkomplexer wissenschaftlicher Zusammenhänge zweifelhaft.

Andererseits begünstigt die wirtschaftliche Nutzung des Bodens, zum Beispiel als Siedlungsfläche, Bodenabtragung, Versiegelung und stoffliche Veränderungen des Erdreichs bis hin zu einem völligen *Ausfall* der natürlichen Bodenfunktionen.[63] Dazu lässt sich lediglich § 1 S. 3 BBodSchG entnehmen, dass den in § 2 Abs. 2 Nr. 1 und 2 BBodSchG genannten natürlichen und archivarischen Bodenfunktionen im Zweifel der Vorrang gebühren soll.[64] Eine eindeutige gesetzgeberische Entscheidung zugunsten der natürlichen Bodenfunktionen ist dies jedoch nicht.[65] Dementsprechend wird im verwaltungsrechtlichen Schrifttum vertreten, dass die ökologischen Belange des Bodenschutzes „abwägungsüberwindbar" sein müssen.[66]

b) Standpunkt der Bundesregierung

Die Bundesregierung hat dazu die Auffassung vertreten, dass der Schutz der natürlichen Funktionen grundsätzlich nicht im Gegensatz zur ökonomischen Nutzung des Bodens stehe. Zwar beeinträchtige die Nutzung des Bodens als Siedlungsfläche die natürlichen Bodenfunktionen erheblich, zugleich seien jedoch spezielle belastungsempfindliche Siedlungsflächen wie Wohn- und Erholungsflächen nur realisierbar, wenn keine stofflichen Einwirkungen auf den Boden erfolgen, von denen aufgrund der nutzungsbedingten Weitergabe von Stoffen Gesundheitsgefahren ausgehen können.[67]

c) Kein Schutz ökonomischer Belange durch § 324a StGB

Kann mithin aus verwaltungsrechtlicher Sicht auch die bloße Beeinträchtigung ökonomischer Bodenfunktionen zu einer schädlichen Bodenveränderung im Sinne des BBodSchG führen, so reicht dessen Schutz über den ökologisch-anthropozentrischen beziehungsweise ökozentrischen Ansatz des § 324a Abs. 1 Nr. 1 und 2 StGB hinaus. Dies leuchtet zunächst ein. Das Verwaltungsrecht ist als Instrument der Konfliktbewältigung und des abwägenden Interessenaus-

---

63 Erbguth/Stollmann, UPR 1996, 281, 285; Heiermann, S. 30 f.; Kauch, S. 17 f., 24 f.; Kloepfer, § 14 Rn. 11; Lindemann/Eickhoff, NuR 1994, 330, 332; Ott, ZUR 1994, 53, 56; Wolf, NuR 1999, 545, 548.

64 Holzwarth/Radtke/Hilger/Bachmann, § 2 Rn. 14; Sanden/Schoeneck, § 2 Rn. 24; Wolf, NuR 1999, 545, 549.

65 Kothe, Altlasten, Rn. 34; Ott, ZUR 1994, 53, 56; Rengeling, in: Bodenschutz und Umweltrecht, S. 52; Sanden, Umweltrecht, § 10 Rn. 10; Sanden/Schoeneck, § 2 Rn. 28; a. A. Rid/Petersen, NVwZ 1994, 844, 847; Wolf, NuR 1999, 545, 549 und 550.

66 Rengeling, in: Bodenschutz und Umweltrecht, S. 52; Sanden, Umweltrecht, § 10 Rn. 8.

67 Begründung S. 54, 91; vgl. bereits Bodenschutzkonzeption der BReg vom 6.2.1985, BT-Drucks. 10/2977, S. 5 f.; Maßnahmen der BReg zum Bodenschutz, BT-Drucks. 11/1625, S. 6; Antwort der BReg auf die Große Anfrage „Bodenschutz I", BT-Drucks. 11/8410, S. 2 f.

gleichs zwischen Bürgern und Staat besser geeignet als das Strafrecht, das als subsidiäres Handlungsinstrument (ultima ratio) den Hoheitsanspruch des Staates gegenüber seinen Bürgern durchsetzen will.[68]

Der durch § 324a StGB intendierte Schutz der natürlichen Bodenfunktionen schließt die ökonomischen Bodenfunktionen aus. Letztere können in den Begriff der nachteiligen Bodenveränderung nicht einfließen, da dieser ausschließlich die natürlichen Bodenfunktionen berücksichtigt.[69] Eine Einbeziehung von Nutzungsfunktionen des Bodens in § 324a StGB bedeutete eine nicht hinnehmbare Ausweitung der Strafbarkeit gegen den Wortlaut der Norm und gegen den klaren gesetzgeberischen Willen und verstieße mithin gegen das strafrechtliche Analogieverbot.

Allerdings dürfte der Fall, dass *ausschließlich* ökonomische Bodenfunktionen betroffen sind, eher selten vorkommen, denn bei jeder Einwirkung auf den Boden kann zugleich von einer Beeinträchtigung der natürlichen Bodenfunktionen ausgegangen werden, weil bereits das Betreten von Böden zu einer Beeinträchtigung der natürlichen Lebensgrundlagen von Bodenorganismen gemäß § 2 Abs. 2 Nr. 1a BBodSchG führt.[70] Das Beispiel erscheint zwar wenig praxisnah, denn es darf hier bereits aus Gründen der Verhältnismäßigkeit nicht zum Erlass einer Ordnungsverfügung kommen. Auch führt das Vorliegen einer funktionalen Beeinträchtigung des Bodens, wie sie in von *Radtke* angenommen wird, noch nicht automatisch zur Bejahung einer schädlichen Bodenveränderung, sondern muss überdies geeignet sein, Gefahren, erhebliche Nachteile oder erhebliche Belästigungen für den einzelnen oder die Allgemeinheit herbeizuführen.[71] Dennoch werden im Zuge von Bodennutzungsmaßnahmen häufig auch ökologische Interessen mitberührt und beeinträchtigt sein, die nicht nur als erheblich im Sinne des BBodSchG anzusehen sind, sondern auch die Bagatellgrenze des § 324a StGB überschreiten.

III. Die strafrechtlichen Bezüge von Grenzwerten

Verbindliche Grenz- oder Normwerte sind im öffentlichen Umweltrecht zur untergesetzlichen Konkretisierung von Gefahrenabwehrpflichten im Interesse eines gleichmäßigen Normvollzuges unerlässlich, bilden im Strafrecht aber nach wie vor einen Fremdkörper. Einzige Ausnahme ist die von der Rechtsprechung im Verkehrsstrafrecht für zulässig gehaltene Feststellung der absoluten und relativen Fahruntüchtigkeit durch Bestimmung der Blutalkoholkonzentration. Die

68 Redeker/Dahs, DVBl. 1988, 803, 809.
69 So auch Sanden, wistra 1996, 283, 284; weitergehend Bartholme, S. 205.
70 Holzwarth/Radtke/Hilger/Bachmann, § 2 Rn. 12.
71 Erbguth/Stollmann, UPR 1996, 281, 289.

durch den ärztlichen Gutachter vermittelten medizinisch-naturwissenschaftlichen Erkenntnisse sollen auch für den Strafrichter verbindlich sein, da sie in den einschlägigen Fachkreisen allgemein und zweifelsfrei als richtig und zuverlässig anerkannt seien.[72]

Überträgt man diesen Gedanken auf die Bodenökologie, ist festzustellen, dass angesichts der bis zum Inkrafttreten der BBodSchV bestehenden regionalen und sektoralen Vielfalt von Grenzwertkonzepten von einer einheitlichen, geschweige denn zweifelsfrei als richtig und zuverlässig anzuerkennenden Beschreibung eines naturwissenschaftlichen Kenntnisstandes nicht die Rede sein kann. Zu unterschiedlich sind bisher Fragestellung, Verfahrensweise und naturwissenschaftliche Grundlagen und Methoden der Grenzwertbestimmung gewesen. Die BBodSchV führt nunmehr erstmals bundeseinheitlich geltende Prüf-, Maßnahmen- und Vorsorgewerte ein, die der Erfüllung der sich aus §§ 4, 7 BBodSchG ergebenden boden- und altlastenbezogenen Grundpflichten sowie als Maßstab für die Bestimmung von schädlichen Bodenveränderungen dienen sollen (§ 8 Abs. 1 S. 1, Abs. 2 BBodSchG).

1. Grenzwertlisten im Spannungsfeld von Verwaltungs- und Strafrecht

Die Frage muss daher lauten, ob mit dem Inkrafttreten der BBodSchV nunmehr ein untergesetzliches Regelwerk mit festgelegten Grenzwerten zur Verfügung steht, deren Überschreitung eine Bestrafung des Täters nach § 324a StGB nach sich zu ziehen vermag. Für die strafrechtliche Sanktionierung einer Überschreitung von Prüf- oder Maßnahmenwerten könnte das bisweilen bedrohliche Ausmaß der Schadstoffbelastung des Bodens sprechen, das sich allerdings nicht stets als das Werk eines einzelnen Verursachers oder eines singulären Schadstoffeintrags, sondern oft als Folge einer Summation von für sich genommen weniger gefährlichen Stoffeinträgen darstellt. Zudem ließe sich durch das Abstellen auf normativ fixierte Grenzwerte ein Gewinn an dringend benötigter Rechtssicherheit erzielen.

a) *Die Kritik Hofmanns*

Hofmann stellt dazu eine negative Prognose. Ausgangspunkt seiner Kritik ist die Annahme, dass die Festlegung eines Bodenbewertungskonzepts stets zu einem Teil auf Schätzungen beruhe und deshalb in Fachkreisen umstritten sei. In den überkommenen Grenzwertlisten werde nicht unterschieden, welche Werte nach dem heuristischen, also dem nichtmathematischen und auf Erfahrungswerten basierenden Verfahren, und welche nach anderen Methoden gewonnen worden seien. Es stehe deshalb zwar fest, *dass* eine Liste auch Werte enthalte, die nach

72 BGHSt 21, 157, 159.

dem heuristischen Schätzverfahren ermittelt worden seien, nicht aber, um *welche* Werte es sich dabei handele. *Hofmann* schließt daraus, dass es in absehbarer Zeit keine Werte geben werde, die eine auch strafrechtliche Verbindlichkeit beanspruchen könnten. Zum einen würde die Festlegung eigenständiger strafrechtlicher Grenzwerte zu einer inakzeptablen Komplizierung der Rechtslage führen, weil die praktische Arbeit der Strafverfolgungsbehörden angesichts der naturwissenschaftlichen Komplexität der Kausalzusammenhänge kaum zu leisten sei. Zum anderen folge aus dem ultima-ratio-Prinzip des Strafrechts, dass die Grenzwerte über das Maß des verwaltungsrechtlich Erlaubten hinausgehen und deshalb so hoch angesetzt werden müssten, dass allenfalls „superqualifizierte Unwertspitzen" erfasst werden könnten.[73]

b) Strafrechtliche Bedeutung eines verwaltungsrechtlichen Bodenbewertungskonzeptes

Mit seiner Kritik verlässt *Hofmann* den zuvor gewählten Ausgangspunkt. Richtig ist zwar, dass die verwaltungsrechtlichen Normen vielfach Grenzwerte enthalten, die im Interesse eines wirksamen Umweltschutzes eher zu niedrig angesetzt sein dürften, so dass ein Verstoß gegen solche Grenzwerte noch nicht zwingend ein strafwürdiges Unrecht darzustellen braucht. Zutreffend ist auch, dass die Festlegung eigenständiger strafrechtlicher Grenzwerte, die dann oberhalb der verwaltungsrechtlichen Werte anzusiedeln wären, zu einer weiteren Komplizierung der Rechtslage führen würde.[74]

Es geht indessen bei der Auslotung der Verwaltungsabhängigkeit des § 324a StGB nicht darum, einen eigenen strafrechtskompatiblen Normenbestand des öffentlichen Rechts zu erzeugen oder gar eigenständige strafrechtliche Grenzwerte zu schaffen. Es kann auch nicht das Anliegen eines verwaltungsrechtlichen Bodenbewertungskonzepts sein, in erster Linie strafrechtlichen Bestimmtheitsanforderungen zu genügen. Vielmehr füllt eine Grenzwertliste zunächst nur öffentlich-rechtliche Verhaltensnormen aus, im Falle des BBodSchG also vor allem die Gefahrenabwehrpflichten des 2. Teils, auf deren Grundlage dann gegebenenfalls der Normbefehl durch Einzelverfügung umgesetzt wird. Daraus folgt, dass eine Grenzwertliste originär dem Umweltverwaltungsrecht und nicht dem Strafrecht zuzuordnen ist.[75] Die Beantwortung der Frage, ob der tatbestandsmäßige Erfolg im Sinne von § 324a StGB eingetreten ist, kann daher nicht im Sinne eines strikten Automatismus allein von einer Überschreitung festgelegter Grenzwerte abhängen. Hinzutreten muss die Feststellung, dass eine Grenzwertüberschreitung auch den öffentlich-rechtlichen

73 Hofmann, Bodenschutz, S. 87.
74 Ebenso Dölling, ZRP 1988, 334, 336.
75 Franzheim/Pfohl, Rn. 20.

Normbefehl in Form einer Gefahrenabwehrpflicht auslöst, auf die das Strafgesetz erst Bezug nimmt. Dazu bedarf es auf verwaltungsrechtlicher Ebene noch einer sorgfältigen Verhältnismäßigkeitsabwägung.

Für das BBodSchG ist deshalb die Frage zu klären, welche Rechtsfolge sich mit dem Überschreiten von Prüf- und Maßnahmenwerten jeweils verbindet, ob hierdurch das pflichtenauslösende Vorliegen einer Gefahr schädlicher Bodenveränderungen im Sinne von § 4 BBodSchG vermutet wird, und wenn ja, ob diese Vermutung widerleglich ist oder nicht. Nur im letzten Fall ließe sich ein Automatismus rechtfertigen, der von einer Grenzwertüberschreitung direkt auf den Eintritt des straftatbestandlichen Erfolges schließen ließe. Nur dann ist auch die Sorge berechtigt, dass der Strafrichter mit wissenschaftlich nicht verifizierten, möglicherweise gar nicht verifizierbaren Daten konfrontiert wird, ohne dass zuvor auf verwaltungsrechtlicher Ebene eine normative Verarbeitung des Datenbestandes stattgefunden hat.[76]

Der Einwand *Hofmanns*, dass wegen der Verschiedenheit der Böden und der Umweltbeeinträchtigungen derart komplexe Bewertungssysteme erforderlich seien, dass ihre praktische Umsetzung kaum möglich sei, muss daher relativiert werden. Die Komplexität der naturwissenschaftlichen Bewertung in Gestalt eines Bodenbewertungskonzepts setzt sich nur in dem Maße in der Umweltstrafnorm fort, in dem sie nicht bereits zuvor durch das Verwaltungsgesetz entschärft wird. Dies hängt aber vor allem von der Funktion ab, der man einem Bewertungskonzept in einem mehrstufigen Normgefüge aus Gesetz und Verordnung beimisst.

2. Die BBodSchV

a) Die BBodSchV im Überblick

Die BBodSchV enthält die Anforderungen an die Untersuchung und Bewertung von Verdachtsflächen, die Abwehr von schädlichen Bodenveränderungen und Altlasten, Sanierungsuntersuchungen und Sanierungsplanung bei Altlasten, Vorsorgeanforderungen gegen das Entstehen schädlicher Bodenveränderungen einschließlich der Festsetzung zulässiger Zusatzbelastungen und Anforderungen an das Auf- und Einbringen von Bodenmaterial auf oder in den Boden. In den Anhängen 1 und 2 werden die Anforderungen an die Analytik, Probenahme und Qualitätssicherung bei der Untersuchung näher bestimmt, nutzungsbezogene

76 In diesem Sinne Dölling, ZRP 1988, 334, 336: Die Strafbarkeit der Überschreitung generell festgelegter Grenzwerte dürfte den Bedürfnissen eines differenzierten Umweltschutzes nicht hinreichend gerecht werden; vgl. auch Tröndle/Fischer, § 325 Rn. 7.

Prüf- und Maßnahmenwerte für die einzelnen Wirkungspfade sowie nutzungsabhängige Vorsorgewerte und Werte für die zulässigen Zusatzbelastungen festgesetzt. In Anhang 3 werden Einzelheiten der Sanierungsuntersuchung und des Sanierungsplans für die Bestimmung des Sanierungszieles geregelt.

Anhang 2 enthält Vorsorgewerte für Metalle (Cadmium, Blei, Chrom, Kupfer, Quecksilber, Nickel und Zink) und für bestimmte organische Stoffe (PCB, Benzo(a)pyren, PAK) und legt die zulässigen zusätzlichen jährlichen Frachten für Schwermetalle fest. Daneben werden für einzelne Stoffe Prüfwerte festgelegt, die nach den Wirkungspfaden Boden-Mensch, Boden-Nutzpflanze und Boden-Grundwasser differenzieren. Die Werte für den Wirkungspfad Boden-Mensch werden nach Art und Empfindlichkeit der Nutzung abgestuft. Die größten Schadstoffmengen werden auf Industrie- und Gewerbegebieten hingenommen, für Park- und Freizeitflächen, Wohngebiete bis hin zu Kinderspielplätzen werden die Werte der zulässigen Schadstoffmengen jeweils reduziert. Darüber hinaus werden Prüfwerte für Cadmium und Blei zum Schutz vor mittelbaren Gefahren durch den Verzehr von mit Schadstoffen aus dem Boden angereicherten Lebensmitteln festgelegt, differenziert nach den Nutzungsarten Acker-, Gartenbau, Nutzgärten und Grünland. Beim Wirkungspfad Boden-Grundwasser erfolgt keine Differenzierung nach Nutzungsarten.

b) Relevanz der BBodSchV für § 324a StGB?

aa) Festlegung der Gefahrenschwelle durch Bodenwerte

Durch die Umsetzung der Grenzwertkonzeption des neuen Bodenschutzrechts auf dem Verordnungswege hat der deutsche Gesetzgeber berechtigten Einwänden des *EuGH* hinsichtlich Rechtssicherheit und Rechtsklarheit (Publizität) bei der Transformation europäischer Richtlinien durch Verwaltungsvorschriften Rechnung getragen.[77] Eine neue „TA Boden" ist nicht erlassen worden. Die Maßnahmenwerte der BBodSchV finden allerdings nicht „ungefiltert" Eingang in die Strafnorm des § 324a StGB, sondern nur mittelbar über den Begriff der schädlichen Bodenveränderung, der im Rahmen des § 324a StGB sowohl die Auslegung des korrespondierenden Begriffs der nachteiligen Bodenveränderung als auch das Vorliegen einer Verletzung verwaltungsrechtlicher Pflichten bestimmt.

Ein Automatismus liegt darin jedoch nicht begründet. Bei Überschreiten von Maßnahmenwerten ist zwar gemäß § 8 Abs. 1 S. 2 Nr. 2 BBodSchG „in der Regel" von einer schädlichen Bodenveränderung auszugehen. Dies bedeutet aber,

77 Vgl. EuGH, Rs. C-361/88 bzw. C-59/89 – Kommission/Deutschland, Rspr. 1991 I, S. 2567 ff., 2607 ff.

dass Ausnahmen denkbar sind, mithin trotz Überschreitung der Maßnahmenwerte eine schädliche Bodenveränderung gerade nicht vorliegt.[78] Boden- bezogene Nutzungen können weiterhin durchgeführt und Industrieanlagen weiterhin betrieben werden, wenn ihre Einwirkung auf den Boden so geringfügig ist, dass sie das Gefährdungspotenzial für den Boden nicht relevant erhöhen.[79] Entscheidend sind die geologischen Verhältnisse vor Ort, das Ausbreitungsverhalten der Schadstoffe, ihre Einwirkung auf die Schutzgüter und die nutzungsbedingte Schutzwürdigkeit der kontaminierten Fläche.[80] In diesem Sinne definieren die Maßnahmenwerte grundsätzlich die Gefahrenschwelle, ab der von einer schädlichen Bodenveränderung oder Altlast auszugehen ist.[81]

Darin liegt aber entgegen dem missverständlichen Wortlaut der Norm keine *durch den Adressaten* widerlegliche Regelvermutung. Richtigerweise ist die Behörde auch bei Überschreitung von Maßnahmenwerten selbst dafür nachweispflichtig, dass tatsächlich Sanierungsbedarf besteht. Dafür spricht zum einen der Amtsermittlungsgrundsatz des § 24 Abs. 1 und 2 VwVfG, nach dem die Behörde auch die für den Betroffenen günstigen Umstände ermitteln und berücksichtigen muss, zum anderen der Charakter der Sanierungsanordnung als Maßnahme der Eingriffsverwaltung.[82]

bb) Naturwissenschaftliche Erkenntnisdefizite

Schadstoffe können je nach Bodentyp und Vorbelastung des Bodens über ein unterschiedliches Schädigungspotenzial verfügen, so dass die konkrete Auswirkung einer schädlichen Bodenveränderung vom jeweiligen Einzelfall abhängt. Allerdings relativiert sich die komplexe Problematik der naturwissenschaftlichen Erkenntnisdefizite bei Feststellung der chemisch-physikalischen Wirkungszusammenhänge im Boden, wenn man sich vor Augen hält, dass sich die Aufgabe des Gesetzgebers im Umweltrecht nicht auf die bloße Umsetzung technisch-naturwissenschaftlichen Sachverstandes beschränkt, sondern etwa die Entscheidung über Grenzwerte für den Betrieb emittierender Industrieanlagen

---

78 Gesetzentwurf der BReg für ein BBodSchG, BR-Drucks. 702/96, S. 116; Diehr, UPR 1998, 128, 130; Erbguth/Stollmann, NuR 1999, 127, 130; Sandner, NJW 2000, 2542, 2544.

79 Gesetzentwurf der BReg für ein BBodSchG, BR-Drucks. 702/96, S. 102.

80 Sandner, NJW 2000, 2542, 2544.

81 Knopp/Ebermann-Finken, wistra 1999, 2469, 2470; Vierhaus, NJW 1998, 1262, 1264 f.

82 Sandner, NJW 2000, 2542, 2544 und Fn. 27: Dieser Nachweis wird der Behörde allerdings umso leichter fallen, je höher die konkreten Messwerte über den einschlägigen Maßnahmenwerten liegen und je weniger der konkrete Schadensfall vom Regelfall abweicht.

zudem von einem starken politisch-dezisionistischen Moment geprägt ist.[83] Dies ist anerkannt für die TA Luft, die als Verwaltungsvorschrift nach der überkommenen Rechtsquellenlehre keine außenverbindliche Rechtsnorm darstellt, und muss erst recht für die BBodSchV gelten. Damit steht freilich nur fest, dass naturwissenschaftliche Erkenntnisdefizite keine überzeugende Begründung für das *Fehlen* von Maßnahmenwerten liefern. Die bisher geltenden regionalen Listen können daher bis auf weiteres angewendet werden, allerdings mit der Maßgabe, dass wegen § 4 Abs. 5 BBodSchV zur Ableitung aktueller Werte die Methoden und Maßstäbe zugrunde zu legen sind, die im Bundesanzeiger Nr. 161a vom 28.8.1999 veröffentlicht sind.[84]

cc) Indizfunktion für § 324a StGB

Drittens kommt es für das Vorliegen der Schädigungseignung gemäß § 324a Abs. 1 Nr. 1 StGB auf die *generelle* Gefährlichkeit der nachteiligen Bodenveränderung an, so dass die Maßnahmenwerte in strafrechtlicher Hinsicht eine Indizfunktion erfüllen können.[85] Das Überschreiten von Maßnahmenwerten ist ein starkes Indiz dafür, dass eine Bodenverunreinigung in bedeutendem Umfang gemäß § 324a Abs. 1 Nr. 2 StGB vorliegt.[86] Im Gegenzug wird bei Verneinung einer Sanierungsbedürftigkeit in der Regel auch keine Verunreinigung in bedeutendem Umfang gegeben sein. Der für eine Altlast oder schädliche Bodenveränderung Verantwortliche muss schon aus Gründen der Rechtssicherheit davon ausgehen dürfen, dass er bei Unterschreiten der Maßnahmenwerte und abgeschlossener Einzelfallprüfung kein Strafbarkeitsrisiko eingeht, wenn er etwa Sanierungsmaßnahmen unterlässt.[87] Vorsorge- und Prüfwerte besitzen insofern keine strafrechtliche Relevanz.

dd) Notwendigkeit einer Fortentwicklung der Bodenwerte nach der BBodSchV

Die Antwort auf die Frage nach einer strafrechtlichen Verbindlichkeit der Bodenwerte fällt daher zwiespältig aus. Der Grund hierfür ist jedoch weniger in darin zu suchen, dass die Grenzwerte der BBodSchV gerade nicht unmittelbar in § 324a StGB integriert werden können, sondern durch den Begriff der schädlichen Bodenveränderung mediatisiert sind. Denn wo Maßnahmenwerte überschritten werden, besteht die Vermutung einer schädlichen Bodenverände-

---

83 SRU, Umweltgutachten 1987, BT-Drucks. 11/1568, S. 30 (Tz. 103); zustimmend Sandner, NJW 2000, 2542, 2545 m. w. N.; kritisch Hofmann, wistra 1997, 89, 93.

84 Sandner, NJW 2000, 2542, 2545 und Fn. 33; Schmidt-Räntsch/Sanden, NuR 1999, 555, 556.

85 Franzheim/Pfohl, Rn. 181; Michalke, Umweltstrafsachen, Rn. 158 und Fn. 494; Sanden, wistra 1996, 283, 287; Schendzielorz, in: Kahl/Voßkuhle (Hrsg.), Kap. III Rn. 9.

86 Sanden, Umweltrecht, § 10 Rn. 41.

87 Sanden, wistra 1996, 283, 287.

rung. Der Betroffene hat dann nicht nur mit einer behördlichen Inanspruchnahme etwa für die Sanierung zu rechnen, sondern auch mit der Strafbarkeit seines Verhaltens, wobei aber unter Umständen eine Einzelfallprüfung zur Zulässigkeit seines Vorhabens führen kann. Wird demgegenüber die Gefahrenschwelle nicht erreicht, muss eine Strafbarkeit mangels schädlicher Bodenveränderung von vornherein ausscheiden.

Problematisch ist indessen, dass die BBodSchV für die Prüfung schädlicher Bodenveränderungen zwar ein differenziertes Prüfungssystem vorsieht, jedoch nur für verhältnismäßig wenige Schadstoffe Maßnahmenwerte festlegt, die - anders als Prüf- oder Vorsorgewerte - durch die Festlegung der Gefahrenschwelle Bedeutung für die strafrechtliche Ahndung eines bodenbezogenen Verhaltens gemäß § 324a StGB entfalten können. Für die oben entwickelte Konzeption einer verwaltungsrechtsbezogenen Bestimmung des strafrechtlichen Taterfolges einer nachteiligen Bodenveränderung fehlt es somit auf der Ebene des Umweltverwaltungsrechts zu großen Teilen noch an einem einsetzbaren System von Bodenwerten.

Die Behauptung, eine Strafbarkeit der Überschreitung generell festgelegter Grenzwerte werde den spezifischen Bedürfnissen eines differenzierten Umweltschutzes nicht hinreichend gerecht[88], ist in dieser Allgemeinheit seit Inkrafttreten von BBodSchG und BBodSchV aber nicht mehr zutreffend. Zudem gibt es zur BBodSchV auch aus strafrechtlicher Sicht keine adäquate Alternative.[89] Das Augenmerk sollte daher in Zukunft auf einer Fortentwicklung der in der BBodSchV bestimmten Bodenwerte liegen.

88 So noch Dölling, ZRP 1988, 334, 336; vgl. auch Sack, NJW 1980, 1424, 1425.

89 Vgl. Franzheim/Pfohl, Rn. 23.

D. UNTER VERLETZUNG VERWALTUNGSRECHTLICHER PFLICHTEN

Einigkeit besteht darüber, dass das Merkmal „unter Verletzung verwaltungsrechtlicher Pflichten“ den Tatbestand des § 324a Abs. 1 StGB weiter einschränkt.[1] Die zu berücksichtigenden verwaltungsrechtlichen Pflichten müssen so bestimmt gefasste Handlungsanweisungen enthalten, dass der Rechtsunterworfene mit hinreichender Sicherheit erkennen kann, welches Verhalten ihm in der konkreten Situation abverlangt wird. Bei dem Pflichtenkatalog des § 4 BBodSchG handelt es sich um Grundpflichten, die als materielle Gefahrenabwehrpflichten unmittelbar geltende Verhaltensgebote und –verbote enthalten. Es liegt deshalb eine vergleichende Betrachtung mit den ähnlich strukturierten Betreiberpflichten aus §§ 5, 22 BImSchG nahe. Untersucht werden sollen hier zunächst nur die für den Bereich der Begehungsstrafbarkeit in Betracht kommenden §§ 4 Abs. 1 und 2 sowie § 7 BBodSchG. Die Sanierungspflicht aus § 4 Abs. 3 BBodSchG, der vor allem für die Unterlassungsstrafbarkeit im Rahmen des § 324a StGB ein besonderes Gewicht zufallen dürfte, wird an entsprechender Stelle behandelt werden.

I. Vergleichende Betrachtung der §§ 5, 22 BImSchG

1. Unmittelbare Geltung der Grundpflichten

Die Grundpflichten des BBodSchG beinhalten für den einzelnen unmittelbar geltendes Recht.[2] Nichts anderes gilt für die Betreiberpflichten aus §§ 5, 22 BImSchG.[3] Der Anlagenbetreiber ist während des gesamten Betriebes einer Anlage zur Beachtung der ihm gesetzlich auferlegten Pflichten gehalten, die Anforderungen umgehend und unabhängig vom Tätigwerden der Behörde umzusetzen.[4] Das Strafrecht steht damit vor dem Dilemma, ob es die Grundpflichten sowohl des BBodSchG als auch des BImSchG unter dem Blickwinkel des Art. 103 Abs. 2 GG als hinreichend bestimmt anerkennen will, die Blankettstrafnorm des § 324a StGB beziehungsweise jene des § 325 StGB auszufüllen. Ein genereller Konsens besteht darüber, dass die Beantwortung dieser Frage sich einer pauschalen Beurteilung entzieht, vielmehr jede Grundpflicht

---

1 Gesetzentwurf der BReg für ein 2. UKG, BT-Drucks. 12/192, S. 16; Bartholme, S. 216 ff.; Hofmann, Bodenschutz, S. 29 ff., 107 ff.; Lackner/Kühl, § 324a Rn. 7; LK-Steindorf, § 324a Rn. 58; Sack, § 324a Rn. 24; Sanden, wistra 1996, 283, 285; Tröndle/Fischer, § 324a Rn. 3.

2 Bender/Sparwasser/Engel, Kap. 7 Rn. 104; Rid/Petersen, NVwZ 1994, 844, 848.

3 Hofmann, Bodenschutz, S. 174; Jarass, BImSchG, § 5 Rn. 1; Pfeiffer, Verunreinigung der Luft, S. 251.

4 Bender/Sparwasser/Engel, Kap. 6 Rn. 125.

einer Einzelbewertung zu unterziehen ist. Für die Betreiberpflichten aus §§ 5, 22 BImSchG lassen sich allerdings Aussagen zu deren Bestimmtheit im Rahmen einer strafrechtlichen Würdigung treffen, die für das BBodSchG noch weitgehend fehlen. Aufgrund der strukturellen Gemeinsamkeiten[5] der Grundpflichten des BBodSchG und des BImSchG soll geprüft werden, ob sich die Frage der strafrechtlichen Bestimmtheit der Grundpflichten des BBodSchG auf vergleichen- dem Wege beantworten lässt.[6]

2. Meinungsstand zu den immissionsschutzrechtlichen Betreiberpflichten

Die sich aus §§ 5, 22 BImSchG ergebenden Grundpflichten sind fortwährend sich aktualisierende, inhaltlich durch den ständigen Wandel der relevanten Gegebenheiten dynamisierte, nur durch den Verhältnismäßigkeitsgrundsatz beschränkte Dauerpflichten des Anlagenbetreibers, und zwar nicht nur in der Errichtungsphase einer Anlage, sondern für den gesamten Betriebszeitraum und gegebenenfalls noch danach.[7] Im übrigen bleibt eine Verletzung der Grundpflichten durch den Betreiber aber sanktionslos. Das BImSchG sieht hierin keine bußgeldbewehrte Ordnungswidrigkeit.[8] Mit einer gewissen Folgerichtigkeit zeichnet sich daher für das BImSchG eine herrschende Auffassung ab, welche die Grundpflichten der §§ 5, 22 BImSchG im Hinblick auf die Ausfüllung der strafrechtlichen Blankettnorm des § 324a StGB als zu unbestimmt ansieht. Dazu lässt sich der Meinungsstand wie folgt zusammenfassen:

a) Befürworter einer hinreichenden Bestimmtheit

Im Schrifttum sind vor allem *Heine* und *Meinberg* hervorgetreten, die in ihrem Gutachten zum 57. Deutschen Juristentag die Betreiberpflichten aus §§ 5, 22

---

5 Frenz, vor § 4 Rn. 4; Holzwarth/Radtke/Hilger/Bachmann, § 4 Rn. 3; Rengeling, in: Bodenschutz und Umweltrecht, S. 56.

6 Hinsichtlich des untergesetzlichen Konkretisierungspotenzials des BImSchG bestehen mit Blick auf Art. 103 Abs. 2 und Art. 104 Abs. 1 GG keine Bedenken: Zwar stellt § 325 StGB einen Blanketttatbestand dar, doch genügen gerade die in den Verordnungen zum BImSchG enthaltenen Konkretisierungen dem Bestimmtheitsgebot des Art. 103 Abs. 2 GG, da dem Anlagenbetreiber hier deutlich mitgeteilt wird, was von ihm erwartet wird. Auch Art. 104 Abs. 1 GG ist nicht verletzt, da nach der Rechtsprechung des Bundesverfassungsgerichts eine Spezifizierung des Tatbestandes durch ein nicht förmliches Gesetz zulässig ist und es sich bei § 325 StGB, da der Straftatbestand selbst Art und Maß der Strafe sowie Tathandlung und Rechtsgut regelt, nur um eine solche Spezifizierung handelt; vgl. BVerfGE 14, 174, 187; 14, 245, 251; 51, 60, 70 f.; Pfeiffer, S. 252 f.

7 Bender/Sparwasser/Engel, Kap. 6 Rn. 125; Pfeiffer, Verunreinigung der Luft, S. 251.

8 Vgl. Bender/Sparwasser/Engel, Kap. 6 Rn. 126.

BImSchG generell für hinreichend bestimmt halten.[9] Zur Begründung wird ausgeführt, dass sie als Dauerpflichten unmittelbar an den einzelnen Normadressaten gerichtet seien. Dieser könne von sich aus erkennen, welches Verhalten ihm im konkreten Einzelfall abverlangt werde. Der Anlagenbetreiber, an den sich die Grundpflichten in erster Linie wenden, besitze regelmäßig eine genügende Sachkunde zur technischen Umsetzung der abstrakten Handlungsanweisungen des Gesetzgebers. Auch werde der gesetzliche Normbefehl in der Praxis als Anknüpfungspunkt für eine strafrechtliche Sanktion weitgehend wertlos, machte man seine strafrechtliche Wirksamkeit von dem Erlass einer konkretisierenden Verfügung abhängig.[10]

b) Gegenstimmen

Die Gegenansicht im Schrifttum[11] hält die Betreiberpflichten des BImSchG für nicht hinreichend bestimmt. Dabei stützt sich diese Auffassung auf ein argumentum de minore ad maius: Da schon im Verwaltungsrecht die Betreiberpflichten ohne Erlass einer entsprechenden behördlichen Verfügung nicht durchsetzbar, Pflichtverstöße mithin nicht sanktionierbar seien, müsse für das erheblich schärfere Strafrecht erst recht eine konkretisierende Verfügung zur Ahndung eines Verstoßes verlangt werden.

Keine Rolle spiele es, dass die §§ 5, 22 BImSchG bereits unmittelbar geltendes Recht darstellten, denn diese enthielten lediglich eine Aussage darüber, zu welchem Resultat das Verhalten des Normadressaten, nämlich der Anlagenbetrieb, führen oder nicht führen dürfe. Nicht normiert werde hingegen, wie sich der Anlagenbetreiber in concreto zu verhalten habe, auf welche Weise eine Schutzgutbeeinträchtigung zu vermeiden sei.[12]

Es komme hinzu, dass sich die Grundpflichten aufgrund ihres dynamischen, sich fortentwickelnden Charakters inhaltlich einer abstrakt-generellen Fixierung weitgehend entzögen, vielmehr das Ergebnis einer einzelfallbezogenen Abwägung darstellten. Da einer inhaltlichen Verschärfung der Betreiberpflichten ipso

9 Heine/Meinberg, Empfehlen sich Änderungen im strafrechtlichen Umweltschutz, insbesondere in Verbindung mit dem Verwaltungsrecht?, Gutachten zum 57. DJT 1988, D 1 bis D 171.

10 Heine/Meinberg, Gutachten zum 57. DJT, D 126 f., insbes. Fn. 36.

11 Gesetzentwurf der BReg für ein 2. UKG, BT-Drucks. 12/192, S. 18 f.; Gesetzentwurf der SPD-Fraktion, BT-Drucks. 12/376, S. 10; Hofmann, Bodenschutz, S. 175; Kuchenbauer, NJW 1997, 2009, 2013; LK-Steindorf, § 325 Rn. 30; Pfeiffer, DRiZ 1995, 299, 300; ders., Verunreinigung der Luft, S. 253; S/S-Stree/Heine, § 325 Rn. 8; Tröndle/Fischer, § 325 Rn. 3; zweifelnd auch Laufhütte/Möhrenschläger, ZStW 92 (1980), S. 946 Fn. 138.

12 Pfeiffer, Verunreinigung der Luft, S. 253.

iure aber durch den Grundsatz der Verhältnismäßigkeit verfassungsrechtliche Grenzen gezogen seien[13], bestimme sich der Pflichtenumfang nicht lediglich auf der Grundlage für sich genommen noch abstrahierbarer naturwissenschaftlicher Erkenntnisse, sondern habe zudem einzelfallspezifische Wertungen zu beachten. Aus dem Gesetz als solchem könne mangels eines genügenden normativen Orientierungspotenzials ein hinreichend konkreter Normbefehl nicht abgeleitet werden.[14] Das Gesetz bilde lediglich den Ausgangspunkt einer Pflichtenkonkretisierung, die der im Einzelfall zuständigen Behörde vorbehalten bleibe. Die Betreiberpflichten aus §§ 5, 22 BImSchG könnten eine strafrechtliche Relevanz im Rahmen des § 324a StGB beziehungsweise § 325 StGB daher erst entfalten, wenn die Verwaltungsbehörde einen konkretisierenden Verwaltungsakt gemäß §§ 17, 20 BImSchG erlassen habe.[15]

3. Keine dynamischen Grundpflichten nach BBodSchG

Zusammenfassend ist festzuhalten, dass die immissionsschutzrechtlichen Betreiberpflichten nach überwiegender Auffassung den Bestimmtheitsanforderungen der Art. 103 Abs. 2, 104 Abs. 1 GG nicht genügen und deshalb für eine Ausfüllung der Blankettstrafnorm des § 324a StGB beziehungsweise des § 325 StGB nicht in Betracht kommen. Dabei wird zum einen auf einen generellen Mangel an normativem Konkretisierungs- und Orientierungspotenzial, zum anderen auf die Notwendigkeit einer Einzelfallbetrachtung abgestellt.

An einer Übertragbarkeit sowohl des zustimmenden als auch des ablehnenden Argumentationsmusters auf die bodenbezogenen Grundpflichten der §§ 4, 7 BBodSchG bestehen indessen Zweifel. So gehen die Befürworter einer hinreichenden Bestimmtheit der §§ 5, 22 BImSchG davon aus, der Anlagenbetreiber könne sich aufgrund eigener Sachkunde das den normativen Vorgaben immanente Konkretisierungspotenzial nutzbar machen. Dies trifft aber auf den Kreis der Normadressaten der §§ 4, 7 BBodSchG offenkundig nicht zu, und zwar selbst dann nicht, wenn es sich dabei um einen Gewerbetreibenden oder Unternehmer handelt. Es kann nicht vorausgesetzt werden, dass private Grundstückseigentümer ausreichende Fachkenntnisse besitzen, um „Maßnahmen zur Abwehr der von ihrem Grundstück drohenden schädlichen Bodenveränderungen zu ergreifen“ (§ 4 Abs. 2 BBodSchG).

Andererseits begegnet eine unbesehene Übertragung der ablehnenden Gegenansicht auf die Problematik des BBodSchG deshalb Bedenken, weil den bodenrelevanten Grundpflichten der Dynamisierungsfaktor der §§ 5, 22

13 Vgl. dazu Jarass, BImSchG, § 5 Rn. 2.
14 Pfeiffer, Verunreinigung der Luft, S. 253.
15 Pfeiffer, Verunreinigung der Luft, S. 253.

BImSchG fehlt, welcher erst zu einer Einzelfallbetrachtung zwingt. Denn der Einwand, eine Gefahr sei im Einzelfall für den Pflichtadressaten nicht erkennbar gewesen, ist für die ordnungsrechtliche Störerverantwortlichkeit nicht relevant.[16]

Daraus ließe sich schließen, dass dem Adressaten der Grundpflichten des BBodSchG abstrakt-generelle Verhaltensgebote auferlegt werden könnten. Die Lektüre des Gesetzeswortlauts gebietet jedoch eine differenzierte Betrachtung. Für den Bereich der Gefahrenabwehr stellt § 4 Abs. 4 S. 1 BBodSchG ausdrücklich fest, dass „bei der Erfüllung der boden- und altlastenbezogenen Pflichten nach den Absätzen 1 bis 3 (...) die planungsrechtlich zulässige Nutzung des Grundstücks und das sich daraus ergebende Schutzbedürfnis zu beachten" sind. Fehlen planungsrechtliche Festsetzungen, bestimmt gemäß § 4 Abs. 4 S. 2 BBodSchG die Prägung des Gebiets unter Berücksichtigung der absehbaren Entwicklung das Schutzbedürfnis. Die planungsrechtlich zulässige Nutzung eines Grundstücks ergibt sich aus den §§ 30 ff. BauGB. Damit wird die notwendig abstrakte Sichtweise des formellen Gesetzes zwar relativiert, indem der Normadressat bei der Erfüllung seiner Gefahrenabwehrpflichten eine vorgefundene oder künftige Nutzung des Grundstücks zu berücksichtigen hat. Sie wird allerdings auch nicht völlig aufgegeben, wie dies bei den §§ 5, 22 BImSchG nach überwiegender Auffassung der Fall ist.

Eine klare Aussage zur Bestimmtheit lässt sich daher auf der Grundlage des Argumentationsschemas der herrschenden Meinung zu §§ 5, 22 BImSchG für die Grundpflichten der §§ 4, 7 BBodSchG nicht treffen. Der Gesetzeswortlaut zwingt nicht von vornherein zu der Annahme, dass strafrechtliche Sanktionen nur an eine pflichtenkonkretisierende Verfügung geknüpft werden könnten. Den Gesetzesmaterialien zum BBodSchG lässt sich eine solche Haltung des Gesetzgebers ebenfalls nicht entnehmen.[17] Dies wäre auch umso unverständlicher, als gerade das vor Inkrafttreten des BBodSchG beklagte Anwendungsdefizit des § 324a StGB durch das BBodSchG behoben werden sollte. Inwieweit dies möglich ist, muss einer Prüfung der §§ 4, 7 BBodSchG im einzelnen vorbehalten beiben.

---

16 Kothe, VerwArch 88 (1997), S. 456, 481; Rengeling, in: Bodenschutz und Umweltrecht, S. 61: Die Pflichten aus § 4 Abs. 1 bis 3 BBodSchG bestehen ausschließlich darin, alle rechtlich relevanten Gefahren, Nachteile und erheblichen Belästigungen zu vermeiden oder abzuwehren; a. A. Frenz, vor § 4 Rn. 4.

17 Vgl. Gesetzentwurf der BReg für ein BBodSchG, BR-Drucks. 702/96, S. 46 f.

II. § 7 BBodSchG

1. Bestimmtheit der Vorsorgepflicht?

Nach den oben herausgearbeiteten Anforderungen an die Verletzung verwaltungsrechtlicher Pflichten bestehen erhebliche Zweifel, ob der allgemeine Vorsorgegrundsatz des § 7 BBodSchG hinreichend bestimmt ist, um im Falle seiner Nichtbeachtung eine strafrechtliche Ahndung zu bewirken. Der Gesetzgeber selbst hat die gesetzliche Vorsorgepflicht offenbar für weiter ausfüllungsbedürftig gehalten, denn gemäß § 7 S. 4 BBodSchG können Anordnungen zur Vorsorge gegen schädliche Bodenveränderungen nur getroffen werden, soweit die Anforderungen in einer Rechtsverordnung nach § 8 Abs. 2 BBodSchG festgelegt sind. Dies ist durch die §§ 9 bis 11 BBodSchV geschehen.[18]

Aus § 7 S. 4 BBodSchG lässt sich indessen nicht ableiten, dass eine Vorsorgepflicht erst durch den Erlass einer Ordnungsverfügung begründet wird. Die Vorsorgepflicht stellt ebenso wie die Gefahrenabwehrpflichten des § 4 BBodSchG eine aus sich heraus wirksame Grundpflicht auf, die der Adressat von Gesetzes wegen zu befolgen hat.

Zu klären ist aber, ob damit bereits dem strafrechtlichen Bestimmtheitsgebot Genüge getan ist. De lege lata ist dies zu verneinen, denn eine strafrechtliche Sanktion kann nicht unmittelbar an eine Norm geknüpft werden, deren Vollzug, anders als § 4 BBodSchG, bereits nach ihrem ausdrücklichen Wortlaut von der Bestimmung von Vorsorgeanforderungen durch die BBodSchV abhängig ist. Zur Konkretisierung heranzuziehen sind deshalb stets die Vorsorgewerte der BBodSchV.

Allerdings hat der Gesetzgeber bei § 324a StGB nicht einmal den Gefährdungsbereich im Vorfeld einer nachteiligen Bodenveränderung erfasst, obwohl ihm dies, wie § 329 Abs. 3 StGB zeigt, ohne weiteres möglich gewesen wäre.[19] Dies ist deshalb konsequent, weil es auf dem Gebiet des vorsorgenden Bodenschutzes naturwissenschaftlich besonders schwierig ist, Werte und Anforderun- gen verlässlich zu bestimmen. Zudem stellen sich komplizierte Beweisfragen. Die naturwissenschaftlichen Erkenntnisse über Wirkungszusammenhänge reichen oftmals nicht aus. Die bei der Festlegung abstrakter Vorsorgewerte im Verordnungswege entstehenden Risiken und Spielräume sollten daher auch de lege ferenda nicht mit einer Strafdrohung bewehrt werden. Eine strafrechtliche Relevanz kommt allein den Maßnahmenwerten der BBodSchV im Bereich der

18 Dazu eingehend Schmidt-Räntsch/Sanden, NuR 1999, 555, 558.
19 Im Ergebnis ebenso Michalke, Umweltstrafsachen, Rn. 157.

Gefahrenabwehr zu. Verstöße gegen die Vorsorgepflicht entfalten dagegen keinerlei strafrechtliche Relevanz.[20]

2. Konkretisierung durch Verwaltungsakt?

Nicht anders stellt sich die Situation dar, wenn die Behörde eine Vorsorgeanordnung gemäß § 10 BBodSchG erlassen hat. Nicht jeder Verstoß gegen eine vorsorgende Anordnung ist zugleich nach § 324a StGB strafbar, denn die eingetretene nachteilige Veränderung wird nur in seltenen Fällen die Erheblichkeitsschwelle des § 324a Abs. 1 StGB überschreiten oder gemäß § 324a Abs. 1 Nr. 2 StGB in bedeutendem Umfang erfolgen. Vorsorgemaßnahmen sind gerade in dem Bereich angesiedelt, der der eigentlichen Gefahrenabwehr und damit einer Bodenbelastung „in bedeutendem Umfang" (§ 324a Abs. 1 Nr. 2 StGB) weit vorgelagert ist.[21] Sie weisen mithin eine geringere Schadensnähe auf, so dass Verstöße nur in Ausnahmefällen strafrechtserheblich werden dürften. In aller Regel führt ein Verstoß gegen die Vorsorgepflicht, mag diese auch durch Verwaltungsakt konkretisiert worden sein, nicht unmittelbar zur Entstehung einer nachteiligen Bodenveränderung, sondern bewirkt eine solche erst im Zusammenwirken mit anderen Kausalfaktoren wie rein geogenen Ursachen, die sich dem Täter mithin nicht individuell zurechnen lassen. Es ist daher konsequent, dass der Bußgeldtatbestand des § 26 Abs. 1 Nr. 2 BBodSchG neben der vollziehbaren Anordnung gemäß § 4 Abs. 3, 5 und 6 BBodSchG die Vorsorgepflicht des § 7 BBodSchG nicht nennt.

III. § 4 Abs. 1 und 2 BBodSchG

Während die Gefahrenabwehrpflicht nach § 4 Abs. 1 BBodSchG an ein menschliches Verhalten anknüpft, konkretisiert Absatz 2 die Zustandsverantwortlichkeit des Grundstückseigentümers und des Inhabers der tatsächlichen Gewalt über ein Grundstück.[22] Da der Gesetzgeber hier lediglich die Perspektive des Normbefehls wechselt, können beide Vorschriften gemeinsam behan- delt werden.

1. Gesetzeswortlaut

Gemäß § 4 Abs. 1 BBodSchG hat jeder, der auf den Boden einwirkt, sich so zu verhalten, dass schädliche Bodenveränderungen nicht hervorgerufen werden. Nach Absatz 2 sind der Grundstückseigentümer und der Inhaber der tatsächli-

---

20 Vgl. dazu oben C III 2 b.

21 Sanden, wistra 1996, 283, 288.

22 Gesetzentwurf der BReg für ein BBodSchG, BR-Drucks. 702/96, S. 103; Kotulla, Rn. 386; Schink, DÖV 1999, 797, 799.

chen Gewalt über ein Grundstück verpflichtet, Maßnahmen zur Abwehr der von ihrem Grundstück drohenden schädlichen Bodenveränderungen zu ergreifen.

2. Überlegungen zur Bestimmtheit von § 4 Abs. 1 BBodSchG

Der Gesetzgeber ist bei der Einführung des § 324a StGB davon ausgegangen, dass die Fähigkeit einer Verwaltungsnorm, als Anknüpfungspunkt für Verwaltungssanktionen zu dienen, Indiz für ihre strafrechtliche Bestimmtheit im Sinne von Art. 103 Abs. 2, 104 Abs. 1 GG sei. Bejaht worden ist diese Fähigkeit für Ordnungswidrigkeitentatbestände. Gemäß § 26 Abs. 1 Nr. 2 BBodSchG liegt eine Ordnungswidrigkeit jedoch ausschließlich in der Zuwiderhandlung gegen eine vollziehbare Sanierungsanordnung gemäß § 4 Abs. 3, 5 oder 6 BBodSchG.[23] Verstöße gegen die materiellen Polizeipflichten aus § 4 BBodSchG als solche ziehen keinerlei Verwaltungssanktion nach sich.

Zweifelhaft ist deshalb bereits, ob die Gefahrenabwehrpflicht des § 4 Abs. 1 BBodSchG eine für den Normadressaten hinreichend deutliche Risikozuweisung im Sinne einer klaren „Verbotsschwelle“ bestimmt.[24] Darüber hinaus müsste sich aus § 4 Abs. 1 BBodSchG ein Pflichteninhalt ergeben, der nicht nur den verwaltungsrechtlichen Zurechnungslehren, sondern gerade auch dem verfassungsrechtlichen Bestimmtheitsgebot der Art. 103 Abs. 2, Art. 104 Abs. 1 GG genügt.

a) Bestimmung der Verbotsschwelle im Gefahrenabwehrrecht

Der im Verwaltungsrecht überwiegend vertretenen Theorie der unmittelbaren Verursachung fehlt es sowohl in ihrer reinen Form als auch in ihrer Modifizierung durch soziale Risikozuweisungen[25] an hinreichender Trennschärfe, die den Bedarf des behördlichen Vollzugs sowie des Normadressaten an einfachen und leicht handhabbaren Zurechnungskriterien zu befriedigen vermochte.[26] Entsprechend versagt auch die Lehre von der rechtswidrigen Verursachung, wenn es neben den Anforderungen des § 4 Abs. 1 keine weiteren, durch Rechtsnormen konkretisierte Anforderungen gibt.[27] Sämtliche im Gefahrenabwehr- recht angewandten Zurechnungsformeln sind derart vage, dass eine erhebliche Unsicherheit für den Normanwender und –adressaten zurückbleibt, ob und wel-

---

23 Darauf weisen Michalke, Umweltstrafsachen, Rn. 143; Schink, DÖV 1999, 797, 799 und Schwartmann, DStR 1999, 324, 326 zutreffend hin.

24 Jaeschke, S. 33.

25 Kniesel, BB 1997, 2009, 2010 m. w. N.; dogmatischer Überblick bei Knoche, S. 47; Nauschütt, S. 143 f.

26 Holzwarth/Radtke/Hilger/Bachmann, § 4 Rn. 57.

27 Zur Kritik vgl. Ipsen, § 6 Rn. 177.

ches Verhalten von ihm verlangt wird.[28] Der einzelne, dem die Vermeidungspflicht des § 4 Abs. 1 BBodSchG unmittelbar auferlegt ist, ist demnach auch nicht imstande, nach den strengen Anforderungen des Art. 103 Abs. 2 GG die Strafbarkeit seines Verhaltens zuverlässig zu beurteilen, indem er Tragweite und Anwendungsbereich des § 324a StGB in Verbindung mit § 4 Abs. 1 BBodSchG erkennen oder jedenfalls durch Auslegung ermitteln könnte.

b) § 4 Abs. 1 BBodSchG als „soft law“

Enthält die allgemeine Gefahrenabwehrpflicht des § 4 Abs. 1 BBodSchG somit nicht mehr als einen vagen, wenngleich unmittelbar verbindlichen[29] Appell des Gesetzgebers an jedermann, schädliche Bodenveränderungen zu vermeiden, so fällt das strafrechtliche Fazit zwangsläufig ebenfalls negativ aus. Denn es bleibt völlig unklar, welches konkrete Verhalten von dem Normadressaten verlangt wird. Auf welche Weise schädliche Bodenveränderungen vermieden werden sollen, ist nach dem Wortlaut der Norm irrelevant.[30] Statuiert wird lediglich die ergebnisbezogene Verpflichtung für jedermann, Beeinträchtigungen des Bodens bei finalen und nicht finalen Einwirkungen auf denselben zu unterlassen.[31] Im Sinne des bei modernen Umweltschutzgesetzen häufig anzutreffenden „soft law“ gibt § 4 Abs. 1 BBodSchG lediglich Aufschluss über die umweltpolitischen Zielvorstellungen des Gesetzgebers. Dazu heißt es in der Stellungnahme des Bundesrates: „Die in § 4 genannten Pflichten sind den in § 1 S. 2 festgelegten Handlungszielen des Gesetzeszweckes zugeordnet. (...) Soweit im Einzelfall der Inhalt der gesetzlichen Pflicht nicht hinreichend deutlich ist, bedarf sie der Konkretisierung durch Rechtsverordnung oder Anordnung der zuständigen Behörde.“[32]

Die Anbindung an § 1 S. 2 BBodSchG bringt indessen keinen Gewinn. § 1 S. 2 BBodSchG gibt die Grundstruktur von vorbeugendem und repressivem Bodenschutz vor, die § 4 Abs. 1 und 2 beziehungsweise in § 4 Abs. 3 BBodSchG nachvollziehen. Letztlich geht der Gesetzgeber hier selbst davon aus, dass die gesetzliche Regelung als solche nicht in jedem Fall aus sich heraus vollzugsfähig ist. Es bedarf im Einzelfall einer Präzisierung des Pflichteninhalts im Verordnungs- oder Verfügungswege.[33]

---

28 Holzwarth/Radtke/Hilger/Bachmann, § 4 Rn. 57.

29 A. A. insoweit Erbguth/Stollmann, NuR 1999, 127, 127; Schink, DÖV 1999, 797, 799; dagegen zu Recht Sanden/Schoeneck, § 4 Rn. 10, die von einer Durchsetzbarkeit mittels behördlicher Anordnung ausgehen.

30 Sanden/Schoeneck, § 4 Rn. 8.

31 Schink, DÖV 1999, 797, 799.

32 Gesetzentwurf der BReg für ein BBodSchG, BR-Drucks. 702/96, S. 100 f.

33 Ebenso Holzwarth/Radtke/Hilger/Bachmann, § 4 Rn. 84; Sanden/Schoeneck, § 4 Rn. 10; Schink, DÖV 1999, 797, 799.

c) *Auflösung des Merkmals „unter Verletzung verwaltungsrechtlicher Pflichten“*

Zutreffend weist *Ransiek* darauf hin, dass § 4 Abs. 1 BBodSchG nicht zu unbestimmt, sondern lediglich sehr weit gefasst worden sei.[34] Durch die weit gefasste Formulierung des § 4 Abs. 1 BBodSchG falle das Tatbestandsmerkmal „unter Verletzung verwaltungsrechtlicher Pflichten“ in § 324a Abs. 1 StGB der Konturenlosigkeit anheim, denn § 4 Abs. 1 BBodSchG füge dem für die Vorsatztat ohnehin geltenden Zurechnungserfordernis einer Risikoerhöhung ein weiteres nicht hinzu.

Anders als noch im Regierungsentwurf vorgesehen wird der Kreis der von der Vorschrift erfassten Personen nicht durch bestimmte Handlungsziele begrenzt. Während nach dem Regierungsentwurf nur Personen erfasst werden sollten, die den Boden nutzen oder wirtschaftlich tätig sind, hat der Gesetzgeber den Anwendungsbereich der Vorschrift auf jedermann ausgedehnt. Erforderlich ist lediglich, dass auf den Boden eingewirkt wird. Geht die Gefahr einer Beeinträchtigung des Bodens beispielsweise davon aus, dass eine Anlage betrieben wird, verpflichtet § 4 Abs. 1 BBodSchG den Betreiber dazu, die Immissionsquelle so zu betreiben, dass schädliche Bodenveränderungen unterbleiben.[35]

Wird die Generalklausel des § 4 Abs. 1 BBodSchG jedoch durch untergesetzliches Regelwerk konkretisiert, können sich daraus auch von den anderen Tatbestandsmerkmalen des § 324a Abs. 1 StGB unterscheidbare Anforderungen ergeben. Hier erlangt vor allem die Normkonkretisierung durch vollziehbare behördliche Einzelverfügung gemäß § 330d Nr. 4c StGB erhebliche praktische Bedeutung für die Bestimmung der Strafbarkeit eines Verhaltens.

3. § 4 Abs. 2 BBodSchG

Für § 4 Abs. 2 BBodSchG ist der soeben erhobene Befund kein anderer. Gegenüber § 4 Abs. 1 BBodSchG fällt lediglich die veränderte Perspektive auf: Während Absatz 1 an ein Verhalten anknüpft, konkretisiert Absatz 2 den Kreis der Zustandsverantwortlichen für ein Grundstück.[36] Verantwortlich ist, wer aufgrund tatsächlicher oder rechtlicher Sachherrschaft auf eine Sache einwirken kann.[37] Für den Eigentümer genügt seine rechtliche Sachherrschaft als Haf-

---

34 NK-Ransiek, § 324a Rn. 16; ebenso Hasche, DVBl. 2000, 91, 94; Jaeschke, S. 33 Fn. 144.

35 Schink, DÖV 1999, 797, 799.

36 Bender/Sparwasser/Engel, Kap. 7 Rn. 106; Erbguth/Stollmann, Bodenschutzrecht, Rn. 111; Hasche, DVBl. 2000, 91, 96; Schink, DÖV 1999, 797, 799.

37 BVerwG, DVBl. 1986, 360, 361; Ipsen, § 6 Rn. 193.

tungsgrundlage. Eine tatsächliche Sachherrschaft über von anderen auf ein Grundstück eingebrachte Sachen ist nicht erforderlich.[38]

Vollzugsfähig ist § 4 Abs. 2 BBodSchG indessen nur nach Erlass einer die Norm inhaltlich konkretisierenden behördlichen Verfügung, denn die Handlungs- und Unterlassungspflichten des Grundstückseigentümers und des Inhabers der tatsächlichen Gewalt sind derart vage, dass es an einer Vorhersehbarkeit des staatlicherseits geforderten Verhaltens fehlt. Ist aber § 4 Abs. 2 BBodSchG im Verwaltungsrecht ebenso wie § 4 Abs. 1 BBodSchG ohne konkretisierende Gefahrenabwehrverfügung aus sich heraus nicht vollzugstauglich, so kann die Vorschrift selbst auch kein Anknüpfungspunkt strafrechtlicher Sanktionen aus § 324a StGB sein.

4. Ergebnis

§ 4 Abs. 1 BBodSchG ist als allgemeiner Handlungsgrundsatz zu weit beziehungsweise zu unbestimmt gefaßt, um im Falle seiner Nichtbeachtung eine strafrechtliche Sanktion aus § 324a StGB herbeizuführen. Eine solche lässt sich für § 4 Abs. 1 BBodSchG nur aus einer pflichtenkonkretisierenden Verwaltungsverfügung im Sinne von § 330d Nr. 4c StGB herleiten. Entsprechendes gilt für § 4 Abs. 2 BBodSchG.

---

38 BVerwGE 89, 138, 144.

E. GRUNDSÄTZLICHE ÜBERLEGUNGEN ZUR UNTERLASSUNGSSTRAFBARKEIT BEI § 324A STGB

Nach § 26 Abs. 1 Nr. 2 BBodSchG handelt ordnungswidrig, wer vorsätzlich oder fahrlässig einer vollziehbaren Anordnung nach § 10 Abs. 1 S. 1 BBodSchG zuwiderhandelt, soweit sie sich auf eine Pflicht nach § 4 Abs. 3, 5 oder 6 BBodSchG bezieht. Damit könnte eine Anknüpfung des § 324a Abs. 1 StGB unmittelbar an die formelle Gesetzesnorm des § 4 Abs. 3, 5 und 6 BBodSchG zumindest dann ausscheiden, wenn diese nicht durch ordnungsbehördliche Verfügung konkretisiert worden sind. Denn die behördliche Sanktion ist ersichtlich nur für den Fall des Verstoßes gegen einen vollziehbaren Verwaltungsakt vorgesehen. Die Haltung des Gesetzgebers dazu ist jedoch zwiespältig. Zwar sollen verwaltungsgesetzliche Tatbestände dem strafrechtlichen Bestimmheitsgebot nur dann genügen, wenn sie selbst bußgeldbewehrt sind. Andererseits lässt sich den Gesetzesmotiven zum BBodSchG nicht entnehmen, dass in allen anderen Fällen ein solches Vorgehen zwingend ausscheiden müsste.[1] Dem ist im folgenden nachzugehen.

I. Fallgestaltungen, insbesondere Eindringenlassen von Stoffen

Als Erfolgsdelikt kann § 324a StGB sowohl durch positives Tun als auch durch Unterlassen verwirklicht werden.[2] Letzteres ist bedeutsam vor allem bei unterbliebenen oder verzögerten Sanierungen von Altlasten. Der Vorgang der Ablagerung von Stoffen durch aktives Tun verursacht aus strafrechtlicher Sicht nur geringe Probleme, da zum einen der Straftatbestand des § 324a StGB nur bei Tathandlungen anwendbar ist, die nach dem 1.11.1994 erfolgt sind.[3] Zum anderen wurde in den eigentlichen Altlastenfällen der Schadstoffeintrag in den Boden schon vor Jahren oder Jahrzehnten abgeschlossen, so dass zwischenzeitlich Strafverfolgungsverjährung eingetreten ist.[4] Strafrechtlich relevant sind daher nur jene Altlastenfälle, in denen die Tathandlung vor Ablauf der fünfjährigen Verjährungsfrist vorgenommen wurde.[5]

Besonderes Augenmerk muss darüber hinaus jenen Fallgestaltungen gelten, in denen von einer Altlast fortlaufend schädliche Einwirkungen auf das umliegende Erdreich oder das Grundwasser ausgehen. Als Tathandlung kommt hier das

1 „Soweit im Einzelfall der Inhalt der gesetzlichen Pflicht nicht hinreichend deutlich ist...“, Gesetzentwurf der BReg für ein BBodSchG, BR-Drucks. 702/96, S. 101.
2 Vgl. für § 324 StGB Vogelsang-Rempe, S. 89.
3 Knopp/Albrecht, Altlastenrecht, Rn. 300.
4 Franzheim/Pfohl, Rn. 172; Michalke, Umweltstrafsachen, Rn. 137.
5 Vgl. Michalke, Umweltstrafsachen, Rn. 137, die zu Recht darauf hinweist, dass es sich hierbei kaum mehr um „alte“ Lasten handeln dürfte.

pflichtwidrige Eindringenlassen von Schadstoffen nach § 324a Abs. 1 2. Alt. StGB in Betracht.[6] Vorstellbar ist, dass im Boden befindliche Schadstoffe wie etwa chlorierte Kohlenwasserstoffe durch anthropogene Einwirkungen oder Umwandlungs- oder Zerfallsprozesse mobil werden, sich in tiefere Bodenschichten ausbreiten und ein solches „Weiterfressen" der Verunreinigung durch den nach § 4 Abs. 3 BBodSchG Sanierungspflichtigen nicht verhindert wird.[7]

II. Unterlassungsstrafbarkeit im Rahmen von § 324a StGB

1. Echtes oder unechtes Unterlassungsdelikt?

Umstritten ist, ob sich bei der Tatbestandsvariante des Eindringenlassens um ein unechtes[8] oder ein echtes[9] Unterlassungsdelikt handelt, ob also eine Garantenstellung des Unterlassungstäters im Sinne des § 13 Abs. 1 StGB erforderlich ist.[10] Die Frage bedarf indessen für § 324a StGB keiner abschließenden Klärung, da das Eindringenlassen ohnehin stets „unter Verletzung verwaltungsrechtlicher Pflichten" erfolgen muss.[11] Die verwaltungsrechtliche Pflicht, die Verunreinigung zu verhindern, begründet eine Garantenpflicht gemäß § 13 Abs. 1 StGB.[12]

§ 324a StGB setzt mit dem Erfordernis einer Pflichtverletzung besondere täterschaftsbegründende Merkmale voraus. Es handelt sich um ein Sonderdelikt. Für den praxisrelevanten Bereich der Umweltkriminalität von und in Unternehmen wird die Pflichtenstellung daher gemäß § 14 StGB von der deliktsunfähigen juristischen Person auf den in § 14 StGB näher bezeichneten Personenkreis

6 Michalke, Umweltstrafsachen, Rn. 137; a. A. Langkeit, WiB 1994, 710, 711, der die Altlastenfälle unter das Merkmal „freisetzen" subsumieren will.

7 Franzheim/Pfohl, Rn. 178; Knopp/Albrecht, Altlasten, Rn. 294; Pfohl, in: Müller-Gugenberger/Bieneck (Hrsg.), § 54 Rn. 182; Sanden, wistra 1996, 283, 288 f.; S/S-Cramer/Heine, § 324a Rn. 7; a. A. Schöndorf, in: Pfaff-Schley (Hrsg.), Bodenschutz und Umgang mit kontaminierten Böden, S. 133.

8 Lackner/Kühl, § 324a Rn. 6; SK-Horn, § 324a Rn. 10; S/S-Cramer/Heine, § 324a Rn. 7; wohl auch Robra/Meyer, wistra 1996, 243, 247.

9 Bartholme, S. 211; Franzheim/Pfohl, Rn. 165; Kloepfer/Vierhaus, Rn. 107; LK-Steindorf, § 324a Rn. 33; Michalke, Umweltstrafsachen, Rn. 136; Schwerdtfeger, Reform, S. 251 Fn. 33; Winkelbauer, FS Lenckner, S. 645, 656.

10 Inkonsequent daher Michalke, Umweltstrafsachen, Rn. 136, die trotz Bejahung eines echten Unterlassungsdelikts das Vorliegen einer Garantenstellung verlangt; die von ihr in Fn. 433 in Bezug genommenen S/S-Cramer/Heine, § 324a Rn. 7, nehmen dagegen ein *unechtes* Unterlassungsdelikt an, welches tatbestandlich zweifelsohne eine Garantenstellung voraussetzt.

11 NK-Ransiek, § 324a Rn. 12; Sack, § 324a Rn. 49.

12 BGH, NStZ 1991, 490, 490; NK-Ransiek, § 324a Rn. 12; Sanden, wistra 1996, 283, 289.

übergeleitet. Dazu gehört freilich nicht der weisungsabhängige Arbeiter, sofern er nicht gegen Pflichten verstößt, die originär ihn selbst treffen.[13]

Das Tatbestandsmerkmal „unter Verletzung verwaltungsrechtlicher Pflichten" legt es überdies nahe, die Garantenstellung in Übereinstimmung mit den einschlägigen verwaltungsrechtlichen Normen auszulegen.[14] In der Regel wird daher die verwaltungsrechtliche Pflicht, eine Verunreinigung des Bodens zu verhindern, mit der Garantenstellung zur Überwachung von Gefahrenquellen identisch sein.[15] Seit dem 1.3.1999 ist zur Bestimmung des Pflichteninhalts auf § 4 Abs. 3, 5 und 6 BBodSchG abzustellen.[16] Ergänzend werden im Einzelfall Sanierungsanordnungen der Verwaltungsbehörden als Kriterien herangezogen werden können.[17]

2. Das Eindringenlassen als abschließender Unterlassungstatbestand des § 324a StGB

Fraglich ist, ob § 324a Abs. 1 StGB daneben noch Raum lässt für ein „Begehen durch Unterlassen" im Sinne unechter Unterlassungsstrafbarkeit. Da allein das Eindringenlassen von Stoffen in den Boden tatbestandsmäßig ist, ist die pflichtwidrige Nichtbeseitigung einer bereits *eingetretenen* Bodenverunreinigung gemäß § 324a StGB grundsätzlich nicht mit Strafe bedroht, denn § 324a StGB ist kein Dauerdelikt.[18]

Zwar ist die durch das Freisetzen von Schadstoffen entstehende Gefahr als Dauergefahr zu verstehen, deren Nichtbeseitigung auch noch nach erstmaligem Gefahreintritt tatbestandsmäßig sein kann.[19] So kann etwa der Tatbestand des § 330a StGB (Schwere Gefährdung durch Freisetzen von Giften) nicht nur dadurch verwirklicht werden, dass ein Garant – insbesondere der Garant für eine Gefahrenquelle – nicht verhindert, dass der Stoff seine Wirkung entfalten kann, er beispielsweise das Austreten der gefährlichen Stoffe aufgrund eines Lecks nicht rechtzeitig verhindert. Ist der Stoff hingegen bereits freigesetzt, besteht jedoch noch die Möglichkeit, das fortdauernde Gefahrenpotenzial vor seiner Re-

---

13 Vgl. dazu ausführlich unten I II 2.

14 Pfohl, in: Müller-Gugenberger/Bieneck (Hrsg.), § 54 Rn. 183; Schmitz, NJW 1993, 1167, 1168.

15 NK-Ransiek, § 324a Rn. 12; vgl. auch Lackner/Kühl, § 324a Rn. 6; SK-Horn, § 324a Rn. 10; S/S-Cramer/Heine, § 324a Rn. 7.

16 Knopp/Albrecht, Altlastenrecht, Rn. 294; Sanden, Umweltrecht, § 15 Rn. 31; S/S-Cramer/Heine, § 324a Rn. 7.

17 Pfohl, in: Müller-Gugenberger/Bieneck (Hrsg.), § 54 Rn. 179.

18 NK-Ransiek, § 324a Rn. 13; SK-Horn, § 324a Rn. 10.

19 NK-Ransiek, § 330a Rn. 5: "Freisetzen durch Unterlassen"; vgl. dazu auch Langkeit, WiB 1994, 710, 711.

alisierung durch aktives Tun zu beseitigen, etwa schon ausgelegtes Rattengift zu entfernen, so ist der Garant ebenfalls nach § 330a StGB verantwortlich, wenn er die Gefahrenquelle nicht beseitigt. Es geht hier also um die andauernde Gefahr durch den freigesetzten Stoff, nicht allein um den erstmaligen Gefahreintritt.[20]

Im Rahmen des § 324a StGB hätte die Tatbestandsalternative des Eindringenlassens allerdings keine eigenständige Bedeutung mehr, wollte man darunter auch sämtliche Fälle eines Freisetzens von Stoffen subsumieren. Eine Abgrenzung der tatbestandlichen Handlungsalternativen des Eindringenlassens und des Freisetzens wäre überflüssig. Dazu lässt sich den Gesetzesmaterialien zu § 324a StGB eine eindeutige Stellungnahme des Gesetzgebers nicht entnehmen. Allerdings legt § 324a StGB die tatbestandlichen Handlungen im Sinne eines numerus clausus abschließend fest.[21] Dies impliziert, auch die Tathandlungen selbst präzise gegeneinander abzugrenzen. Näher liegt deshalb die Annahme, dass durch das Merkmal des Eindringenlassens die Bodenverunreinigung durch pflichtwidriges Unterlassen abschließend geregelt und darüber hinaus ein Freisetzen durch Unterlassen nicht tatbestandsmäßig ist.[22]

3. Verantwortlichkeit für „Weiterfresserschäden"?

Zweifelhaft ist daher, ob das bloße Belassen von Stoffen im Boden das Tatbestandsmerkmal des Eindringenlassens erfüllt, wenn wegen der Immobilität der Schadstoffe keinerlei Gefahr einer weiteren Ausbreitung im Boden besteht. Da die Stoffe bereits in das Erdreich eingedrungen sind und sich auch nicht unkontrolliert ausbreiten, muss ein Eindringenlassen ebenso außer Betracht bleiben wie ein Freisetzen.

Denkbar erscheint allenfalls ein „Einbringen durch Unterlassen".[23] Zum einen dürfte es aber an der Finalität des Stoffeintrags fehlen und zum anderen bildet das Eindringenlassen nach zutreffender Auffassung eine abschließende Regelung der Unterlassungsstrafbarkeit im Rahmen des § 324a StGB. Diese Frage bedarf allerdings keiner Vertiefung, weil § 324a StGB als Taterfolg stets eine Verschlechterung des Status quo des Bodens verlangt, was bei immobilen Stoffen im Boden gerade nicht der Fall ist.[24]

Anders verhält es sich dagegen bei mobilen Schadstoffen. „Unter Verletzung verwaltungsrechtlicher Pflichten" könnte § 324a StGB durch Eindringenlassen

---

20 NK-Ransiek, § 330a Rn. 5.
21 Tröndle/Fischer, § 324a Rn. 4.
22 NK-Ransiek, § 324a Rn. 13.
23 Franzheim/Pfohl, Rn. 178.
24 Franzheim/Pfohl, Rn. 179.

von Stoffen dann erfüllt sein, wenn sich bereits im Boden befindliche Schadstoffe „weiterfressend" ausbreiten und dies entgegen einer Abwehrpflicht nicht verhindert wird.[25]

a) Keine Strafbarkeit bei unterlassener Altlastensanierung

Schöndorf nimmt ein Eindringenlassen nur im Falle der erstmaligen Kontamination des Bodens an und will das weitere Ausbreiten der Schadstoffe im Boden nicht mehr unter die Tatbegehungsmodalitäten des § 324a StGB fassen. Diese Auffassung wird dahingehend zu ergänzen sein, dass sich die Handlungspflicht für ein erstmaliges Eindringenlassen von Stoffen in den Boden nicht aus § 4 Abs. 3, sondern aus § 4 Abs. 1 und 2 BBodSchG ergeben müsste.[26] Unterlassene Altlastensanierungen sollen dagegen grundsätzlich nicht unter § 324a StGB fallen.[27]

b) Strafbarkeit nur bei Mißachtung einer behördlichen Sanierungsverfügung

Weiterhin wird vertreten, dass erst in der Weigerung, eine behördlicherseits bereits aufgegebene Sanierung durchzuführen, ein strafbares Unterlassen liege.[28] Diese Auffassung impliziert, dass eine Sanierungsleistung des Handlungs- oder Zustandsstörers erst nach behördlicher Inanspruchnahme durch Verwaltungsakt oder einen entsprechenden Sanierungsvertrag verlangt werden könne. Eine deckungsgleiche strafrechtliche Garantenpflicht könne deshalb erst dann entstehen, wenn eine unanfechtbare oder sofort vollziehbare Anordnung der Bodenschutzbehörde vorliege. Deshalb fehle es an einer Garantenpflicht, wenn durch Ergreifen verwaltungsrechtlicher Rechtsmittel der Suspensiveffekt eingetreten sei.[29]

c) Tatbestandsmäßigkeit jeder weiteren erheblichen Bodenverunreinigung

Die Gegenansicht geht von der Tatbestandsmäßigkeit auch jeder weiteren erheblichen Bodenverunreinigung aus, die infolge ungesicherten Liegenlassens einer Altlast entstehe.[30] Eine nachteilige Bodenveränderung könne auch in der Ver-

---

25 So z. B. Franzheim/Pfohl, Rn. 178; NK-Ransiek, § 324a Rn. 13.

26 § 4 Abs. 1 und 2 BBodSchG sind allerdings zu weit gefasst bzw. zu unbestimmt, um eine unmittelbare strafrechtliche Sanktion zu bewirken.

27 Schöndorf, in: Pfaff-Schley (Hrsg.), Bodenschutz und Umgang mit kontaminierten Böden, S. 133.

28 LK-Steindorf, § 324a Rn. 35.

29 Franzheim/Pfohl, Rn. 193.

30 Lackner/Kühl, 3 324a Rn. 6; NK-Ransiek, § 324a Rn. 13; Sanden, wistra 1996, 283, 288.

größerung bereits bestehender Vorbelastungen liegen. Dringen beispielsweise von einer Mülldeponie über einen längeren Zeitraum Schadstoffe in den Boden ein, falle dies unter § 324a StGB, wenn durch das Unterlassen, die weitere Verschmutzung des Bodens zu verhindern, Gefahren im Sinne der Norm, etwa durch Summation, erst entstehen oder so vergrößert werden, dass eine qualitativ andere Gefahr geschaffen werde. Eine bloß quantitative Ausweitung des drohenden Schadens genüge dagegen nicht, da es sich bei § 324a StGB nicht um ein Dauerdelikt handele.[31] Die pflichtwidrige Nichtsanierung einer Altlast falle daher nach Maßgabe des Vorstehenden unter § 324a StGB.[32]

Ransiek schränkt den Bereich der Unterlassungsstrafbarkeit allerdings dadurch ein, dass er jene Fälle unberücksichtigt lassen will, in denen sich gefahrträchtige Stoffe bereits im Boden befinden. Dann könne auch eine drohende weitere Ausbreitung, zum Beispiel durch Eindringen in tiefere Bodenschichten, eine Tatbestandsmäßigkeit nach § 324a StGB durch Eindringenlassen nicht mehr begründen, da diese Gefahr schon mit dem erstmaligen Eindringen des Stoffes in den Boden entstanden sei.[33]

d) Vorzugswürdigkeit einer weiten Auslegung des Eindringenlassens

Die erste Auffassung geht von einem unnötig engen Begriffsverständnis des Eindringenlassens aus. Darin kann gerade auch jede weitere Verschlechterung des Bodenzustandes liegen, wenn und soweit dadurch eine neue, sowohl räumlich als auch qualitativ, also chemisch, physikalisch oder biologisch abgrenzbare Gefahr begründet wird. Dies ist deshalb sachgerecht, weil andernfalls sogenannte „echte" Altlasten, deren Entstehung Jahrzehnte zurückliegt, weder in der Begehungs- noch in der Unterlassungsalternative des § 324a StGB zu erfassen wären. Einen Verstoß gegen den möglichen Wortsinn der Norm bedeutet diese Auslegung nicht. Das strafrechtliche Analogieverbot bleibt gewahrt.

Die zweite Auffassung verkennt die Rechtsnatur der materiellen Polizeipflichten, die für den Normadressaten bereits unmittelbar gelten. Inkonsequent, aber auch überflüssig ist daher die von dieser Auffassung gemachte Einschränkung, dass eine strafrechtliche Garantenstellung zumindest dann unmittelbar aus § 4 Abs. 3 BBodSchG folge und keiner konkretisierenden Verfügung bedürfe, wenn der Grundstücksinhaber gegenüber der Behörde ein überlegenes Wissen hin-

---

31 NK-Ransiek, § 324a Rn. 13.

32 Lackner/Kühl, § 324a Rn. 6; NK-Ransiek, § 324a Rn. 13; Sanden, wistra 1996, 283, 288 f. m. w. N.; vgl. auch Michalke, Umweltstrafsachen, Rn. 137 ff.

33 NK-Ransiek, § 324a Rn. 13.

sichtlich der Bodenverunreinigung besitze und dieses in rechtsmissbräuchlicher Weise nicht offenbare.[34] Darauf kann es nicht ankommen.

Richtigerweise ist hier bei der subjektiven Tatseite anzusetzen. Zwar gelten die Gefahrenabwehrpflichten des BBodSchG unmittelbar und unabhängig vom Erlass einer behördlichen Verfügung. Jedoch wird es dem Pflichtigen am Tatvorsatz bezüglich einer nachteiligen Bodenveränderung fehlen, wenn er keine Kenntnis von der Kontamination besitzt. In der Praxis dürfte ein Tatvorsatz daher erst dann anzunehmen sein, wenn der Unterlassende zuvor Adressat einer behördlichen Sanierungsverfügung gewesen ist. Anders verhält es sich, wenn der nach § 4 Abs. 3 BBodSchG Sanierungspflichtige die Bodenverunreinigung auch ohne behördliches Einschreiten kennt, und zwar gleichgültig, ob die Behörde dieses Wissen ebenfalls besitzt oder nicht.

Das weite Begriffsverständnis der letztgenannten Auffassung ist vorzugswürdig. Zwar spricht der Wortlaut „Eindringenlassen“ nicht zweifelsfrei für die hier vertretene Auslegung. Man wird indessen den Wortsinn in Verbindung mit der weitgefassten Bodendefinition des § 2 Abs. 1 Nr. 1 BBodSchG so zu verstehen haben, dass der Boden durch die ausdrückliche Bezugnahme auf seine Eigenschaft als Träger natürlicher Bodenfunktionen auch in größerer Tiefe geschützt werden soll. Zu Recht weist *Sanden* vergleichend darauf hin, dass auch an einem schon brennenden Gegenstand noch eine Brandstiftung nach § 306 StGB begangen werden könne.[35] Ebenso kann ein bereits stark verschmutztes Gewässer weiter im Sinne von § 324 StGB verunreinigt werden.[36] Zwingende Gründe, dies nicht auch für eine Bodenverunreinigung nach § 324a StGB anzunehmen, sind nicht ersichtlich, zumal der Schutz der „relativen Reinheit“ des Bodens auch dem erklärten Willen des Gesetzgebers entspricht.[37]

Die Einschränkung *Ransieks* überzeugt dagegen nicht. Gelangt man mit der hier vertretenen Ansicht zu einem weiten Begriffsverständnis des Eindringenlassens, kann es für die Unterlassungsstrafbarkeit nach § 324a StGB auch vor dem Hintergrund des strafrechtlichen Analogieverbotes keinen Unterschied machen, ob sich deponiegelagerte Schadstoffe noch außerhalb des Erdreiches befinden und dann infolge pflichtwidriger Untätigkeit des Verantwortlichen in dieses einsickern oder ob eine immobile Altlast sich im Erdreich „verkapselt“ hat, eine Mobilisierung der Schadstoffe nachfolgend durch den Verantwortlichen aber nicht mehr verhindert wird. Auch die letztgenannten Fälle lassen sich noch als „Eindringenlassen“ in den Boden verstehen.

34 So Franzheim/Pfohl, Rn. 195.

35 Sanden, wistra 1996, 283, 289; vgl. auch Tröndle/Fischer, § 306 Rn. 14.

36 Tröndle/Fischer, § 324 Rn. 5.

37 Gesetzentwurf der BReg für ein 2. UKG, BT-Drucks. 12/192, S. 16; Gesetzentwurf der BReg für ein 2. UKG, BR-Drucks. 126/90, S. 45.

Allerdings verwirklicht nicht jedes Unterlassen, das einem Begehen nachfolgt, den Tatbestand des § 324a StGB. Ein Unterlassen, das sich darin erschöpft, den einmal herbeigeführten Zustand nicht wieder zu beseitigen, ist nicht tatbestandsmäßig. Denn es kommt hier zu keiner weiteren, strafwürdigen Rechtsgutsverletzung oder auch nur zu einer zusätzlichen konkreten oder abstrakten Gefährdung.[38]

4. Schutzzweck der Strafnorm

Der Schutzzweck des § 324a StGB könnte in jenen Fällen verfehlt werden, in denen es der verwaltungsrechtlichen Bezugsnorm lediglich um die Beseitigung bereits eingetretener Schäden oder um die Verhinderung einer Kostenabwälzung auf die Allgemeinheit geht.[39] Nach § 4 Abs. 3 S. 1 BBodSchG sind bereits entstandene Schäden zu sanieren, soweit sie die festgelegten Belastungsgrenzen überschreiten. Wer eine Sanierung unterlässt, ohne dass es hierdurch zu einer weiteren, qualitativ abgrenzbaren nachteiligen Bodenveränderung kommt, ist strafrechtlich jedoch nicht wegen Unterlassens verantwortlich, da § 324a Abs. 1 StGB in der Alternative des Eindringenlassens das strafbare Unterlassen abschließend regelt. Und wer lediglich gegen seine Pflicht zur Übernahme der Sanierungskosten verstößt, widersetzt sich nicht dem Normbefehl des § 324a StGB. In diesen Fällen ist überaus zweifelhaft, ob der Schutzzweck des § 324a StGB noch berührt ist.

III. Garantenstellung und Garantenpflicht

1. Besonderer Rechtsgrund zum Tätigwerden

Die Garantenstellung enthält die entscheidenden täterschaftlichen Elemente, die denjenigen, der einen tatbestandsmäßigen Erfolg abzuwenden unterlässt, zum Täter eines (unechten) Unterlassungsdelikts machen.[40] Wer den Boden durch Liegenlassen grundwasserschädlicher Chemikalien verunreinigt und dadurch eine Gefahr erst hervorruft, begeht ein tatbestandsmäßiges Eindringenlassen im Sinne von § 324a Abs. 1 StGB, wenn er den Taterfolg entgegen einer strafrechtlichen Handlungspflicht nicht abwendet.[41]

---

38 Vogelsang-Rempe, S. 94.

39 S/S-Cramer/Heine, § 324a Rn. 7.

40 Jescheck/Weigend, Strafrecht AT, § 59 IV 1; vgl. auch Gallas, Studien, S. 77 f., der auf die einschränkende Funktion des Garantengedankens für die Unterlassungsstrafbarkeit hinweist.

41 NK-Ransiek, § 324a Rn. 13.

Im Mittelpunkt der Unterlassungsstrafbarkeit bei Altlasten steht daher die Frage, wer als Garant in Betracht kommt. Die Erfolgsabwendungspflicht und damit die Garantenstellung beruht auf dem Grundgedanken, dass der Schutz des gefährdeten Rechtsgutes von einer positiven Leistung einer bestimmten Person, des Garanten, abhängt und die Beteiligten sich auf deren aktiven Einsatz verlassen und auch verlassen dürfen.[42] Eine Pflicht, überall helfend einzugreifen, wo immer es erforderlich ist, kann es hingegen nicht geben.

Die Rechtsordnung erlegt dem Bürger daher grundsätzlich nur die Pflicht auf, aktive Handlungen zu unterlassen, durch die Rechtsgüter Dritter beeinträchtigt werden können. Ein „besonderer Rechtsgrund" ist hingegen immer dann nachzuweisen, wenn jemand dafür verantwortlich gemacht werden soll, dass er es unterlassen hat, zum Schutz fremder Rechtsgüter aktiv tätig zu werden.[43] Die Handlungspflicht muss deshalb gemäß § 13 Abs. 1 StGB eine rechtliche sein. Bloß tatsächliche Möglichkeiten oder eine sittliche Pflicht zur Erfolgsverhinderung genügen für eine Unterlassungstäterschaft nicht.[44]

2. Entstehungsgründe für Garantenpflichten

Eine Garantenstellung kann sich nach klassischer Einordnung ergeben aus Gesetz, Vertrag, vorangegangenem gefährdenden Tun (Ingerenz) und enger persönlicher Verbundenheit.[45] Insbesondere im Schrifttum, aber verstärkt auch in der Rechtsprechung wird demgegenüber auf Obhutspflichten gegenüber dem Schutzgut (Beschützergarant) oder auf Sicherungspflichten zur Beherrschung von Gefahrenquellen gegenüber jedermann (Überwachergarant) abgestellt, wobei die Entstehungsgründe sich überschneiden können.[46] Diese auf *Armin Kaufmann* zurückgehende Einteilung wird üblicherweise als Funktionenlehre bezeichnet, da sie entgegen der überkommenen Auffassung nicht formal auf die Rechtsquelle, sondern auf den materiellen Entstehungsgrund der Garantenposition abstellt.[47]

---

42 Jescheck/Weigend, Strafrecht AT, § 59 IV 1; Maiwald, JuS 1981, 473, 481 f.; Vogelsang-Rempe, S. 97.

43 Jescheck/Weigend, Strafrecht AT, 59 IV 1.

44 RGSt 64, 273, 275; Tröndle/Fischer, § 13 Rn. 5; Vogelsang-Rempe, S. 97.

45 „Formelle Rechtspflichtlehre"; dazu Tröndle/Fischer, § 13 Rn. 5a; vgl. auch Sack, § 324 Rn. 198.

46 Dazu ausführlich Vogelsang-Rempe, S. 98 ff.; Franzheim/Pfohl, Rn. 132; Schmitz, NJW 1993, 1167, 1167; Sonnen/Tetzlaff, wistra 1999, 1, 6.

47 Armin Kaufmann, Dogmatik der Unterlassungsdelikte, S. 283 ff.; vgl. auch Jescheck/Weigend, Strafrecht AT, § 59 IV 2; Maiwald, JuS 1981, 473, 480; Robra/Meyer, wistra 1996, 243, 244; Tröndle/Fischer, § 13 Rn. 5b f.

Während die formelle Rechtspflichtlehre allein an den Entstehungsgrund der Rechtspflicht anknüpft, dabei jedoch ihren konkreten Inhalt aus dem Blick verliert[48], mangelt es der Funktionenlehre an einem hinreichend konkreten Anknüpfungspunkt für die Entstehung einer Erfolgsabwendungspflicht.[49] Es bietet sich daher eine Verknüpfung beider Lehren an[50], indem anhand der Funktionenlehre zunächst auf die Stellung des Unterlassenden zum gefährdeten Rechtsgut oder zur Gefahrenquelle abgestellt und erst dann bestimmt wird, worauf sich eine solche Rechtspflicht stützen kann.[51]

IV. Beschützergarantenstellung gegenüber dem Boden?

Zu prüfen ist somit, ob und für wen eine Beschützergarantenstellung gegenüber dem Schutzgut Boden anzunehmen ist. Eine solche Handlungspflicht hätte zum Inhalt, für den Bestand des Schutzgutes zu sorgen, und zwar unabhängig von den ihm drohenden Gefahren.[52] Wer als Inhaber einer Beschützergarantenstellung in Betracht kommen kann, richtet sich nach der Beschreibung des Schutzgutes im gesetzlichen Tatbestand. § 324a StGB schützt den Boden nicht nur um seiner selbst willen, auch nicht als Teil eines privaten Grundstücks, sondern als Teil der natürlichen Lebensgrundlagen des Menschen.[53] Der potenzielle Adressatenkreis einer solchen Garantenpflicht ist demnach grundsätzlich umfassend.[54]

1. § 4 Abs. 1 BBodSchG

Hier ist zunächst § 4 Abs. 1 BBodSchG zu betrachten.[55] Jeder, der auf den Boden einwirkt, hat sich so zu verhalten, dass schädliche Bodenveränderungen nicht hervorgerufen werden. Bereits für den Bereich der Begehungsstrafbarkeit nach § 324a Abs. 1 StGB hat sich § 4 Abs.1 BBodSchG als zu unbestimmt für

48 BGHSt 19, 167, 168; Jescheck/Weigend, Strafrecht AT, § 59 IV 2; Tröndle/Fischer, § 13 Rn. 5a.

49 Jescheck/Weigend, Strafrecht AT, § 59 IV 2; Tröndle/Fischer, § 13 Rn. 5c.

50 Jescheck/Weigend, Strafrecht AT, § 59 IV 2; ihnen folgend Vogelsang-Rempe, S. 99 f.; ebenso S/S-Stree, § 13 Rn. 8.

51 Vogelsang-Rempe, S. 100.

52 Ausführlich Jescheck/Weigend, Strafrecht AT, § 59 IV 3; Vogelsang-Rempe, S. 101.

53 Vogelsang-Rempe, S. 101.

54 Vgl. Gallas, Studien, S. 92: Garantenpflichten können aus außerstrafrechtlichen Handlungspflichten abgeleitet werden, wenn anzunehmen ist, dass nach dem Willen des Gesetzes auch die Straftatbestände im Sinne eines Schutzes dieser Pflichten zu interpretieren sind.

55 Dahs, FS Redeker, S. 475, 478, hält die vor Inkrafttreten des BBodSchG geltenden verwaltungsrechtlichen Spezialgesetze als Grundlage einer strafrechtlichen Garantenpflicht noch für ungeeignet.

die Ausfüllung der Blankettstrafnorm erwiesen. Im Bereich der Unterlassungsstrafbarkeit erfüllt das Tatbestandsmerkmal „unter Verletzung verwaltungsrechtlicher Pflichten" eine weitere Funktion, denn es verlangt das Bestehen einer Garantenstellung.

Nun ließe sich argumentieren, dass es sich hierbei um ein und dasselbe Merkmal des gesetzlichen Tatbestandes handele, so dass für das Unterlassungsdelikt nichts anderes gelten könne als für das Begehungsdelikt. Es wäre nicht nachvollziehbar, aus § 4 Abs. 1 BBodSchG zwar eine Garantenstellung ableiten zu wollen, diese dann aber – als Konsequenz der Ausführungen zur Begehungsstrafbarkeit – mit der herrschenden Meinung für inhaltlich nicht hinreichend bestimmt zu halten, so dass letztlich doch einigermaßen unklar bliebe, was von dem Garanten konkret erwartet werde.

Daran ist richtig, dass Unterlassen gerade nicht einfach „Nichtstun" bedeutet, sondern „etwas Bestimmtes nicht tun", wie *Gallas* zutreffend bemerkt hat.[56] Der unklare Normbefehl des § 4 Abs. 1 BBodSchG lässt aber keinen Rückschluss darauf zu, dass der Normadressat kein Garant für das Schutzgut Boden sein kann. Dies hieße, den zweiten Schritt vor dem ersten zu tun. Wer Garant ist, bestimmt nicht § 4 Abs. 1 BBodSchG, sondern ergibt sich aus einem Näheverhältnis des Normadressaten zu einem Rechts- oder Schutzgut. Das Verwaltungsgesetz kann dieses Näheverhältnis lediglich nachvollziehen, konstitutiv für die Garantenstellung ist es aber nicht. Gerade hier offenbart die formelle Rechtspflichtlehre ihre Schwäche, indem sie den materiellen Entstehungsgrund der Rechtspflicht außer Acht lässt und eine inhaltliche Begründung für die Haftung des Garanten nicht zu liefern vermag.[57]

Die Frage nach der Beschützergarantenstellung der Normadressaten ist damit gleichwohl noch nicht beantwortet. Eine Beschützergarantenstellung setzt nicht nur ein Näheverhältnis, sondern überdies ein besonderes Obhutsverhältnis des Normadressaten voraus, welches es rechtfertigt, diesen als Garanten für die Abwehr sämtlicher Gefahren, die dem Schutzgut drohen, auch strafrechtlich haften zu lassen. Ein solches Obhutsverhältnis, das über die im Rahmen einer Verkehrsicherungspflicht für eine Gefahrenquelle zu beachtende Sorgfalt hinausgeht, ist aber für den unbegrenzten Adressatenkreis des § 4 Abs. 1 BBodSchG nicht erkennbar. Auch das BBodSchG folgt dem überkommenen ordnungsrechtlichen Ansatz, der stets auf die Gefahrenquelle und die Verantwortlichkeit für diese, nicht aber auf ein bestimmtes Schutzgut abstellt, welches es unabhängig von den

56 Gallas, Studien, S. 9, 29: Relativität des Unterlassungsurteils; ebenso Jescheck/Weigend, Strafrecht AT, § 59 I; S/S-Stree, vor § 13 Rn. 139; SK-Rudolphi, vor § 13 Rn. 4.

57 Jescheck/Weigend, Strafrecht AT, § 59 IV 2.

ihm drohenden Gefahren zu schützen gilt. Bei § 4 Abs. 1 BBodSchG handelt es sich um den typischen Fall einer Verkehrssicherungspflicht, die jedermann obliegt, der irgendwie auf den Boden einwirkt. Eine solche Verkehrssicherungspflicht begründet keine Beschützer-, sondern nur eine Überwachergaranten- stellung.[58]

2. § 4 Abs. 2 BBodSchG

Wer Eigentümer eines Grundstücks ist oder die tatsächliche Gewalt über ein solches innehat, den trifft die gleiche Abwehrpflicht wie jenen, der im Sinne von § 4 Abs. 1 BBodSchG auf den Boden einwirkt, ohne Eigentümer oder Sachherrschaftsinhaber zu sein. Weder der Grundstückseigentümer noch der Inhaber der tatsächlichen Gewalt über ein Grundstück sind aber als Beschützergaranten für den Boden anzusehen. Denn Privatpersonen können zwar als Überwachergaranten für Gefahren, die aus ihrem Herrschaftsbereich für das Umweltmedium Boden entstehen, in Betracht kommen. Eine allgemeine Verpflichtung zum Schutze der Umwelt trifft sie indessen nicht.[59] So begründet § 4 Abs. 2 BBodSchG auch keine Pflicht, den Boden vor jeglichen, sondern nur vor solchen Gefahren zu schützen, die von dem eigenen Grundstück ausgehen. Auch hier liegt nur eine Verkehrssicherungspflicht für das Grundstück vor, welche zu einer Überwachergarantenstellung von Eigentümer und Sachherrschaftsinhaber hinleitet.[60]

3. § 4 Abs. 3 BBodSchG

§ 4 Abs. 3 BBodSchG normiert den „reparierenden" Bodenschutz, indem er eine Sanierungspflicht für die Normadressaten nach Eintritt einer schädlichen Bodenveränderung regelt, damit dauerhaft keine Gefahren, erheblichen Nachteile oder erheblichen Belästigungen für den einzelnen oder die Allgemeinheit entstehen. Damit nimmt die Vorschrift die schädliche Bodenveränderung als Gefahrenquelle für Dritte in den Blick. Auch hier liegt demnach eine bloße Verkehrssicherungspflicht des Verantwortlichen vor, der eine Gefahrenquelle rechtlich oder tatsächlich beherrscht.

Für den Verursacher einer schädlichen Bodenveränderung und dessen Gesamtrechtsnachfolger ist zudem an eine Garantenstellung aus gefährdendem Vorverhalten (Ingerenz) zu denken, die eine Verantwortlichkeit dafür begründet, dass eine Gefahrenquelle überhaupt geschaffen worden ist.[61] Zutreffend weist

58 Schmitz, NJW 1993, 1167, 1167 f.; Wessels, Strafrecht AT, Rn. 723.

59 Schmitz, NJW 1993, 1167, 1167; Vogelsang-Rempe, S. 104.

60 Franzheim, ZfW 1987, 9, 11.

61 Wessels, Strafrecht AT, Rn. 725.

Vogelsang-Rempe darauf hin, dass Rechtspflichten im Zusammenhang mit Umweltmedien typischerweise solche sind, die lediglich eine Überwachergarantenstellung begründen.[62] Dies leuchtet ein, weil es eine Überforderung des Handlungspflichtigen bedeutete, wollte man ihm eine Schutzpflicht für das Umweltmedium Boden vor allen möglichen Gefährdungen auferlegen. Als Ergebnis ist somit festzuhalten, dass auch die Sanierungspflicht aus § 4 Abs. 3 BBodSchG eine Beschützergarantenstellung nicht zu begründen vermag.

4. Ergebnis

Aus den Gefahrenabwehrpflichten des § 4 Abs. 1, 2 und 3 BBodSchG lässt sich eine Beschützergarantenstellung des jeweiligen Normadressaten nicht herleiten.[63] § 4 Abs. 1 und 2 BBodSchG sind überdies zu unbestimmt, um das Merkmal „unter Verletzung verwaltungsrechtlicher Pflichten" strafrechtlich auszufüllen.

---

62 Vogelsang-Rempe, S. 104.

63 Vgl. Dahs, FS Redeker, S. 475, 476.

F. INSBESONDERE: DIE SANIERUNG ALS STRAFBEWEHRTE HANDLUNGSPFLICHT DES ÜBERWACHERGARANTEN?

Bislang ist offengeblieben, welcher der in § 4 Abs. 3 S. 1 BBodSchG genannten Sanierungsverantwortlichen wenn nicht Beschützergarant für den Boden, so doch wenigstens Überwachergarant ist und damit nach § 324a StGB wegen Eindringenlassens von Stoffen in den Boden bestraft werden kann. Überdies gilt das Augenmerk der Stichtagsregelung des § 4 Abs. 5 sowie der Einbeziehung des Alteigentümers nach Veräußerung des Grundstücks durch § 4 Abs. 6 BBodSchG.

I. Abgrenzung gegenüber § 4 Abs. 1 und 2 BBodSchG

Die Sanierungspflicht aus § 4 Abs. 3 BBodSchG verpflichtet die Normadressaten verwaltungsrechtlich zur Beseitigung bereits eingetretener schädlicher Bodenveränderungen. Eine Gefahr im polizeirechtlichen Sinne ist tatbestandlich nicht Voraussetzung der Sanierungspflicht. Wegen des Erfordernisses der Erheblichkeit der Nachteile oder Belästigungen hat sich gegenüber der gefahrenabwehrrechtlich vorausgesetzten Gefahrenlage allerdings kaum etwas verändert.[1] Während die Pflichten der Absätze 1 und 2 auf die Verhinderung schädlicher Bodenveränderungen abzielen, also präventiv wirken, besitzt die Sanierungspflicht nachsorgenden Charakter.[2] Sie macht die vom Gesetzgeber angestrebte Trennung zwischen präventivem und reparierendem Bodenschutz deutlich.

§ 4 Abs. 3 BBodSchG hat als spezielle Ausprägung der materiellen Polizeipflicht einen nahezu unbeschränkten Anwendungsbereich.[3] Denn die durch § 3 Abs. 1 und 2 BBodSchG angeordnete Subsidiarität betrifft in erster Linie die Vermeidungs- und die Abwehrpflicht des § 4 Abs. 1 und 2 BBodSchG. Als Besonderheit gegenüber den Absätzen 1 und 2 kommt gemäß § 4 Abs. 3 S. 1 BBodSchG eine Ausweitung der Handlungspflicht auf Gewässerverunreinigungen hinzu.

---

1 Bender/Sparwasser/Engel, Kap. 7 Rn. 109; von Westerholt, NJW 2000, 931, 932: Die Sanierung nach § 4 Abs. 3 BBodSchG ist grundsätzlich analog zu den Bestimmungen des allgemeinen Polizei- und Ordnungsrechts von den Zustands- und Handlungsstörern umzusetzen.

2 Peine, UPR 1999, 361, 364; Schink, DÖV 1999, 797, 798.

3 Sanden/Schoeneck, § 4 Rn. 20.

II. Inhalt der Sanierungspflicht

Aus § 4 Abs. 3 S. 2 und 3 BBodSchG ergibt sich eine bedingte und gestufte Reihenfolge der zu ergreifenden Sanierungsmaßnahmen.[4] Satz 2 nennt zunächst Dekontaminationsmaßnahmen im Sinne von § 2 Abs. 7 Nr. 1 BBodSchG, also Maßnahmen zur Beseitigung oder Verminderung von Schadstoffen. Diese genießen Priorität. Damit wird klargestellt, dass der Gesetzgeber Maßnahmen zur Dekontamination des Bodens als Regelfall ansieht.[5]

Sicherungsmaßnahmen gemäß § 2 Abs. 7 Nr. 2 BBodSchG kommen nur dann als qualitativ gleichwertig in Betracht, wenn sie eine Ausbreitung der im Boden befindlichen Schadstoffe langfristig verhindern. Voraussetzung ist, dass ein technisches Versagen der Maßnahme langfristig mit hinreichender Sicherheit ausgeschlossen und ihre Wirksamkeit kontrolliert wird.[6] Eine Dekontamination oder Sicherung kommt allerdings nur bei stofflichen Belastungen des Bodens in Betracht. Bei schädlichen Bodenveränderungen, die andere Ursachen haben, zum Beispiel Erosion oder Bodenverdichtung, müssen Sanierungsmaßnahmen zur Beseitigung oder Verminderung schädlicher Veränderungen der physikalischen, chemischen oder biologischen Beschaffenheit des Bodens nach § 2 Abs. 7 Nr. 3 BBodSchG ergriffen werden, denn diese Vorschrift knüpft nach ihrem Wortlaut nicht an den Schadstoffbegriff an.[7]

Demgegenüber sind sonstige Schutz- und Beschränkungsmaßnahmen (§ 2 Abs. 8 BBodSchG) nur im Falle der Unmöglichkeit oder Unzumutbarkeit von Maßnahmen nach § 4 Abs. 3 S. 2 BBodSchG durchzuführen. Hierbei handelt es sich nach Wortlaut und Systematik des § 2 Abs. 7 und 8 BBodSchG nicht um Sanierungsmaßnahmen. Schutz- und Beschränkungsmaßnahmen besitzen gemäß § 4 Abs. 3 Satz 3 BBodSchG lediglich subsidiären Charakter, was *Peine* zutreffend hervorhebt.[8] Unmöglichkeit ist in der Regel anzunehmen, wenn ein technisches Verfahren zur Dekontamination von Boden und Gewässern am Markt nicht verfügbar ist.[9] Für die Beurteilung der Unzumutbarkeit sind die Kostenbelastung für den Verantwortlichen sowie die Beeinträchtigung der Nutzbarkeit des kontaminierten Grundstückes zu berücksichtigen.[10] Zu denken ist hier an

4 Peine, UPR 1999, 361, 365; Sanden/Schoeneck, § 4 Rn. 24.

5 Bickel, § 4 Rn. 36; Peine, UPR 1999, 361, 365; Sanden/Schoeneck, § 4 Rn. 24; Riedel, UPR 1999, 92, 93; vgl. auch Nolte, UPR 2000, 25, 25, wonach bei der Auswahl der Bodenschutzmaßnahmen eine Orientierung an der empfindlichsten Nutzung der Böden geboten sei.

6 Gesetzentwurf der BReg für ein BBodSchG, BT-Drucks. 13/6701, S. 35.

7 Kobes, NVwZ 1998, 786, 789.

8 Peine, UPR 1999, 361, 364 f.

9 Riedel, UPR 1999, 92, 93.

10 Peine, UPR 1999, 361, 365; Sanden/Schoeneck, § 4 Rn. 25.

landwirtschaftliche Nutzungsbeschränkungen infolge von Summations- und Distanzschäden des Bodens.[11]

III. Normadressaten

Die Sanierungspflicht nach § 4 Abs. 3 S. 1 BBodSchG richtet sich zunächst an den Grundstückseigentümer und den Inhaber der tatsächlichen Gewalt sowie an den Verursacher einer schädlichen Bodenveränderung oder Altlast und dessen Gesamtrechtsnachfolger. § 4 Abs. 3 S. 4 BBodSchG führt zudem eine Durchgriffshaftung auf den für eine juristische Person handels- oder gesellschaftsrechtlich Einstandspflichtigen ein. Daneben hat die aus dem Landesrecht geläufige Inanspruchnahme des Derelinquenten in § 4 Abs. 3 S. 4 BBodSchG eine bundeseinheitliche Rechtsgrundlage erhalten.[12]

1. Verursacher

Gegenüber dem allgemeinen Gefahrenabwehrrecht bestehen für den Verursacher einer schädlichen Bodenveränderung keine Besonderheiten. Nach der überkommenen Formel ist als Verursacher anzusehen, wessen Verhalten für sich gesehen die polizeirechtliche Gefahrenschwelle überschreitet.[13] Damit ist die letzte menschliche Ursache gemeint, wobei es für die Unmittelbarkeit auf den objektiv engen Wirkungs- und Verantwortungszusammenhang zwischen dem Verhalten und der Gefahr ankommt.[14]

Durch die Sanierung soll ein Zustand bodenschutzrechtlicher Unbedenklichkeit erreicht werden.[15] Der Verursacher hat den vom ihm verursachten Schaden zu beseitigen, nicht aber das durch Einwirkung von dritter Seite ebenfalls belastete Grundstück vollständig zu sanieren. Anders liegt es nur dann, wenn die Schäden untrennbar miteinander vermischt sind, so dass der eine Schaden nicht ohne den anderen behoben werden kann. Dies wirkt sich dann ebenso zu Lasten des Verursachers aus wie eine bloß geogene Ursache des anderen Schadens.[16]

---

11 Riedel, UPR 1999, 92, 93.

12 Die Ausweitung erfolgte erst im Vermittlungsausschuss, nachdem BReg und BTag an den traditionellen Grundpfeilern der Altlastenhaftung festhalten wollten; vgl. Gesetzentwurf der BReg für ein BBodSchG, BT-Drucks. 13/6701, S. 9 und Beschlussempfehlung des Umweltausschusses, BT-Drucks. 13/7891, S. 10; Spieth/Wolfers, NVwZ 1999, 355, 360.

13 Gesetzentwurf der BReg für ein BBodSchG, BR-Drucks. 702/96, S. 102.

14 Ipsen, § 6 Rn. 174; Kothe, VerwArch 88 (1997), S. 456, 464; Pape, NJW 1992, 2661, 2664 f.; Peine, UPR 1999, 361, 363; Sanden/Schoeneck, § 4 Rn. 31; Schink, DÖV 1999, 797, 800.

15 Peine, UPR 1999, 361, 364.

16 Bickel, § 4 Rn. 17.

Bei Altlasten bezieht sich die Verursachung im Sinne des § 4 Abs. 3 S. 1 BBodSchG auf die Herbeiführung einer Altablagerung (§ 2 Abs. 5 Nr. 1 BBodSchG) oder eines Altstandortes (§ 2 Abs. 5 Nr. 2 BBodSchG). Nicht selten treten Fälle auf, in denen durch eine industrielle Produktion Boden und Betriebsstätte kontaminiert wurden, die Kontamination durch den Abbruch des Gebäudes und durch die hierbei freigesetzten Schadstoffe in ihrer Gefährlichkeit und ihrem Ausmaß jedoch noch erheblich vergrößert wurde. Hier muss ebenso wie dann, wenn zu einer Abfallablagerung mehrere, nämlich der Abfallproduzent, Transporteur und Betreiber der Anlage beigetragen haben, durch die gefahrenabwehrrechtlichen Zurechnungslehren geklärt werden, wer letztlich als Verursacher nach dem BBodSchG haftet. In jedem Fall setzt die Gefahrzurechnung eine bis heute fortwirkende Kausalität voraus.[17]

Weitere Bedeutung erlangen die Zurechnungsprinzipien im Rahmen von Summations- und Distanzschäden als Folge von Immissionen aus industrieller Produktion und Straßenverkehr. Bei solchen Schäden ist der für die gefahrenabwehrrechtliche Gefahrverursachung erforderliche Zurechnungszusammenhang nicht gegeben, da es an der unmittelbaren Kausalität fehlt oder der Gefahrenbeitrag daher nicht einer rechtlich relevanten Risikosphäre des Verursachers zugerechnet werden kann. Für solche Bodenschäden kann nach § 4 Abs. 3 BBodSchG lediglich der Grundstückseigentümer oder Inhaber der tatsächlichen Gewalt über ein Grundstück sanierungspflichtig sein.[18]

2. Gesamtrechtsnachfolger des Verursachers

Die Sanierungspflicht geht in dem Umfang auf den Gesamtrechtsnachfolger des Verursachers über, in welchem sie bei Eintritt in die Rechte und Pflichten des Rechtsvorgängers bestanden hat.[19] Gesamtrechtsnachfolger ist diejenige Person, die kraft gesetzlicher Anordnung in die gesamten Rechte und Pflichten des Rechtsvorgängers eintritt.[20] § 4 Abs. 3 S 1 BBodSchG regelt keine Voraussetzung des Übergangs oder der Aufteilung der Sanierungspflicht, sondern verweist lediglich auf den zivilrechtlichen Tatbeststand, der die Grundlage für die Sanie-

17 Becker, DVBl. 1999, 134, 135 Fn. 10; Schink, DÖV 1999, 797, 800.

18 Vgl. BGH, NStZ 1991, 490, 490; Sack, § 324 Rn. 19.

19 Dazu ausführlich Bickel, § 4 Rn. 20 f.; Peine, UPR 1999, 361, 364; der frühere Streit über die Nachfolgefähigkeit einer abstrakten, nicht durch Ordnungsverfügung konkretisierten Polizeipflicht ist damit für den Bereich der *Gesamt*rechtsnachfolge obsolet geworden; kritisch zur Nichtberücksichtigung der Einzelrechtsnachfolge Schink, DÖV 1999, 797, 801 f.

20 Durch die Einbeziehung des Gesamtrechtsnachfolgers soll dem Verursacherprinzip stärker Rechnung getragen werden; vgl. die Stellungnahme des BRates, Anl. 2 zu BT-Drucks. 13/6701, S. 51.

rungsverantwortlichkeit im öffentlichen Recht bildet.[21] Die Gesamtrechtsnachfolge kann nach § 1922 Abs. 1 BGB oder durch die vollständige Übernahme einer juristischen Person durch eine andere nach den zivilrechtlichen Vorschriften über die Übernahme oder Verschmelzung von Unternehmen erfolgen.[22] Da § 4 Abs. 3 S. 1 nach seinem Wortlaut nicht an die Begründung der Gesamtrechtsnachfolge, sondern an die Person des Gesamtrechtsnachfolgers, also an eine gegenwärtig bestehende Rechtsposition anknüpft, werden auch Rechtsnachfolgetatbestände vor dem Inkrafttreten des BBodSchG am 1.3.1999 erfasst.[23]

3. Eigentümer und Inhaber der tatsächlichen Gewalt

Für die Zustandsstörerhaftung des Grundstückseigentümers ergeben sich aus verwaltungsrechtlicher Sicht keine Besonderheiten gegenüber den allgemeinen Grundsätzen.[24] Dessen Sicherungspflicht ist als Korrelat zur Privatnützigkeit des Eigentums zu verstehen.[25] Grundstückseigentümer ist derjenige, der im Grundbuch als Eigentümer eingetragen ist.[26]

Als Inhaber der tatsächlichen Gewalt ist etwa der Pächter verantwortlich, der die Kontamination weder verursacht noch gekannt hat. Auch ist ein zivilrechtliches Recht zum Besitz für die ordnungsrechtlich motivierte Pflichtenstellung unerheblich. Maßgeblich ist allein der unmittelbare Zugriff auf das Grundstück.[27]

Zu beachten ist, dass § 4 Abs. 3 BBodSchG gemäß § 3 Abs. 2 S. 2 BBodSchG für das Aufsuchen, Bergen, Befördern, Lagern, Behandeln und Vernichten von Kampfmitteln keine Anwendung findet.[28] Ebenso kann für Grundwasserverun-

---

21 § 4 Abs. 3 BBodSchG ist insofern eine Rechtsgrundverweisung; vgl. Theuer, DB 1999, 621, 622.

22 Bender/Sparwasser/Engel, Kap. 7 Rn. 215; Erbguth/Stollmann, NuR 1999, 127, 131; Kobes, NVwZ 1998, 786, 790; Peine, UPR 1999, 361, 363; Sanden/Schoeneck, § 4 Rn. 30; Schink, DÖV 1999, 797, 801; Theuer, DB 1999, 621, 621.

23 Becker, DVBl. 1999, 134, 136; Holzwarth/Radtke/Hilger/Bachmann, § 4 Rn. 91; Nolte, NVwZ 2000, 1135, 1136; Spieth/Wolfers, NVwZ 1999, 355, 358; wegen ihres tatbestandlichen Anknüpfungspunktes könnte die Norm allerdings gegen das Verbot retroaktiver (echter) Rückwirkung verstoßen; vgl. Nolte, NVwZ 2000, 1135, 1136; Spieth/Wolfers, NVwZ 1999, 355, 359; a. A. Schink, DÖV 1999, 797, 802.

24 Becker, DVBl. 1999, 134, 137; Nolte, UPR 2000, 25, 26.

25 Fouquet, S. 86 f.; Oerder, NVwZ 1992, 1031, 1036; Oerder/Numberger/Schönfeld, § 4 Rn. 20; Vogelsang-Rempe, S. 113.

26 VGH Mannheim, UPR 1996, 394, 394; Erbguth/Stollmann, Bodenschutzrecht, Rn. 146; Knopp, NJW 2000, 905, 906; Kothe, Altlasten, Rn. 187; Kügel, NJW 2000, 107, 111; Sanden/Schoeneck, § 4 Rn. 16.

27 Erbguth/Stollmann, Bodenschutzrecht, Rn. 151; Kothe, Altlasten, Rn. 191, 194; Oerder/Numberger/Schönfeld, § 4 Rn. 26.

28 Becker, DVBl. 1999, 134, 137 Fn. 20.

reinigungen, die nicht mit einer schädlichen Bodenveränderung einhergehen, keine Zustandsverantwortlichkeit bestehen, weil die Nutzung des Grundwassers vom Grundeigentum abgespalten und zum eigenen vermögenswerten Recht verselbständigt ist.[29]

4. Handels- oder gesellschaftsrechtlich Einstandspflichtiger

Die Entstehung von Altlasten steht vielfach im Zusammenhang mit industrieller Produktion. Zahlreiche Altlasten befinden sich in oder auf Grundstücken, die im Eigentum von Unternehmen stehen. Eine Erweiterung in personeller Hinsicht erfährt daher die Zustandsverantwortlichkeit des Eigentümers („gehört")[30] um die in § 4 Abs. 3 S. 4 BBodSchG angeordnete Durchgriffshaftung in den Fällen, in denen primär eine juristische Person zustandsverantwortlich ist. Wer als Organ einer juristischen Person aus handels-[31] oder gesellschaftsrechtlichem Grund für diese einzustehen hat, haftet ordnungsrechtlich aus § 4 Abs. 3 S. 1 in Verbindung mit § 4 Abs. 3 S. 4 BBodSchG. Die ordnungsrechtliche Verantwortlichkeit folgt der zivilrechtlichen Einstandspflicht akzessorisch, da § 4 Abs. 3 S. 4 BBodSchG selbst keine eigenen Tatbestandsvoraussetzungen für die Durchgriffshaftung normiert.[32]

Zwar haftet der Gesellschafter einer GmbH grundsätzlich nicht für die Gesellschaftsverbindlichkeiten. Hierfür hat nach § 13 Abs. 2 GmbHG das Vermögen der Gesellschaft einzustehen. Dieses Haftungsprivileg beruht auf der Erwägung, dass juristische Personen einerseits ökonomische und soziale Aufgaben in der Gesellschaft wahrnehmen, andererseits durch die für eine juristische Person zwingend zu beachtenden Kapitalerhaltungsvorschriften eine hinreichende Sicherung der Interessen von Gesellschaftsgläubigern gewahrt bleiben soll.[33] Eine Haftung der Gesellschafter kann sich jedoch ausnahmsweise unter dem Gesichtspunkt der Durchgriffshaftung ergeben. Dem Gesellschafter[34] ist der Einwand der mangelnden Identität mit seiner GmbH zu versagen, wenn die An-

29 BVerfGE 58, 300, 337 (Nassauskiesung); Pape, NJW 1992, 2661, 2665.

30 Anrufung des Vermittlungsausschusses zum BBodSchG, BT-Drucks. 13/8182, S. 3; Kobes, NVwZ 1998, 786, 790; Kothe, Altlasten, Rn. 201, 204; Schmitz-Rode/Blank, DB 1999, 417, 417; Vierhaus, NJW 1998, 1262, 1265; von Westerholt, NJW 2000, 931, 932; weitergehend Frenz, § 4 Abs. 3 Rn. 78; Schink, DÖV 1999, 797, 803; Pützenbacher, NJW 1999, 1137, 1139; vgl. auch Bickel, NVwZ 2000, 1133, 1134.

31 Dies betrifft vor allem die §§ 25 bis 28 HGB; vgl. Bender/Sparwasser/Engel, Kap. 7 Rn. 221; Kothe, Altlasten, Rn. 225 f.

32 Becker, DVBl. 1999, 134, 137 f.; Erbguth/Stollmann, NuR 1999, 127, 131; Kothe, Altlasten, Rn. 222; Pützenbacher, NJW 1999, 1137, 1138; Schmitz-Rode/Blank, DB 1999, 417, 417; Spieth/Wolfers, NVwZ 1999, 355, 357; Vierhaus, NJW 1998, 1262, 1265.

33 Schmitz-Rode/Blank, DB 1999, 417, 417 f.

34 Die Geschäftsführerstellung ist insofern irrelevant; vgl. BT-Drucks. 13/8182, S. 3; Vierhaus, NJW 1998, 1262, 1266.

wendung dieses Grundsatzes zu Ergebnissen führen würde, die mit Treu und Glauben nicht in Einklang stehen, und wenn die Ausnutzung der rechtlichen Verschiedenheit zwischen der juristischen Person und der hinter dieser stehenden natürlichen Personen einen Rechtsmissbrauch bedeutet.[35]

Eine fest umrissene Durchgriffslehre hat sich bislang nicht entwickelt.[36] Hauptanwendungsfelder der gesellschaftsrechtlichen Durchgriffshaftung bilden jedoch die Fälle des Rechtsform- oder Institutsmissbrauchs, deren wichtigster Anwendungsfall die Unterkapitalisierung ist, der Vermögensvermischung und der Konzernhaftung analog §§ 302, 303 AktG.[37]

a) Rechtsformmissbrauch, insbesondere Unterkapitalisierung

Von einem Rechtsform- oder Institutsmissbrauch spricht man, wenn die Rechtsform der juristischen Person missbraucht oder dem Zweck der Rechtsordnung zuwider eingesetzt wird.[38] Eine Unterkapitalisierung ist gegeben bei Disproportionalität von Geschäftsumfang und Eigenkapital, wenn also das Stammkapital für den angestrebten Geschäftszweck völlig unzureichend ist, um den nach Art und Umfang der angestrebten oder tatsächlichen Geschäftstätigkeit unter Berücksichtigung der Finanzierungsmethoden bestehenden mittel- oder langfristigen Finanzierungsbedarf der Gesellschaft zu befriedigen.[39] Hiernach liegt bei einer GmbH mit 25.000 € Stammkapital (§ 5 Abs. 1 GmbHG) und einem absehbaren Finanzierungsbedarf von mehreren Millionen Euro für eine Altlastensanierung in der Regel Unterkapitalisierung vor.[40]

b) Vermögensvermischung

Eine Vermögensvermischung (Sphärenvermischung) liegt vor, wenn die Abgrenzung zwischen Gesellschafts- und Privatvermögen durch eine undurchsichtige Buchführung oder in anderer Weise verschleiert wird. In diesem Fall

35 Schmitz-Rode/Blank, DB 1999, 417, 418.

36 Kritisch Kobes, NVwZ 1998, 786, 791; vgl. aber Kothe, UPR 1999, 96, 97 f.

37 Anrufung des Vermittlungsausschusses zum BBodSchG, BT-Drucks. 13/8182, S. 3.

38 BGHZ 22, 226, 234.

39 BGHZ 68, 312, 316; Anrufung des Vermittlungsausschusses zum BBodSchG, BT-Drucks. 13/8182, S. 3; Becker, DVBl. 1999, 134, 138 ff.; Droese, UPR 1999, 86, 88; Kobes, NVwZ 1998, 786, 790; Schmitz-Rode/Blank, DB 1999, 417, 418; Vierhaus, NJW 1998, 1262, 1265; zum Erfordernis einer sittenwidrigen Schädigungsabsicht vgl. Kothe, UPR 1999, 96, 97; Sanden/Schoeneck, § 4 Rn 43; Schink, DÖV 1999, 797, 804; Schwartmann, DStR 1999, 324, 327 f.; Vierhaus, NJW 1998, 1262, 1266.

40 Knopp/Albrecht, BB 1998, 1853, 1856; Kothe, Altlasten, Rn. 219; Pützenbacher, NJW 1999, 1137, 1138 f.; Vierhaus, NJW 1998, 1262, 1265; vgl. auch die Anrufung des Vermittlungsausschusses zum BBodSchG, BT-Drucks. 13/8182, S. 3.

laufen die Kapitalerhaltungsvorschriften, deren Einhaltung ein notwendiger Ausgleich für die Haftungsbeschränkung auf das Gesellschaftsvermögen ist, leer. Eine Vermögensvermischung liegt auch dann vor, wenn nur das kontaminierte Grundstück als wesentlicher Vermögenswert durch einen Gesellschafter in Kenntnis der Kontamination auf die jetzige Zustandsstörerin übertragen wurde.[41] Die persönliche Durchgriffshaftung kann nur diejenigen Gesellschafter treffen, die aufgrund des ihnen eingeräumten Einflusses in der Gesellschaft für den Vermögensverschiebungstatbestand verantwortlich sind.[42]

c) *Konzernhaftung analog §§ 302, 303 AktG*

Die Konzernhaftung analog §§ 302, 303 AktG stellt eine weitere spezielle Ausprägung der Durchgriffshaftung dar.[43] Der objektive Missbrauch der beherrschenden Gesellschafterstellung ohne Rücksichtnahme auf die Belange der abhängigen Gesellschaft begründet das Vorliegen eines faktischen Konzerns.[44] Eine qualifizierte Abhängigkeit liegt im „vertikalen" Konzern nicht nur bei rechtlichen Machtmitteln vor, sondern auch bei rein tatsächlichen Möglichkeiten, dem beherrschten Teil den Willen des herrschenden aufzuzwingen. Auch personelle Abhängigkeiten oder Mehrheitsstimmregeln reichen aus.[45] Im „horizontal" verbundenen Unternehmen (Gleichordnungskonzern) ist ein Haftungsdurchgriff auf die „Schwester", die Zustandsstörerin ist, nur möglich, wenn diese das Vermögen der anderen Schwester mindert oder wenn deren Finanzschwäche auf Fehler der anderen zurückgeht.[46] Unter den genannten Voraussetzungen soll eine Sanierungspflicht des herrschenden Konzernteils (Unternehmens) gemäß § 4 Abs. 3 S. 4 BBodSchG bestehen.[47]

---

41 Anrufung des Vermittlungsausschusses zum BBodSchG, BT-Drucks. 13/8182, S. 3; Becker, DVBl. 1999, 134, 138 f.

42 Schmitz-Rode/Blank, DB 1999, 417, 418 f.

43 Gesetzentwurf der BReg für ein BBodSchG, BT-Drucks. 13/6701, S. 51 f.; Droese, UPR 1999, 86, 87 f.; Knopp/Albrecht, BB 1998, 1853, 1856 f.; Kothe, UPR 1999, 96, 97; Peine, UPR 1999, 361, 364; Spieth/Wolfers, NVwZ 1999, 355, 357 f.

44 Anrufung des Vermittlungsausschusses zum BBodSchG, BT-Drucks. 13/8182, S. 3.

45 Becker, DVBl. 1999, 134, 139.

46 Becker, DVBl. 1999, 134, 139 f.

47 Anrufung des Vermittlungsausschusses zum BBodSchG, BT-Drucks. 13/8182, S. 3; dazu kritisch Holzwarth/Radke/Hilger/Bachmann, § 4 Rn. 109; Schwartmann, DStR 1999, 324, 328; Turiaux/Knigge, BB 1999, 377, 381: Gegen ein „Einstehenmüssen" des herrschenden Unternehmens gemäß § 4 Abs. 3 S. 4 BBodSchG spricht, dass im Falle des § 302 AktG die Gläubiger der beherrschten Gesellschaft nur mittelbar durch Pfändung von Ansprüchen profitieren, die durch das „Einstehen" im Innenverhältnis der im Konzern verbundenen Unternehmen geltend gemacht werden können.

5. Alteigentümer nach Eigentumsaufgabe

Die in § 4 Abs. 3 S. 4 2. Alt BBodSchG geregelte Nachhaftung des zivilrechtlichen Derelinquenten, der sein Grundstückseigentum durch Erklärung gegenüber dem Grundbuchamt gemäß § 928 BGB aufgibt, entspricht der bisherigen Rechtslage in den meisten Bundesländern[48] vor Inkrafttreten des BBodSchG.[49] Zu beachten ist, dass die Nachhaftung nur für die Zustandsverantwortlichkeit des Eigentümers, nicht aber des Gewahrsamsinhabers angeord- net worden ist.[50] Dem Gesetzeswortlaut („aufgibt") ist zu entnehmen, dass nur derjenige Eigentümer zustandsverantwortlich bleiben soll, der sein Grundstück nach dem Inkrafttreten des BBodSchG, also nach dem 1.3.1999 aufgegeben hat.[51] Eine weitere Abweichung der bundesgesetzlichen Regelung von den Landesvorschriften ist das Fehlen der Herrenlosigkeit als Tatbestandsvoraussetzung der Dereliktion.[52] Kommt es nach dem Wortlaut nicht auf die Herrenlosigkeit an, ist eine Inanspruchnahme des Derelinquenten auch dann noch denkbar, wenn sich der Staat das Grundstück aneignet oder es auf einen neuen Eigentümer überträgt, so dass ein Zustandsverantwortlicher als Haftungssubjekt wieder zur Verfügung steht.[53]

6. Zusammenfassung

§ 4 Abs. 3 BBodSchG statuiert Sanierungspflichten nicht nur für die sogenannten Zustandsverantwortlichen, sondern auch für den Verursacher einer schädlichen Bodenveränderung und dessen Gesamtrechtsnachfolger. Die Erweiterungen der Zustandsstörerhaftung auf den handels- oder gesellschaftsrechtlich Einstandspflichtigen und den Derelinquenten eines Grundstücks weisen die haftungsrechtliche Besonderheit auf, dass in beiden Fällen eine unmittelbare (Rechts-)Beziehung des Normadressaten zu dem belasteten Grundstück nicht besteht. So ist der Gesellschafter einer GmbH nicht Eigentümer des zum Gesellschaftsvermögen gehörenden Grundstücks. Der Derelinquent hat sein

---

48 Auszunehmen sind nur die Länder Baden-Württemberg und Sachsen; vgl. Anrufung des Vermittlungsausschusses zum BBodSchG, BT-Drucks. 13/8182, S. 4.

49 Gesetzentwurf der BReg für ein BBodSchG, BT-Drucks. 13/6701, S. 52; vgl. auch dem Änderungsantrag der SPD-Fraktion zum BBodSchG, BT-Drucks. 13/7904, S. 9, und die Anrufung des Vermittlungsausschusses, BT-Drucks. 13/8182, S. 4; mit der Regelung soll erreicht werden, dass sich der Zustandspflichtige nicht zu Lasten der Allgemeinheit durch „Flucht aus dem Eigentum" seiner öffentlichrechtlichen Verantwortung entzieht; vgl. Droese, UPR 1999, 86, 86.

50 Bickel, § 4 Rn. 32; Frenz, § 4 Abs. 3 Rn. 114; Knopp, DVBl. 1999, 1010, 1013; Kothe, Altlasten, Rn. 231; Sanden/Schoeneck, § 4 Rn. 45.

51 Bender/Sparwasser/Engel, Kap. 7 Rn. 222; Droese, UPR 1999, 86, 90.

52 Droese, UPR 1999, 86, 90; Frenz, § 4 Abs. 3 Rn. 116.

53 Droese, UPR 1999, 86, 90.

Eigentum an einem Grundstück aufgegeben. Die gleiche Erwägung gilt auch für den Gesamtrechtsnachfolger des Verursachers, denn dieser ist nicht notwendig auch Eigentümer des Grundstücks. Hierbei dürfte es sich daher wohl eher um eine „kostenorientierte Störerqualifikation" handeln.

Aus strafrechtlicher Sicht wirft die für eine Bodenverunreinigung durch Begehen wie auch durch Unterlassen erforderliche „Verletzung verwaltungsrechtlicher Pflichten" zahlreiche Fragen auf. Zu klären ist das Bestehen einer Überwachergarantenstellung des Verursachers und seines Gesamtrechtsnachfolgers einerseits, des Eigentümers und des Inhabers der tatsächlichen Gewalt andererseits. Es schließt sich die Frage an, ob die Anordnung der Sanierungshaftung durch den Schutzzweck des § 324a StGB noch gedeckt ist, ob etwa die Dereliktion eines Grundstücks den Alteigentümer zumindest strafrechtlich zu entlasten vermag. Die Durchgriffshaftung des handels- oder gesellschaftsrechtlich Verantwortlichen berührt sich zudem mit dem Problemkreis der strafrechtlichen Verantwortlichkeit in Unternehmen.

IV. Überwachergarantenstellung der Sanierungsverantwortlichen

1. Abgrenzung zum Beschützergaranten

Der Überwachergarant hat fremde Rechtsgüter vor Gefährdungen aus seinem eigenen Zuständigkeits- oder Herrschaftsbereich zu schützen. Hier geht es also nicht mehr um Schutzpflichten für bestimmte *Schutzgüter* gegenüber jeder Art von Beeinträchtigung, sondern nur um die Verantwortlichkeit für bestimmte *Gefahrenquellen.*[54] Der Umfang dieser Garantenpflichten, die aus der „Nähe zur Gefahr" erwachsen, ist deshalb enger als der Pflichtenkreis, der sich aus einer Schutzposition für ein bestimmtes Rechtsgut ergibt.[55] Zu untersuchen ist, wer rechtlich verpflichtet ist, eine nachteilige Bodenveränderung im Sinne von § 324a Abs. 1 StGB zu verhindern, die beispielsweise von einer Altlast auszugehen droht. Dabei sind die Kriterien der formellen Rechtspflichtlehre zu beachten.[56]

---

54 Jescheck/Weigend, Strafrecht AT, § 59 IV 4; Schmitz, NJW 1993, 1167, 1169; Wessels, Strafrecht AT, Rn. 722 ff.

55 Jescheck/Weigend, Strafrecht AT, § 59 IV 4.

56 Schmitz, NJW 1993, 1167, 1167; Vogelsang-Rempe, S. 105; Wessels, Strafrecht AT, Rn. 723 ff.

2. Wer ist Überwachergarant?

Lediglich eine Feststellung kann bereits hier getroffen werden: Die Normadressaten des § 4 Abs. 3 BBodSchG sind allesamt *keine* Beschützergaranten.[57] Sie kommen daher nur als Überwachergaranten für eine Gefahrenquelle in Betracht. Zu bedenken ist jedoch stets, dass zum objektiven Tatbestand des unechten Unterlassungsdelikts wie auch zu der Unterlassungsalternative des § 324a Abs. 1 StGB ein Unterlassen der in der konkreten Gefahrenlage erforderlichen Handlung bei vorhandener physisch-realer Möglichkeit, das rechtlich Gebotene in sinnvoller Weise zu tun, gehört.[58] Letztlich bleibt daher die Feststellung einer Garantenstellung der Prüfung im Einzelfall überlassen, so dass hierzu nur grundsätzliche Ausführungen möglich sind.

3. Verursacher

§ 4 Abs. 3 S. 1 BBodSchG nennt an erster Stelle den Verursacher einer schädlichen Bodenveränderung. Zwar können juristische Personen des Privatrechts ebenfalls ordnungspflichtig im Sinne des Gefahrenabwehrrechts sein. Sie sind allerdings selbst nicht handlungsfähig, sondern handeln durch ihre Organe. Eine Garantenstellung von juristischen Personen kann sich daher nur aus solchen Normen ergeben, die nicht an ein menschliches Verhalten anknüpfen, sondern an die *rechtliche Gebundenheit* der juristischen Person selbst.[59]

Davon unabhängig ist die ordnungsrechtliche Verantwortlichkeit der für ein Unternehmen handelnden natürlichen Person zu beurteilen. Statt auf die juristische Personen kann im Gefahrenabwehrrecht auch auf den für diese Handelnden zugegriffen werden. § 31 BGB steht nicht entgegen, denn dabei handelt es sich um eine Norm des Zivilrechts, die eine öffentlich-rechtlich begründete Gefahrenabwehrpflicht nicht gegenstandslos werden lässt. Zudem wird die Inanspruchnahme einer Privatperson auch nicht durch deren gesellschaftsrechtliche Beteiligung an der juristischen Person gehindert.[60]

Die in § 4 Abs. 3 S. 1 BBodSchG festgelegte Reihenfolge der Verantwortlichen bestimmt im Regelfall auch die Rangfolge der Verantwortlichkeit.[61] Zu berück-

---

57 Vgl. bereits oben E IV; die Frage der Amtsträgerstrafbarkeit sei an dieser Stelle noch ausgeklammert.

58 Wessels, Strafrecht AT, Rn. 708.

59 Vgl. dazu ausführlich unten E IV 6 a aa).

60 VGH Mannheim, DÖV 1993, 578, 579.

61 Gesetzentwurf der BReg für ein BBodSchG, BR-Drucks. 702/96, S. 104; a. A. Franzheim/Pfohl, Rn. 191; vor allem wenn auf den unmittelbaren Altlastenverursacher nicht mehr zurückgegriffen werden kann, ist eine schnelle und effektive Beseitigung der eingetretenen Störung nur noch durch Heranziehung des Zustandsstörers möglich, vgl. LK-

sichtigen ist indessen, dass die Gefahrenlage häufig durch Dritte, nicht jedoch durch den aktuell Sanierungspflichtigen verursacht worden ist. So verhält es sich beispielsweise in den CKW-Schadensfällen, wo der Lösemitteleintrag in den Boden Jahre oder Jahrzehnte zurückliegt und die damaligen Verursacher zumindest rechtlich nicht mehr existieren.

Wer aber als Verursacher einer schädlichen Bodenveränderung oder Altlast feststeht, haftet nach den Kategorien des Gefahrenabwehrrechts als Handlungsstörer. Das eine konkrete Gefahr für die öffentliche Sicherheit herbeiführende Verhalten ist objektiv *pflichtwidrig* und begründet eine Garantenstellung aus Ingerenz.[62] Daran knüpft § 324a Abs. 1 StGB das Gebot, ein (weiteres) Eindringen der Schadstoffe in den Boden zu verhindern.

Hier kommen als gefahrschaffendes Tun frühere Ablagerungen von Stoffen, aus denen heute die Altlast besteht, in Betracht.[63] So ist etwa der Betriebsleiter eines metallverarbeitenden Betriebes, auf dessen Betriebsgrundstück sich den Boden oder das Grundwasser gefährdende Kontaminationen feststellen lassen, hinsichtlich dieser Folgen der betrieblichen Tätigkeit nur dann als Garant im Sinne des § 13 StGB anzusehen, wenn das Ablagern von Stoffen damals bereits gegen Rechtsnormen verstieß, mithin pflichtwidrig erfolgte.[64] Dagegen vermag das *rechtmäßige* Ablagern von Stoffen eine Garantenstellung aus Ingerenz nicht zu begründen.[65]

Wie ist aber der Fall zu beurteilen, dass eine Garantenstellung auf eine bereits verjährte Straftat durch unerlaubtes Ablagern von Stoffen gestützt wird? *Vogelsang-Rempe* will diesen Fall im Ergebnis nicht anders entscheiden als jenen, in dem das Ablagern von Stoffen in der Vergangenheit rechtmäßig erfolgte. Das Prinzip der Einheit der Rechtsordnung und die verfassungsrechtlich garantierte Rechtssicherheit geböten eine widerspruchsfreie Behandlung dieser Fälle dahingehend, dass eine Garantenstellung aus einer verjährten Vortat nicht hergeleitet werden könne. Die Rechtsordnung könne nicht einerseits wegen Verjährung von der Strafverfolgung absehen, andererseits aber unter Annahme einer Garantenstellung aus pflichtwidrigem vorangegangenem Tun zu einer Unterlassungsstrafbarkeit gelangen. Die Verjährungsvorschriften dürften nicht durch die Rechtsfigur der Ingerenz umgangen werden.[66]

Steindorf, § 324a Rn. 35; Michalke, Umweltstrafsachen, Rn. 142; Pape, NJW 1992, 2661, 2665; Paßlick, DVBl. 1992, 674, 678.

62 BGHSt 1991, 490, 490; Wüterich, BB 1992, 2449, 2451.

63 Gärtner, UPR 1997, 452, 452; Vogelsang-Rempe, S. 108.

64 Vogelsang-Rempe, S. 111.

65 Vogelsang-Rempe, S. 111.

66 Vogelsang-Rempe, S. 111 f.

Die Auffassung *Vogelsang-Rempes* überzeugt nicht, denn sie löst sich von dem Erfordernis eines (nur) objektiv pflichtwidrigen Vorverhaltens und verengt die Voraussetzungen der Ingerenz auf ein *strafbares* vorangegangenes Tun.[67] Auf ein schuldhaftes Vorverhalten kommt es aber nicht an.[68] Die Frage der Verjährung ist deshalb unerheblich. Eine Garantenstellung kann sich auch aus Handlungen ergeben, die *keine* Straftaten sind, die also gar nicht verjähren können. Anknüpfungspunkt der Ingerenz ist lediglich die vorangegangene Gefahrschaffung, mag diese nun strafbar gewesen sein oder nicht. Strafgrund der Ingerenz ist deshalb auch nicht die Verursachung einer Gefahrenquelle, sondern deren anschließende Nichtbeherrschung durch den Verantwortlichen gegenüber der Allgemeinheit. Ursprüngliches aktives Tun und nachfolgendes Unterlassen unterliegen jeweils eigener rechtlicher Würdigung.

Nach *Vogelsang-Rempe* wäre dagegen der Fall eines bloß pflichtwidrigen, aber straflosen Vorverhaltens nicht anders zu entscheiden als jener eines rechtmäßigen vorangegangenen Tuns. Denn wenn sich schon aus einem strafbaren, freilich verjährten Vorverhalten eine Garantenstellung nicht herleiten lasse, dann kann für ein bloß pflichtwidriges, aber strafloses Verhalten erst recht nichts anderes gelten. Auch dieses wäre kein tauglicher Anknüpfungspunkt für eine Unterlassungsstrafbarkeit aus Ingerenz.

Dies kann nicht richtig sein, denn dadurch würde die Rechtsfigur der Garantenpflicht aus Ingerenz mit dem Ordnungswidrigkeitenrecht ihres wesentlichen Anwendungsbereiches in der umweltrechtlichen Praxis beraubt. Eine Unterlassungsstrafbarkeit könnte sich nur noch aus strafbarem Vorverhalten ergeben. Darin liegt eine sachwidrige Einschränkung der Voraussetzungen der Ingerenz, denn für das Bodenschutzrecht ist es geradezu typisch, dass Schäden erst nach längerer Zeit sichtbar zu Tage treten und somit immer die Gefahr einer Verjährung besteht. Zwar hat Gesetzgeber für § 324a StGB auf eine besondere Verjährungsbestimmung verzichtet. Damit bleibt es bei der Verjährungsfrist des § 78 Abs. 3 Nr. 4 StGB. Diese wird durch die Rechtsfigur der Ingerenz nicht umgangen. Eine Garantenstellung aus Ingerenz kann daher auch auf bereits verjährte Straftaten gestützt werden.

Eine Garantenstellung aus Ingerenz kann allerdings im Einzelfall aufgrund der Legalisierungswirkung alter wasser- oder abfallrechtlicher Rechte und Befugnisse oder Genehmigungen bezüglich § 324 StGB und § 326 StGB aus-

---

67 Eine verbreitete Ansicht lässt sogar bereits *jedes* gefahrbegründende Verhalten ohne Rücksicht auf dessen rechtliche Qualifikation genügen; vgl. zum Meinungsstand Jescheck/Weigend, Strafrecht AT, § 59 IV 4 a.

68 Jescheck/Weigend, Strafrecht AT, § 59 IV 4 a.

scheiden.[69] Für § 324a StGB, der einen Verstoß gegen verwaltungsrechtliche Pflichten voraussetzt, muss – stets unter dem Anwendungsvorbehalt des § 2 StGB – Gleiches gelten, wenn sich die Genehmigung nach behördlicher Sachprüfung ausdrücklich auch auf die Bodengefährdung bezog. Hierzu bedarf es einer eingehenden Prüfung des sachlichen Regelungsgehalts des Gestattungsakts.[70] Vor allem Genehmigungsentscheidungen ohne Konzentrationswirkung dürften immer nur ihr spezifisches Sachgebiet abdecken. Insbesondere erfasst die Genehmigung eines Anlagenbetriebs in aller Regel nicht die polizeiwidrige Ablagerung von Rest- und Abfallstoffen, die aus heutiger Sicht die Altlast verursacht hat.[71]

Eine gleichsam negative Legalisierungswirkung von auf der Grundlage des BBodSchG ergangenen behördlichen Verfügungen oder von Sanierungsverträgen kommt dagegen dort in Betracht, wo die zuständige Bodenschutzbehörde die Anforderungen an die Altlastensanierung näher bestimmt. Ist eine solche Verfügung oder ein Sanierungsvertrag wirksam ergangen oder abgeschlossen worden, begrenzen diese den Rahmen des verwaltungsrechtlich Gebotenen für ihren Regelungsbereich abschließend. Darüber hinaus bestehen verwaltungsrechtliche Pflichten nicht und kann auch eine strafrechtliche Ahndung nicht mehr erfolgen.[72]

4. Grundstückseigentümer und Inhaber der tatsächlichen Gewalt

a) Garantenstellung aus Herrschaft über eine Gefahrenquelle

Praktische Relevanz erlangt die Frage einer Überwachergarantenstellung des Eigentümers, sei es als natürliche, sei es als juristische Person[73], wenn sich der Verursacher einer Altlast nicht mehr ermitteln lässt beziehungsweise rechtlich nicht mehr existent ist. Der Eigentümer, dessen Grundstück durch Dritte, zum Beispiel durch einen früheren Pächter, verunreinigt wurde, haftet dann unmittelbar als Zustandsstörer.[74] Eine Garantenstellung kann sich hier unter dem

---

69 Vgl. dagegen Just-Dahlmann, FS Sarstedt, S. 81, 91: Die Berufung auf eine offensichtlich veraltete und überholte Genehmigung kann rechtsmissbräuchlich und damit unbeachtlich sein, wenn erkennbar erhebliche Rechtsgüter wie die lebenswichtigen Eigenschaften eines Gewässers oder die Gesundheit der anwohnenden Bürger geschädigt werden.

70 Brandt, Kap. IV Rn. 58; Franzheim/Pfohl, Rn. 184; Kloepfer, § 12 Rn. 72; Kniesel, BB 1997, 2009, 2011; Kothe, Altlasten, Rn. 264, 267; Pape, NJW 1991, 2661, 2668; Rid/Petersen, NVwZ 1994, 844, 849; Schmidt, § 6 Rn. 71.

71 Fouquet, S. 49; Knoche, S. 50; Knopp/Albrecht, Altlastenrecht, Rn. 131.

72 Pfeiffer, S. 253 f.

73 Vgl. dazu ausführlich F IV 6 a aa).

74 Die Problematik des „Doppelstörers" sei hier ausgeklammert.

Gesichtspunkt der Sachherrschaft über das Grundstück ergeben, von dem eine Gefährdung tatbestandlich relevanter Schutzgüter, vor allem des Bodens und des Grundwassers, ausgeht.[75] Belanglos ist, ob die Gefährdung auf einem pflichtwidrigen Verhalten beruht oder mit einer rechtlich erlaubten Betätigung verbunden ist.[76] Unklar bleibt dabei jedoch, was unter „Sachherrschaft" zu verstehen ist.[77] Damit könnte einmal die Zuweisung eines sozialen Herrschaftsbereichs, die faktische Herrschaft über eine Gefahrenquelle, zum anderen aber auch zivilrechtlich anerkannte Positionen wie Eigentum und Besitz gemeint sein.

b) Bedeutung von Zivilrechtspositionen

Wie die Sachherrschaft zivilrechtlich im einzelnen ausgestaltet ist, ist von nachrangiger Bedeutung. Es kommt in erster Linie auf die Einwirkungsmöglichkeit auf die Gefahrenquelle an.[78] So ist der Insolvenzverwalter bezüglich der auf dem Gelände des Insolvenzschuldners lagernden Altlasten verkehrssicherungspflichtig, da ihm nach den Vorschriften der Insolvenzordnung die Herrschaft über die Gefahrenquelle zukommt.[79] Dagegen mangelt es dem Wohnungsinhaber, der seine Wohnung vermietet hat, oftmals an der notwendigen „Nähe zur Gefahr". Diese wird etwa dann nur beim Mieter vorliegen, wenn dieser die Wohnung zur Begehung von Straftaten nutzt.

Es ist deshalb anerkannt, dass die zivilrechtliche Position des Grundstückseigentümers nur dann zu einer Garantenstellung führen kann, wenn besondere Umstände hinzutreten, die eine Rechtspflicht zum Handeln begründen. Voraussetzung ist, dass das Grundstück selbst und nicht nur der sachwidrige Umgang Dritter mit ihm eine Gefahrenquelle darstellt.[80] Für den Eigentümer eines altlastenkontaminierten Grundstücks ist dies der Fall.

---

75 Franzheim/Pfohl, Rn. 185; Kothe, VerwArch 88 (1997), S. 456, 465; Michalke, Umweltstrafsachen, Rn. 140; dies., NJW 1994, 1693, 1694; Pfohl, in: Müller-Gugenberger/Bieneck (Hrsg.), § 54 Rn. 183; ders., NJW 1994, 418, 419; Robra/Meyer, wistra 1996, 243, 245; Sanden, wistra 1996, 283, 289; Schmitz, NJW 1993, 1167, 1168; Tröndle/Fischer, § 13 Rn. 12; Vogelsang-Rempe, S. 112; nicht durchgesetzt haben sich die von Franzheim, ZfW 1987, 9, 13 vorgeschlagenen Einschränkungen.

76 Jescheck/Weigend, Strafrecht AT, § 59 IV 4b; SK-Rudolphi, § 13 Rn. 26 ff.; S/S-Stree, § 13 Rn. 43 ff.; Wessels, Strafrecht AT, Rn. 723.

77 Vgl. Dahs, FS Redeker, S. 475, 479 ff., der die Fragestellung allerdings auf den Beschützergaranten verengt.

78 Kothe, Altlasten, Rn. 191, 194; Tröndle/Fischer, § 13 Rn. 12.

79 Robra/Meyer, wistra 1996, 243, 245.

80 BGHSt 30, 391, 395; OLG Karlsruhe, NStZ-RR 1998, 27, 27; Dahs, FS Redeker, S. 475, 479; Franzheim, ZfW 1987, 9, 13; Kuchenbauer, NJW 1997, 2009, 2013; Tröndle/Fischer, § 13 Rn. 12.

c) *Strafrechtliche Erfolgsabwendungspflicht*

Solche besonderen Umstände können und müssen gemäß § 13 Abs. 1 StGB rechtlich erhebliche sein. Denn der Grund für die Risikozuweisung gegenüber dem Überwachergaranten liegt darin, dass der Inhaber einer Sache durch die Rechtsordnung vor Einwirkungen auf sein Eigentum von außen geschützt ist. Außenstehende dürfen auf Gefahrenquellen in fremden Herrschaftsbereichen nicht einwirken.[81] Deshalb muss derjenige, dem die Verfügungsgewalt und die Verantwortung innerhalb des eigenen Herrschaftsbereichs obliegt, die daraus herrührenden Gefahren kontrollieren und wirksame Sicherungsvorkehrungen gegen eine Schädigung der Allgemeinheit treffen.[82] Der Grundsatz der Verwaltungsabhängigkeit findet in § 324a Abs. 1 StGB seinen greifbaren Ausdruck gerade in der „Verletzung *verwaltungsrechtlicher* Pflichten". Diese stehen nicht isoliert neben der strafrechtlichen Blankettnorm, sondern begründen für den Bereich der Unterlassungsstrafbarkeit grundsätzlich auch eine entsprechende Garantenstellung.[83]

Den Grundstückseigentümer trifft die unmittelbar geltende Sanierungspflicht des § 4 Abs. 3 BBodSchG. Er ist Zustandsverantwortlicher mit den rechtsgebietstypischen Folgen wie etwa Duldungs- und Kostentragungspflichten bei Sanierungsmaßnahmen im Wege öffentlich-rechtlicher Ersatzvornahme.[84] Zugleich ergibt sich daraus eine strafrechtliche Verantwortlichkeit, denn der Eigentümer, dessen Grundstück infolge einer Kontamination eine Gefahrenquelle darstellt, weist im Gegensatz etwa zum Derelinquenten aufgrund seiner Verfügungsgewalt über das Eigentum die notwendige Gefahrennähe auf, um die von seinem Grundstück ausgehenden Beeinträchtigungen zu unterbinden.[85]

In der strafrechtlichen Sanierungsverantwortlichkeit des Zustandsstörers liegt überdies ein grundlegender Unterschied zum Wasserrecht: Dort unterliegt jedes Verhalten mit wasserrechtlicher Relevanz, mithin auch eigenständige Sanierungsmaßnahmen des Eigentümers oder Anlagenbetreibers, den strengen

81 Schmitt-Schönenberg, S. 132.

82 Wessels, Strafrecht AT, Rn. 723.

83 BGH, NStZ 1991, 490, 490; Franzheim/Pfohl, Rn. 186; Schmitz, NJW 1993, 1167, 1169; die aus der Überwachergarantenstellung folgenden Handlungspflichten können aber nicht weiter reichen als die verwaltungsrechtlich auferlegten Pflichten; vgl. Pfohl, NJW 1994, 418, 419; Schmitz, NJW 1993, 1167, 1168.

84 Bender/Sparwasser/Engel, Kap. 5 Rn. 146.

85 Dagegen will Vogelsang-Rempe, S. 115 ff., die strafrechtliche Garantenstellung des Eigentümers verfassungsrechtlich aus Art. 14 Abs. 2 GG herleiten. Dies erscheint angesichts der verfassungskonformen verwaltungsrechtsakzessorischen Ausgestaltung der Umweltstraftatbestände des StGB zumindest umständlich.

Genehmigungserfordernissen des WHG[86], so dass die Garanten von Anfang an nur die zuständigen Ordnungsbehörden informieren und auf deren Anweisungen warten können. Im Hinblick auf § 324 StGB verdichten sich die gesetzlichen Verhaltensanforderungen somit zu einer Selbstanzeigepflicht.[87]

In Ermangelung eines gleichwertigen Bewirtschaftungsregimes bleibt es dagegen im Bodenschutzrecht dem Handlungspflichtigen selbst überlassen, welche Maßnahmen zur Bodensanierung er etwa im Rahmen eines privaten Sanierungsplanes ergreift. Maßgabe des § 4 Abs. 3 S. 1 BBodSchG ist allein, dass „dauerhaft keine Gefahren, erheblichen Nachteile oder erheblichen Belästigungen für den einzelnen oder die Allgemeinheit entstehen". Ergeht jedoch eine Sanierungsverfügung, muss der Garant, der die Verfügung befolgt, darauf vertrauen können, dass ihn keine strafrechtlichen Unterlassungsvorwürfe treffen. Denn soweit behördliche Verfügungen mit den Mitteln des Verwaltungszwanges durchsetzbar sind, wird man sie auch als Konkretisierung der von dem Garanten geforderten Handlungspflicht ansehen können.[88] Der Strafrichter hat einen wirksamen Verwaltungsakt zu beachten, auch wenn er diesen für rechtswidrig hält oder sonst missbilligt.[89]

d) *Behandlung des Inhabers der tatsächlichen Sachherrschaft*

Die Gleichbehandlung von Grundstückseigentümer und Inhaber der tatsächlichen Gewalt durch § 4 Abs. 3 S. 1 BBodSchG, die den traditionellen Kategorien des Gefahrenabwehrrechts folgt, legt es nahe, die vorstehenden Überlegungen auch auf den Inhaber der tatsächlichen Sachherrschaft über ein Grundstück anzuwenden. Sachherrschaft kann zu einer Garantenstellung führen, wenn besondere Umstände hinzutreten, die eine Rechtspflicht zum Handeln begründen.[90] Wie die Sachherrschaft zivilrechtlich ausgeformt ist, ist dabei von sekundärer Bedeutung. In erster Linie kommt es auch hier auf die Sachnähe des Besitzers an.[91]

---

86 Lediglich Erkundungsmaßnahmen sind nicht genehmigungs-, sondern nur anzeigepflichtig, wobei wiederum für Erdaufschlüsse nach Landesrecht Ausnahmen bestehen können, vgl. § 35 Abs. 1 WHG.

87 Wüterich, BB 1992, 2449, 2452; vgl. auch Dahs, FS Redeker, S. 475, 483, der den Grundstückseigentümer als „Überwachungs- und Anzeigegarant" ansieht. Daraus ergebe sich ein zweiaktiger Pflichtenkomplex mit sukzessiven Handlungsgeboten: Wahrnehmung und Anzeige der Gefahrenquelle an die zuständige Behörde, mithin kein direkter, sondern nur ein indirekter Schutz des Rechtsgutes.

88 Wüterich, BB 1992, 2449, 2453.

89 § 48 VwVfG stellt die Rücknahme eines rechtswidrigen Verwaltungsaktes ausdrücklich in das Ermessen der Verwaltungsbehörde.

90 OLG Karlsruhe, NStZ-RR 1998, 27, 27; Tröndle/Fischer, § 13 Rn. 12.

91 Tröndle/Fischer, § 13 Rn. 12.

Fallen Eigentum und Sachherrschaft auseinander, so bleibt beispielsweise der Verpächter weiterhin für sein Grundstück verantwortlich. Denkbar ist jedoch, dass sich die zivilrechtliche Verkehrssicherungspflicht dergestalt aufspaltet, dass ihn nur noch eine Überwachungspflicht gegenüber dem Pächter trifft.[92]

Schünemann wendet sich gegen eine derart weitreichende Pflichtenübertragung im Strafrecht zu Lasten des Besitzers. Der Pächter habe sich mit der Übernahme des Grundstücks nicht auch zu weitreichenden und kostenintensiven Sanierungsmaßnahmen, die einen Substanzeingriff in das Eigentum darstellen können, verpflichtet. Der Eigentümer habe in der Regel nur die „Unterherrschaft" über das Grundstück übertragen, sich die „Oberherrschaft" indessen vorbehalten.[93]

Ein solcher Vorbehalt ist aber, zumal wenn er nicht ausdrücklich erklärt wird, reine Fiktion. Doch selbst dann, wenn ein Vorbehalt offen zutage liegt, ist der Ansatz *Schünemanns* allzu sehr in zivilrechtlichen Vorstellungen befangen. Dort ist anerkannt, dass der Eigentümer seine Verkehrssicherungspflicht auf Dritte übertragen kann, was jedoch stets eine klare Absprache voraussetzt.[94] Die zulässige Übertragung von Pflichten auf Dritte entlastet den primär Verantwortlichen.[95] Auf eine rechtsverbindliche Abrede kommt es für die Begründung einer Garantenstellung indessen nicht an.[96] Aus strafrechtlicher Sicht ist dagegen für den Pächter, der ein bereits kontaminiertes Grundstück bezieht und nicht zugleich Eigentümer desselben ist, allein die tatsächliche Übernahme von Obhutspflichten für das Grundstück als Gefahrenquelle pflichtauslösend.[97]

Man wird hier, worin *Schünemann* im Ergebnis zu folgen ist, ohne Vorliegen gegenteiliger Anhaltspunkte nicht davon ausgehen können, dass der Mieter oder Pächter mit der Übernahme des Grundstücks auch das Risiko weitreichender und kostenintensiver Sanierungsmaßnahmen tragen will. Dieses Risiko steht in keinem Zusammenhang mit der Nutzungsübernahme des Grundstückes. Nimmt der Besitzer dieses Risiko nicht bewusst in Kauf, so fehlt ihm die für die Begründung einer Garantenstellung erforderliche Sachnähe zur Gefahrenquelle.

Nichts anderes kann aber dann gelten, wenn der Grundstückseigentümer beispielsweise vorübergehend nicht erreichbar, die Gefahr aber unmittelbar gegeben ist. Hier gebietet es das Prinzip effektiver Gefahrenabwehr, den Besitzer *ordnungsrechtlich* vor dem Eigentümer heranzuziehen, wenn anderweitig

92 S/S-Stree, vor § 13 Rn. 152.
93 Schünemann, Unterlassungsdelikte, S. 299.
94 BGH, NJW 1996, 2646, 2646.
95 Jescheck/Weigend, Strafrecht AT, § 59 IV 3 c.
96 Jescheck/Weigend, Strafrecht AT, § 59 IV 3 c; Tröndle/Fischer, § 13 Rn. 6.
97 Vogelsang-Rempe, S. 133; vgl. auch Wessels, Strafrecht AT, Rn. 720.

der Gefahr nicht wirksam begegnet werden kann. Die Frage der Individualschuld stellt sich im Gefahrenabwehrrecht nicht, sondern nur jene der Verhältnismäßigkeit des staatlichen Eingriffs in individuelle Rechtspositionen. Gleichwohl besteht eine strafrechtliche Verantwortlichkeit des Besitzers auch hier nicht, denn die bloße Abwesenheit des Eigentümers macht den Besitzer aus oben genannten Gründen noch nicht zum Garanten für die Beherrschung der Gefahrenquelle. Ein Rechtsbedürfnis besteht dafür nicht.

Die Pflichtenstellung des bloßen Sachherrschaftsinhabers ist deshalb strafrechtlich grundsätzlich eine andere als jene des Grundstückseigentümers.[98] Darin spiegelt sich der grundverschiedene Schutzansatz des notwendig subjektbezogenen Strafrechts einerseits und des auf effektive Gefahrenabwehr fixierten, also objektbezogenen Ordnungsrechts andererseits wider. Den Besitzer, der nicht zugleich Grundstückseigentümer ist, trifft mithin, insoweit abweichend von seiner ordnungsrechtlichen Verantwortlichkeit, prinzipiell keine Garantenpflicht zur Erfolgsabwendung im Hinblick auf die von einem kontaminierten Grundstück ausgehenden Gefahren.

Eine Ausnahme könnte allerdings dort gelten, wo den Besitzer eine Informationspflicht zumindest gegenüber dem Grundstückseigentümer trifft, wenn er eine Gefahr bemerkt, die dem Eigentümer (noch) nicht bekannt ist. Eine solche Pflicht kann zunächst aus dem Miet- oder Pachtvertrag folgen. Mitteilungspflichten des nach § 4 Abs. 3, 5 oder 6 BBodSchG Verpflichteten gegenüber der zuständigen Behörde können sich zudem aus § 15 Abs. 3 S. 1 BBodSchG ergeben. Bei den Ergebnissen von Eigenkontrollmaßnahmen wird aber in den seltensten Fällen ein längerfristiges Informationsgefälle zwischen Besitzer und Grundstückseigentümer bestehen. Wo dies ausnahmsweise doch der Fall ist, begründet ein Verstoß des Sachherrschaftsinhabers gegen Mitteilungs- und Informationspflichten gegenüber dem Eigentümer oder der Behörde eine Garantenpflicht aus Ingerenz, sofern dadurch die nahe und adäquate Gefahr einer Bodenverunreinigung herbeigeführt wird.[99] Die Pflichtwidrigkeit liegt in der Verletzung einer Vorschrift, die nicht nur das Informationsinteresse des Grundstückseigentümers und der Gefahrenabwehrbehörde schützt, sondern auch und gerade dem Schutze des Bodens dient.

5. Gesamtrechtsnachfolger des Verursachers

Mit der Aufnahme des Gesamtrechtsnachfolgers des Verursachers in § 4 Abs. 3 S. 1 BBodSchG hat der Katalog der gefahrenabwehrrechtlich Verantwortlichen eine Erweiterung erfahren. Aus gefahrenabwehrrechtlicher Perspektive geht es

---

98 Vogelsang-Rempe, S. 133.

99 Vgl. nur Jescheck/Weigend, Strafrecht AT, § 59 IV 4 a.

hier nicht um eine genuin eigene, sondern um die Zurechnung fremder Verantwortlichkeit, denn dem Gesamtrechtsnachfolger des Verursachers selbst ist ein pflichtwidriges Verhalten in Bezug auf den Boden gerade nicht vorzuwerfen. Dies ergibt sich aus der Gesetzesbegründung: Zweck der Regelung ist es zu verhindern, dass durch gewillkürte oder natürliche Umstände das Vermögen des Verursachers einer schädlichen Bodenveränderung oder Altlast nicht mehr zu Sanierungszwecken herangezogen werden kann. Mit der Haftungserweiterung auf den Gesamtrechtsnachfolger soll das Verursacherprinzip gestärkt werden.[100] Derjenige soll für die Beseitigung von Umweltschäden einstehen, der sie verursacht hat. Ist diese Person nicht mehr existent, soll die öffentliche Gewalt gleichsam als Surrogat zumindest auf sein Vermögen Zugriff nehmen können.[101] Das für die rechtliche Einstandspflicht gemäß § 13 Abs. 1 StGB notwendige „Näheverhältnis“[102] zur Gefahrenquelle, also dem schadstoffbelasteten Erdreich, wird nur durch den Akt der Gesamtrechtsnachfolge vermittelt. Damit wird indessen gerade nicht vorausgesetzt, dass ein Herrschaftsverhältnis über die Gefahrenquelle besteht, wie es rechtlich oder faktisch durch den Grundstückseigentümer oder den Inhaber der tatsächlichen Gewalt über ein Grundstück ausgeübt wird.

Trifft den Gesamtrechtsnachfolger des Verursachers also eine Garantenpflicht für die Verhinderung weiterer schädlicher Bodenveränderungen? Eine Überwachung der Gefahrenquelle wird durch den Gesamtrechtsnachfolger nicht geschuldet. Es gibt, anders als für den Eigentümer, keinen Anknüpfungspunkt für eine Verkehrssicherungspflicht, da weder eine Gefahrenquelle eröffnet noch die Kontrolle über eine solche ausgeübt und dadurch ein Vertrauen Dritter auf die Beherrschung der Gefahr begründet wird. Dies zeigt, dass die Anordnung der Sanierungspflicht des Gesamtrechtsnachfolgers neben jener des Verursachers, des Eigentümers und des Inhabers der tatsächlichen Gewalt über ein Grundstück systemfremd ist.[103]

Nur auf den ersten Blick handelt es sich bei der Sanierungspflicht aus § 4 Abs. 3 BBodSchG um eine Handlungspflicht des Gesamtrechtsnachfolgers. Am Beispiel der Spaltung eines Unternehmens zeigt sich, dass die Sanierung in der Praxis regelmäßig nicht an bestimmte Kompetenzen oder Betriebsteile des Rechtsträgers gebunden ist. Tatsächlich wird ein Gesamtrechtsnachfolger sogar oftmals gar nicht selbst tätig werden können, da er gar keinen Zugriff auf die zu sanierende Fläche hat, sondern dieser Zugriff erst durch Duldungsverfügung ermöglicht werden muss. Dies ist zum Beispiel der Fall, wenn der Rechtsvor-

100 Kothe, Altlasten, Rn. 167.
101 Theuer, DB 1999, 621, 622.
102 Vgl. Maiwald, JuS 1981, 473, 480.
103 Kothe, Altlasten, Rn. 245.

gänger das kontaminierte Grundstück schon längst verkauft hat. Zudem wird in den meisten Fällen die Sanierung gerade nicht vom Gesamtrechtsnachfolger selbst, sondern von Fachunternehmen durchgeführt, so dass sich die Handlungspflicht wirtschaftlich als Pflicht zur Übernahme der Sanierungskosten darstellt.[104] Der Schutzzweck des § 324a StGB wird daher nicht berührt, wenn der Gesamtrechtsnachfolger des Verursachers seiner Sanierungspflicht nicht nachkommt.[105]

6. Haftung nach Eigentumsaufgabe und handels- oder gesellschaftsrechtliche Einstandspflicht

Die Sanierungspflicht des handels- oder gesellschaftsrechtlich für eine juristische Person Einstandspflichtigen und jene des Alteigentümers nach Eigentumsaufgabe knüpfen an das Eigentum an. Dies leuchtet für die Eigentumsaufgabe an einem Grundstück unmittelbar ein, wird aber auch für den für eine juristische Person Einstandspflichtigen durch Bezugnahme auf deren Eigentum ausdrücklich geregelt.[106] Mit Blick auf den Sachherrschaftsinhaber über ein Grundstück und den Gesamtrechtsnachfolger des Verursachers hat sich gezeigt, dass die strafrechtliche Garantenstellung der Erweiterung des Kreises der Sanierungspflichtigen nicht unbesehen folgt. Zu prüfen ist, ob dies auch für die „neuen“ Zustandsverantwortlichen gilt.

a) Handels- oder gesellschaftsrechtlich Einstandspflichtiger für eine juristische Person

Die Frage der Unterlassungsstrafbarkeit des aus handels- oder gesellschaftsrechtlichem Grund für eine juristische Person Einstandspflichtigen lässt sich auf der Grundlage der vorstehend entwickelten Grundsätze beantworten. Eintrittspflichtig für die Bodensanierung ist primär die juristische Person selbst. Sie ist Eigentümerin. Eine Überwachergarantenstellung kraft Eigentums besteht für alle Eigentümer von Grundstücken mit Altlasten unabhängig von ihrer Rechtsform.[107] So haftet auch eine GmbH mit ihrem Stammkapital, wenn auf dem Betriebsgelände eine sanierungsbedürftige Altlast festgestellt wird.

---

104 Theuer, DB 1999, 621, 622; vgl. auch Kothe, Altlasten, Rn. 149: Die Vermutung, dass auf diese Weise die öffentlichen Haushalte entlastet werden sollen, dürfte nicht von der Hand zu weisen sein.

105 Ebenso S/S-Cramer/Heine, § 324a Rn. 7.

106 Vierhaus, NJW 1998, 1262, 1265; a. A. Sanden/Schoeneck, § 4 Rn. 40.

107 Vogelsang-Rempe, S. 134.

aa) Garantenstellung der juristischen Person

Der juristischen Person fehlt es allerdings im Gegensatz zu den für sie handelnden Organen und den weiteren bei ihr beschäftigten natürlichen Personen an der individuellen Handlungsfähigkeit.[108] Sie handelt deshalb durch ihre Organe. Gleichwohl hat sie eigene Rechte und Pflichten, kann insbesondere Eigentum an Grundstücken erwerben.[109]

Da Handlungs- und Rechtsfähigkeit voneinander getrennt werden können, spricht nichts dagegen, der juristischen Person als Kehrseite zu letzterer eine „Pflichtfähigkeit" zuzusprechen.[110] Eine Garantenstellung der juristischen Person kann dann aber nur aus solchen Normen folgen, die nicht an menschliches Handeln, sondern an die rechtliche Gebundenheit der Körperschaft anknüpfen.[111] § 14 Abs. 1 StGB rechnet die rechtliche Gebundenheit der juristischen Person ihren Organen zu und führt bei Pflichtverletzung zu einer Strafbarkeit der Organe.

Die juristische Person selbst kann als Eigentümerin eines kontaminierten Grundstücks auch Inhaberin einer Überwachergarantenstellung sein, da die Garantenstellung, die zunächst nur die Stellung als Normadressat festlegt, noch nicht Anknüpfungspunkt einer Individualstrafe ist. Dies ist nur die konkrete Handlungspflicht, also der Normbefehl, welcher der handlungsunfähigen juristischen Person nicht auferlegt werden kann. Die juristische Person kann somit zwar eine Garantenstellung innehaben, ihr erwächst daraus indessen keine strafbewehrte Garantenpflicht.[112] Eine Strafbarkeit der juristischen Person scheidet daher aus.

bb) Garantenstellung der Organe einer juristischen Person

Voraussetzung für die Unterlassungsstrafbarkeit des Organs einer juristischen Person (§ 14 Abs. 1 Nr. 1 StGB) ist eine Garantenstellung hinsichtlich der von dem kontaminierten Grundstück der juristischen Person ausgehenden Gefahren. Eine Garantenstellung der juristischen Person kann dem Organ entweder über § 14 StGB strafbegründend zugerechnet werden oder das Organ ist selbst Inhaber einer Garantenstellung.[113]

---

108 Vgl. Jescheck/Weigend, Strafrecht AT, § 59 II 2.

109 § 13 Abs. 1 GmbHG.

110 Gleiches muss gemäß §§ 124 Abs. 1, 161 Abs. 2 HGB für die offene Handelsgesellschaft (oHG) sowie für die Kommanditgesellschaft (KG) gelten; nach BGH, NJW 2001, 1056 wird dies auch für die Gesellschaft bürgerlichen Rechts (GbR) gelten müssen.

111 Vogelsang-Rempe, S. 137.

112 Vogelsang-Rempe, S. 138 f.; vgl. auch Schmitz, NJW 1993, 1167, 1170.

113 Vogelsang-Rempe, S. 140; Franzheim/Pfohl, Rn. 183.

Eine solche Garantenstellung kann sich aus eigenem pflichtwidrigen Verhalten des Organs ergeben (Ingerenz). Das Organ kann zudem durch die Übernahme seiner Organstellung in eine bereits vorhandene Garantenstellung der juristischen Person „einrücken".[114] Die Garantenstellung entsteht dann bei dem Organ kraft tatsächlicher Übernahme.[115] Garant in diesem Sinne ist beispielsweise der Vorstand oder das zuständige Vorstandsmitglied einer AG sowie je nach Gemeindeverfassung der Gemeindedirektor oder der Bürgermeister für einen kommunalen Betrieb.[116] In allen Fällen ist der Inhaber der Garantenstellung im Rahmen des § 324a StGB zur Abwendung von Gefahren für den Boden als Bestandteil der natürlichen Lebensgrundlagen „auf Posten gestellt", die durch ein altlastenkontaminiertes Grundstück, das im Eigentum der juristischen Person steht, verursacht werden können.[117]

Dieses Ergebnis könnte allerdings mit der Begründung angezweifelt werden, dass es hier neben der Übernahme eines tatsächlichen Pflichtenkreises durch das Organ einer juristischen Person an der zweiten Voraussetzung für die Entstehung einer Garantenstellung kraft tatsächlicher Übernahme fehle, nämlich dem Verzicht des potenziell Gefährdeten auf Schutzvorkehrungen im Vertrauen auf die Einsatzbereitschaft des Garanten. Es kommt also darauf an, dass andere sich im Vertrauen auf die Einsatzbereitschaft des Garanten einer größeren Gefahr aussetzen, als sie es sonst getan hätten, oder auf anderweitigen Schutz verzichten, denn nur dann rechtfertigt die Übernahme auch eine strafrechtliche Haftung.[118]

„Gefährdet" sind die einzelnen Umweltmedien Boden, Luft und Wasser. Einer größeren Gefahr werden diesen durch das Organ aber nicht ausgesetzt. Verzichtet also der „Gefährdete", die Umwelt, zumindest auf anderweitige Schutzvorkehrungen? Die Frage zeigt, dass die Grundsätze der Garantenstellung kraft tatsächlicher Übernahme allzu sehr darauf abstellen, dass der potenziell Gefährdete ein Mensch ist, der eigenverantwortlich über sein Wohlergehen entscheiden kann. Die „Umwelt" kann dies nicht. Nicht die Umwelt verzichtet hier auf sonstige Schutzvorkehrungen, sondern allein die juristische Person, die im Vertrauen auf die Einsatzbereitschaft des Organs davon absieht, die Organstellung einem anderen zu übertragen. Weiterhin besteht eine Erwartungshaltung der Öffentlichkeit gegenüber der juristischen Person, dass diese beziehungsweise die von ihr bestellten Organe ihre Überwachungspflichten erfüllen. Wird

114 SK-Rudolphi, § 13 Rn. 54; Wessels, Strafrecht AT, Rn. 721.

115 Rudolphi, FS Lackner, S. 863, 874; Vogelsang-Rempe, S. 143 f.

116 Franzheim, ZfW 1987, 9, 12; Vogelsang-Rempe, S. 144 f.

117 Für die Begründung einer Garantenstellung ist unerheblich, ob der Organwalter lediglich Teil eines Kollegialorgans ist. Dieser Umstand findet erst bei der Bestimmung der gebotenen Rettungshandlung Berücksichtigung; vgl. dazu Vogelsang-Rempe, S. 145.

118 Jescheck/Weigend, Strafrecht AT, § 59 IV 3 c.

dieses Vertrauen enttäuscht, ist ein ordnungsbehördliches Einschreiten geboten, auf das zuvor verzichtet worden war.[119]

Die Garantenpflicht aus tatsächlicher Übernahme endet in der Regel durch Widerruf oder Kündigung.[120] Das Organ scheidet aus der juristischen Person aus, ein anderes Organ rückt nach, so dass sich an der Situation des Schutzgutes nichts ändert. Haftet das Organ nur kraft seiner innegehabten Organstellung, weil es zuvor in eine Pflichtenstellung der juristischen Person „eingerückt" ist, so erlischt diese Pflichtenstellung zwangsläufig wieder mit dem Ausscheiden des Organs aus der Körperschaft oder mit deren Auflösung. Denn die Garantenpflicht des Organs aus tatsächlicher Übernahme beschränkt sich allein auf dessen Aufgabenbereich.[121] Dies darf aber nicht nur in sachlicher, sondern muss auch in zeitlicher Hinsicht gelten. Wird die juristische Person eingestellt, so endet auch die Pflichtenstellung des Organs, soweit diese auf der Übernahme eines tatsächlichen Pflichtenkreises beruht.

Etwas anderes muß aber in jenen Fällen gelten, in denen nach ordnungsrechtlichen Grundsätzen das Organ selbst als unmittelbarer Verursacher einer Bodenverunreinigung oder Altlast haftet. Die Garantenstellung aus Ingerenz besteht unabhängig vom Schicksal der juristischen Person, mithin auch nach deren Auflösung. Denn hier besteht der Zurechnungsgrund für die Haftung gerade nicht in der Übernahme einer tatsächlichen Pflichtenstellung, sondern in einem persönlichen pflichtwidrigen Tun oder Unterlassen des Organs. Das Organ haftet mithin nicht kraft seiner Organstellung, sondern aufgrund persönlichen Verhaltens.

cc) Durchgriffshaftung

In Fällen der Unterkapitalisierung und der qualifizierten Konzernabhängigkeit kann die Situation eintreten, dass die Körperschaft zur Tragung der Kosten nicht in der Lage ist und das einstandspflichtige Organ, etwa der vertretungsberechtigte Gesellschafter, persönlich für die Sanierung haftet. Allerdings ist bereits im Zivilrecht Zurückhaltung bei der Anwendung des Rechtsinstituts der Durchgriffshaftung geboten, denn nicht jede Trennung von Aktiva und Passiva zusammengehörender Unternehmensteile ist bereits rechtsmissbräuchlich.[122] Die praktische Relevanz einer strafrechtlichen Verantwortlichkeit des handels- oder gesellschaftsrechtlich für eine juristische Person Einstandspflichtigen ist daher eher gering.

119 Vgl. auch Vogelsang-Rempe, S. 144.

120 SK-Rudolphi, § 13 Rn. 63; S/S-Stree, § 13 Rn. 29.

121 SK-Rudolphi, § 13 Rn. 54.

122 Theuer, DB 1999, 621, 622 f.

Für die Fälle von Beherrschungsverhältnissen liegt dies zudem daran, dass nach Maßgabe der §§ 302, 303 AktG grundsätzlich nur eine Verpflichtung zum Verlustausgleich im Innenverhältnis zwischen beherrschtem und beherrschendem Unternehmen besteht.[123] Nur in den Fallgestaltungen einer masselosen Insolvenz des abhängigen Unternehmens haftet das herrschende Unternehmen unmittelbar im Außenverhältnis gegenüber dessen Gläubigern. Nur hier kommt somit auch ein Haftungsdurchgriff und eine ordnungsrechtliche Sanierungspflicht des herrschenden Unternehmens im Sinne von § 4 Abs. 3 S. 4 BBodSchG in Betracht, denn solange das herrschende Unternehmen die Verluste intern ausgleicht, bleibt die abhängige Gesellschaft in der Lage, die Sanierungskosten selbst zu tragen.[124] Wo ein zivilrechtlicher Durchgriff und mit ihm die ordnungsrechtliche Verantwortlichkeit des Einstandspflichtigen aber ausscheiden, ist für strafrechtsrelevantes Verhalten kein Raum.

Besteht dagegen ausnahmsweise eine Haftung nach § 4 Abs. 3 BBodSchG, so wird folgende Überlegung gelten können: Die Formulierung „einzustehen hat" in § 4 Abs. 3 S. 4 BBodSchG zeigt deutlich, dass es dem Gesetzgeber auch hier vor allem um die Tragung der Sanierungskosten geht. Sinn sowohl der Gesamtrechtsnachfolge- als auch der Durchgriffsregelung in § 4 Abs. 3 BBodSchG ist die Aufrechterhaltung einer Haftungsmasse für die öffentliche Hand. Bei wirtschaftlicher Betrachtung handelt es sich bei dem behördlichen Sanierungsanspruch faktisch um einen vermögensrechtsähnlichen Anspruch der öffentlichen Hand gegen den ordnungsrechtlich Verantwortlichen.[125] Verstößt dieser gegen seine Sanierungspflicht, ist der Schutzzweck des § 324a StGB in keiner Weise betroffen.[126] Eine Unterlassungsstrafbarkeit scheidet auch hier aus.

b) Dereliktion

aa) Ordnungsrechtliche Haftung nach Eigentumsaufgabe

Die Erweiterung der Sanierungspflicht in personeller Hinsicht trägt der Erkenntnis Rechnung, dass sich Eigentümer sanierungsbedürftiger Grundstücke zunehmend rechtlicher Möglichkeiten bedienen, sich trotz und gerade wegen der Kenntnis der Sanierungsbedürftigkeit auf Kosten der Allgemeinheit ihrer Grundstücke zu entledigen. Das ordnungsrechtliche Instrumentarium ist deshalb den rechtsgeschäftlichen Befugnissen der Sanierungsverantwortlichen angepasst

---

123 Kothe, Altlasten, Rn. 212; Turiaux/Knigge, BB 1999, 377, 381.

124 Kothe, Altlasten, Rn. 212; Turiaux/Knigge, BB 1999, 377, 381 f.

125 Theuer, DB 1999, 621, 623.

126 S/S-Cramer/Heine, § 324a Rn. 7.

worden.[127] Entfiel mit dem Verlust des Eigentums früher zugleich die Zustandsverantwortlichkeit, waren die Sanierungskosten bei einer Eigentumsaufgabe von der Allgemeinheit zu tragen.[128] Bei rechtsgeschäftlichen Eigentumsübergängen trat der Grundstückserwerber hingegen in die Zustandsverantwortlichkeit seines Rechtsvorgängers ein. In beiden Konstellationen war der Alteigentümer für Bodenverunreinigungen auf dem Grundstück nicht mehr haftbar zu machen.[129]

Das Problem wurde zunächst in den Gefahrenabwehrgesetzen der Länder[130] dahingehend gelöst, dass die zivilrechtliche Dereliktion durch Erklärung gegenüber dem Grundbuchamt gemäß § 928 Abs. 1 BGB weiterhin zulässig war, die öffentlich-rechtliche Zustandsverantwortlichkeit des Alteigentümers indessen bestehen blieb.[131] Wenn ein kontaminiertes Grundstück infolge Eigentumsaufgabe aus jeglicher rechtlichen Beziehung entlassen wird, soll derjenige zustandsverantwortlich sein, der mangels weiterer Zurechnungsgründe die größte Schadensnähe aufweist. Dies ist in der Regel der Derelinquent. Der Bundesgesetzgeber hat diese Regelung in § 4 Abs. 3 S. 4 BBodSchG übernommen. Man kann insofern von einer „fortwirkenden Sozialbindung" des Eigentums sprechen.[132]

bb) Der Derelinquent als Überwachergarant?

Die Rechtsordnung kennt drei Anknüpfungspunkte für eine Pflicht: 1. Eigenes Verhalten, 2. Einstehen für das Verhalten abhängiger Personen und 3. die rechtliche Zuordnung sächlicher Verhältnisse zu einer Person, also Eigentum und Sachherrschaft.[133] Die Verantwortlichkeit des Zustandsstörers beruht auf seiner Nähe zur Sache, auf deren Innehabung. Mit dem privatnützigen Sachgenuss korrespondiert die Tragung der mit der Nutzung verbundenen Nachteile.[134] Die Haftung nur aus dem einen Grunde, einmal Eigentümer *gewesen* zu sein, fällt unter keine dieser Kategorien und erscheint deshalb willkürlich.[135]

---

127 Anrufung des Vermittlungsausschusses zum BBodSchG, BT-Drucks. 13/8182, S. 3; Jaeschke, S. 37; Sanden/Schoeneck, § 4 Rn. 39.

128 Droese, UPR 1999, 86, 86.

129 Zur identischen ratio legis von § 4 Abs. 3 S. 4 2. HS. und § 4 Abs. 6 BBodSchG vgl. Dombert, NJW 2001, 927, 929; Erbguth/Stollmann, NuR 1999, 127, 131.

130 Vgl. § 7 Abs. 3 NGefAG.

131 Ipsen, § 6 Rn. 203.

132 Rid/Petersen, NVwZ 1994, 844, 848 Fn. 43.

133 Bickel, § 4 Rn. 33; Oerder/Numberger/Schönfeld, § 4 Rn. 22.

134 BVerwG, NVwZ 1991, 475, 475.

135 Kritisch Bickel, § 4 Rn. 13, 33; Kniesel, BB 1997, 2009, 2013; Spieth/Wolfers, NVwZ 1999, 355, 356.

Für die strafrechtliche Verantwortlichkeit des Alteigentümers wegen pflichtwidriger Nichtbeseitigung einer nachteiligen Bodenveränderung ist deshalb zu entscheiden, ob und unter welchen Voraussetzungen der Grundstückseigentümer durch Aufgabe seines Eigentums als Garant für das kontaminierte Grundstück ausscheidet. Bei rechtsgeschäftlichem Eigentumsübergang kommt eine Strafbarkeit des Voreigentümers nur dann in Betracht, wenn die Hingabe der Sache selbst sich als pflichtwidrig erweist und dabei die alleinige Verantwortung noch nicht auf den Erwerber übergegangen ist.[136] Dies erhellt, dass es hier auf den Übergang der Sache von einem Pflichtenkreis in einen anderen ankommt. Solange ein solcher Transfer nicht stattgefunden hat, verbleibt es bei der ursprünglichen Verantwortlichkeit. Denn die Zustandsverantwortlichkeit beruht auf der durch die rechtliche oder tatsächliche Sachherrschaft vermittelten spezifischen Verbindung zur Gefahrenquelle, die den Eigentümer in die Lage versetzt, auf die Gefahr abwehrend einzuwirken.[137]

Für die Konstellation, in der ein altlastenkontaminiertes Grundstück infolge Eigentumsaufgabe zunächst herrenlos wird, will *Stree* deshalb eine Garantenstellung des Derelinquenten grundsätzlich bejahen. Die Beseitigung der tatsächlichen Gewalt über eine Sache durch eine in gefährlicher Weise erfolgte Dereliktion könne den Eigentümer ebensowenig von seinen Pflichten befreien wie eine deliktische Einwirkung auf die Sache.[138]

Die Ausführungen *Strees* lassen einen gewissen Widerspruch insoweit erkennen, als *Stree* trotz Annahme einer Garantenstellung des Derelinquenten diese offenbar auf die Fälle begrenzt wissen will, in denen die Dereliktion selbst pflichtwidrig erfolgt ist. In diesem Sonderfall entsteht aber bereits eine eigenständige Garantenstellung aus Ingerenz. Soweit jedoch ein pflichtwidriges Verhalten des Derelinquenten nicht feststellbar ist, bleibt es bei der Frage, ob der Wegfall von Eigentum und Sachherrschaft über ein Grundstück die Überwachergarantenstellung des Alteigentümers beseitigt. Mit *Cramer/Heine* wird man dies zu bejahen haben bei einer eigenverantwortlichen tatsächlichen Pflichtenübernahme durch Dritte.[139]

Noch nicht geklärt ist damit aber der Zeitraum der Herrenlosigkeit des Grundstücks. Die von *Schünemann* entwickelte Formel von der „Herrschaft über den Grund des Erfolges“[140] könnte hier weiterhelfen: Zwar ist zu Recht ihre begriffliche Weite kritisiert worden, die praktisch sämtliche gewünschten Ergebnisse zu rechtfertigen erlaubt. Denn Herrschaft kann einerseits ein tatsächliches Be-

136 S/S-Stree, § 13 Rn. 48.
137 Kügel, NJW 2000, 107, 111.
138 S/S-Stree, § 13 Rn. 50.
139 S/S-Cramer/Heine, § 324a Rn. 7.
140 Schünemann, Unterlassungsdelikte, S. 236 ff.

herrschen dergestalt bedeuten, dass jemand durch seine physische und psychische Anwesenheit Herr der Situation ist. Herrschaft kann aber auch eine auf Normen beruhende Zuordnung einer Sache zu einer Person zum Ausdruck bringen.[141] Die „Herrschaft über den Grund des Erfolges“ endet jedenfalls dort, wo weder Eigentum noch Sachherrschaft feststellbar ist, was auf die Dereliktion in der Regel zutreffen wird.

Nicht weiter führen die von *Stree* für die Fälle des Besitzverlustes des Eigentümers als „Maßstab und Modell“[142] vorgeschlagenen Regeln über die deliktische Verantwortlichkeit des Halters von Kraftfahrzeugen oder Tieren. Danach sei für die Verantwortlichkeit des Eigentümers oder Halters entscheidend, dass der Gegenstand wirtschaftlich im Bereich einer Person sei oder verbleibe.[143] Der Betriebsinhaber, der sich des Eigentums an dem Firmengelände durch Erklärung gegenüber dem Grundbuchamt begibt, beendet damit die wirtschaftliche Nutzung seines Grundstücks endgültig. Auch ein Nutzungswille wird dann regelmäßig nicht mehr feststellbar sein. In seiner Eigenschaft als Derelinquent ist ihm, sofern der Akt der Eigentumsaufgabe selbst nicht pflichtwidrig war, das Grundstück deshalb auch wirtschaftlich nicht mehr zurechenbar, sondern allein aufgrund der Tatsache früheren Eigentums. Mangels aktueller rechtlicher oder tatsächlicher Einwirkungsmöglichkeit auf das Grundstück kann dies aber eine strafrechtliche Garantenstellung aus Herrschaft über eine Gefahrenquelle nicht begründen.

In jedem Fall bleibt der Alteigentümer unter dem Gesichtspunkt der Verhaltenshaftung verantwortlich, wenn er den Zustand des derelinquierten Grundstücks zuvor selbst verursacht hat. Ein Verzicht auf das Eigentum befreit ihn also auch dann nicht von der Verhaltenshaftung, wenn der ordnungswidrige Zustand noch *während* der Dauer seines Eigentums durch pflichtwidriges Unterlassen eingetreten ist.[144]

Ob darüber hinaus Raum für eine Garantenstellung aus Ingerenz bleibt, wenn die Eigentums*aufgabe* an einem Grundstück pflichtwidrig erfolgt, ist überaus zweifelhaft. Die Auffassung *Strees* in diesem Punkte ist zu undifferenziert. Denn anders als bei der Dereliktion beweglicher Sachen, die durch Besitzaufgabe mit Entledigungsabsicht erfolgt (§ 959 BGB), wie etwa das Stehenlassen eines Schrottfahrzeuges am Straßenrand, wodurch es zu Ölaustritt in das Erdreich kommt, setzt die Dereliktion eines Grundstückes einen – potenziell bodenschädigenden - Realakt nicht voraus. Nach § 928 BGB bedarf es lediglich der

141 Maiwald, JuS 1981, 473, 480.
142 S/S-Stree, § 13 Rn. 49.
143 S/S-Stree, § 13 Rn. 49.
144 Drews/Wacke/Vogel/Martens, § 21 2 c.

Verzichtserklärung gegenüber dem Grundbuchamt sowie deren Eintragung in das Grundbuch. Die Dereliktion ist ein gesetzliches Recht des Eigentümers. Die Inanspruchnahme dieses gesetzlich vorgesehenen Werkzeugs kann nicht rechtswidrig sein. Verstöße gegen das formelle Grundbuchrecht der GBO begründen zudem nicht den für eine strafrechtliche Verantwortlichkeit des Derelinquenten erforderlichen Schutzzweckzusammenhang zum Schutzgut Boden, zumal eine Pflichtwidrigkeit hier regelmäßig in die Sphäre des Grundbuchamtes und nicht des Alteigentümers fallen wird.[145]

7. Sonderproblem: Undichte Abwasserkanäle

Sanden hat das Augenmerk auf Umweltbelastungen gelenkt, die sich aus undichten Abwasserkanälen ergeben. In Fällen des Abwasseraustritts aus Rohrleitungssystemen in das umgebende Erdreich und in das Grundwasser kommt neben der Strafbarkeit wegen Gewässerverunreinigung gemäß § 324 StGB und umweltgefährdender Abfallbeseitigung gemäß § 326 StGB auch eine Ahndung wegen Bodenverunreinigung gemäß § 324a StGB in Betracht. Der Abwassereintrag in den die Rohre umgebenden Boden („Exfiltration") erfüllt das Tatbestandsmerkmal des Eindringenlassens.[146] Prüfungsschwerpunkt der Strafverfolgungsbehörden wird im Rahmen des § 324a StGB die Verletzung verwaltungsrechtlicher Pflichten sein.

Die Überwachergarantenstellung der Kommunen resultiert aus ihrer Abwasserbeseitigungslast und ihrer Sachherrschaft über die Abwasserbeseitigungsanlage, von der Gefahren für das Schutzgut Boden ausgehen. Für Kanalsysteme im Bereich gewerblicher Unternehmen sowie private Hausanschlüsse und Grundleitungen ist die Eigentümerstellung beziehungsweise die Eigenschaft als Betreiber der Abwasserbeseitigungsanlage Anknüpfungspunkt der Garantenpflicht.[147] Das Inkrafttreten des BBodSchG im Jahre 1998 hat auf diese Situation keinen gravierenden Einfluss. Vorrangig in Bezug zu nehmen sind in den Fällen undichter Kanalrohre die im Zusammenhang mit der Untersuchung und Sanierung von Kanalisationen erlassenen Rechtsnormen.[148]

---

145 Die Auffassung *Schünemanns*, Unterlassungsdelikte, S. 300, dass der Inhaber eines Gefahrenbereichs nur dann wegen des Herrschaftsverlustes nicht bestraft werden könne, wenn hierbei die im Verkehr erforderliche Sorgfalt eingehalten wurde, so dass die Verkehrssicherungspflichten vollständig erloschen seien und zukünftige Unterlassungen allenfalls nach den Grundsätzen der Ingerenzhaftung eine Zurechnung des Erfolges begründeten, dürfte daher für die vorstehende Konstellation keine Bedeutung besitzen.

146 Sanden, wistra 1996, 283, 290.

147 Sanden, wistra 1996, 283, 291.

148 Z. B. die Nordrhein-Westfälische Verordnung zur Selbstüberwachung von Kanalisationen und Einleitungen von Abwasser aus Kanalisationen im Mischsystem und im

8. Ergebnis

Die Garantenstellung des Verursachers einer schädlichen Bodenveränderung gründet sich auf dessen pflichtwidriges Vorverhalten. Wegen der legalisierenden Wirkung verwaltungsrechtlicher Erlaubnisse und Genehmigungen kann jedoch bereits ein Verstoß gegen verwaltungsrechtliche Pflichten ausscheiden, was einer genauen Prüfung im Einzelfall bedarf. Der Grundstückseigentümer ist Überwachergarant für die von seinem Grundstück ausgehenden Gefahren. Diese Pflichtenstellung trifft den Inhaber der Sachherrschaft über ein Grundstück regelmäßig nicht, denn es kann nicht angenommen werden, dass dieser im Austausch für das Nutzungsrecht freiwillig das unverhältnismäßige Risiko einer Altlastensanierung übernimmt. Nur in Ausnahmenfällen wird bei Verstößen gegen bodenbezogene Informationspflichten etwas anderes anzunehmen sein.

Keine Garanten sind überdies der Gesamtrechtsnachfolger des Verursachers, dem lediglich fremde Verantwortlichkeit zugerechnet wird, ohne dass hier stets auch die notwendige Gefahrennähe vorliegen wird, sowie der aus handels- oder gesellschaftsrechtlichem Grund für eine juristische Person Einstandspflichtige. In beiden Fällen hatte der Gesetzgeber vorrangig die Heranziehung eines potenziell solventen Kostenschuldners im Sinn, so dass sich die Sanierungspflicht eher als vermögensrechtlicher Anspruch der öffentlichen Hand denn als individuelle Handlungspflicht des Sanierungsverantwortlichen darstellt. In beiden Fällen wird der Schutzzweck des § 324a StGB verfehlt. Der Alteigentümer nach Eigentumsaufgabe schließlich ist ebenfalls kein Überwachergarant für eine auf dem aufgegebenen Grundstück lagernde Altlast.

V. § 4 Abs. 5 und 6 BBodSchG

Verfassungsdogmatisch rechtfertigt sich die ordnungsrechtliche Zustandsverantwortlichkeit des Grundstückseigentümers aus den wirtschaftlichen Vorteilen, die er aus seinem Eigentum zieht. Der Vorteil der Sachherrschaft korrespondiert mit dem Risiko, für die von der Sache ausgehenden Gefahren einstehen zu müssen.[149] Nach der Veräußerung des Grundstücks und Eintragung des neuen Eigentümers entfällt jedoch die Nutzungsmöglichkeit und damit auch der Zurechnungsgrund ordnungsrechtlicher Verantwortlichkeit.[150]

Trennsystem (Selbstüberwachungsverordnung Kanal – SüwVKan v. 16.1.1995; GV NW 1995, S. 64).

149 Friauf, in: Schmidt-Aßmann, Besonderes Verwaltungsrecht, Polizei- und Ordnungsrecht, Rn. 91.

150 VGH Bad.-Württ., UPR 1996, 394, 394.

1. Vertrauensschutz im Verwaltungs- und Straftatbestand

In § 4 Abs. 5 S. 2 und Abs. 6 S. 2 BBodSchG ist von schutzwürdigem Vertrauen des Verantwortlichen in das Nichtentstehen schädlicher Bodenveränderungen beziehungsweise in das Nichtvorhandensein solcher Beeinträchtigungen die Rede. Das BBodSchG berücksichtigt in § 4 Abs. 6 die „Opferposition" des Eigentümers, der nicht Verursacher einer Bodenverunreinigung ist, der gutgläubig ein altlastenbehaftetes Grundstück erworben hat und sich nun einer behördlichen Inanspruchnahme auf Durchführung von Sanierungsmaßnahmen oder Tragung von Sanierungskosten ausgesetzt sieht. Entfällt hier nicht bereits die Garantenpflicht, so kann die Opferposition beim strafrechtlichen Unterlassungsdelikt zur Unzumutbarkeit normgemäßen Verhaltens führen, die in Rechtsprechung und Schrifttum nicht ganz einheitlich als tatbestandsbegründendes Element oder als Schuldausschließungsgrund behandelt wird.[151]

2. Stichtagsregelung für Neulasten

Die in § 4 Abs. 5 S. 1 BBodSchG aufgenommene Stichtagsregelung ergänzt die in Absatz 3 Satz 2 und 3 festgelegte Maßnahmenreihenfolge. Auch bei qualitativer Gleichwertigkeit von Dekontaminations- und Sicherungsmaßnahmen besteht die vorrangige Pflicht zur Dekontamination, wenn die schädliche Bodenveränderung oder Altlast nach dem 1.3.1999 eingetreten ist.[152] Das Übermaßverbot kann indessen bei hoher Vorbelastung des Bodens die Sanierungspflicht im Einzelfall entfallen lassen.[153] Der Vorrang der Dekontaminationsmaßnahmen gilt zudem gemäß § 4 Abs. 5 S. 2 BBodSchG für denjenigen Sanierungspflichtigen nicht, der aufgrund der Erfüllung der gesetzlichen Anforderungen darauf vertraut hat und vertrauen durfte, dass schädliche Bodenveränderungen nicht entstehen.[154] Damit sind in erster Linie die Betreiber emittierender Anlagen gemeint.[155] Zur Sicherung der Altlast kommen hier die Drainage von Gas und Sickerwasser sowie der feste Einschluss von Schadstoffen durch ein Basis- und ein Oberflächenabdichtungssystem in Betracht.[156]

---

151 Robra/Meyer, wistra 1996, 243, 247.

152 Kobes, NVwZ 1998, 786, 789; Riedel, UPR 1999, 92, 93; Sanden/Schoeneck, § 4 Rn. 28; a. A. Bickel, § 4 Rn. 48; ausführlich zu den technischen Verfahren Bender/Sparwasser/Engel, Kap. 7 Rn. 30 ff.

153 Schink, DÖV 1999, 797, 805; kritisch zur Verknüpfung von Übermaßverbot und Vorbelastung Bickel, § 4 Rn. 49, der die Vorbelastung systematisch der Kausalitätsprüfung zuordnet.

154 § 4 Abs. 5 BBodSchG ist nicht auf die Fälle der Zustandshaftung beschränkt; vgl. den Wortlaut: „zum Zeitpunkt der Verursachung".

155 Bickel, § 4 Rn. 51.

156 Erbguth/Stollmann, NuR 1999, 127, 129.

3. Nachhaftung des Alteigentümers bei Neulasten

Eine Neuerung gegenüber der bisherigen gefahrenabwehrrechtlichen Situation stellt die Einführung einer nachwirkenden Zustandsstörerhaftung des früheren Grundstückseigentümers gemäß § 4 Abs. 6 BBodSchG dar. Erfasst werden damit die Fälle der rechtsgeschäftlichen Eigentumsübertragung. Die Nachhaftung tritt ein, wenn der Eigentumsübergang nach dem 1.3.1999 erfolgt ist, der Veräußerer die schädliche Bodenveränderung oder Altlast kannte oder kennen musste (Satz 1) und auch kein schutzwürdiges Vertrauen des Eigentümers in die bodenschutzrechtliche Unbedenklichkeit seines eigenen früheren Erwerbs entgegensteht (Satz 2).

a) Kenntnis und Kennenmüssen

Positive Kenntnis einer schädlichen Bodenveränderung kann sich durch Auskünfte aus Altlastenkatastern ergeben.[157] Ein Kennenmüssen wird beispielsweise durch das Vorliegen einer Altlastenverdachtsfläche indiziert.[158] Das gesetzliche Regel-Ausnahme-Verhältnis legt allerdings eine restriktive Auslegung des Befreiungstatbestandes nahe. Nur wer bei der Veräußerung ohne Verschulden von der Verunreinigung nichts wusste, ist von der Sanierungspflicht befreit.[159] Dies gilt freilich nur für jenen Eigentümer, der während der Zeit seines Eigentums selbst keinen Verursachungsbeitrag zu der Bodenverunreinigung geleistet hat.[160]

b) Vertrauen in die Lastenfreiheit

Der Ausnahmetatbestand des Satzes 2 greift erst dann, wenn eine Sanierungspflicht nach Satz 1 grundsätzlich zu bejahen wäre.[161] Dabei fällt auf, dass Satz 2 nicht von Kenntnis oder Kennenmüssen, sondern von Vertrauen in die Abwesenheit einer schädlichen Bodenveränderung oder Altlast spricht und damit einen wertausfüllungsbedürftigen Begriff verwendet.[162] *Bickel* weist darauf hin, dass der Erwerber eines Grundstücks gemeinhin geringere Informationsmöglichkeiten über den Zustand des Grundstücks habe als dessen Veräußerer.[163]

157 Erbguth/Stollmann, Bodenschutzrecht, Rn. 168; Kothe, Altlasten, Rn. 234; Sanden/Schoeneck, § 4 Rn. 48.

158 BGH, NJW 1983, 2493, 2494; Knopp/Albrecht, BB 1998, 1853, 1855; Vierhaus, NJW 1998, 1262, 1266.

159 Bickel, § 4 Rn. 60, 62; kritisch zu diesem Systembruch im Ordnungsrecht auch Kothe, Altlasten, Rn. 235.

160 Bickel, § 4 Rn. 64.

161 Bickel, § 4 Rn. 62; Spieth/Wolfers, NVwZ 1999, 355, 355 und Fn. 5.

162 Kritisch Kobes, NVwZ 1998, 786, 790.

163 Bickel, § 4 Rn. 65.

Daher seien an den Erwerber auch geringere subjektive Anforderungen zu stellen.[164] Erfährt der Eigentümer erst nach dem Erwerbszeitpunkt von der Schadstoffbelastung seines Grundstücks, so ist dies unschädlich.[165]

4. Strafrechtliche Bewertung

a) § 4 Abs. 5 BBodSchG

§ 4 Abs. 5 BBodSchG schafft kein neues ordnungsrechtliches Haftungssubjekt, sondern verschärft nur die aus Absatz 3 folgende Handlungspflicht, indem er grundsätzlich zur Sanierung durch Dekontamination zwingt. Strafrechtlich wirkt sich dies lediglich auf den Inhalt der Garantenpflicht aus, nicht jedoch auf deren Begründung.

b) § 4 Abs. 6 BBodSchG

Bedenken gegen eine Strafbarkeit des Alteigentümers bestehen deshalb, weil dieser selbst das Grundstück möglicherweise ohne Kenntnis einer vorhandenen Altlast erworben hat und sich damit zugleich in die Strafbarkeit „eingekauft" hätte. In diesen Fällen befindet sich der Alteigentümer einer Situation, die es ihm verwehrt, nicht tatbestandsmäßig im Sinne von § 324 oder § 324a StGB zu handeln.[166]

Für § 4 Abs. 6 BBodSchG ist zu unterscheiden: Satz 1 führt den früheren Eigentümer als Haftungssubjekt ein, Satz 2 enthält einen darauf bezüglichen Ausnahmetatbestand. Dabei finden hier die bereits für den Derelinquenten herausgearbeiteten Grundsätze Anwendung. Ausgehend von der Prämisse, dass sich die Zustandsverantwortlichkeit aus der Schadensnähe des Verantwortlichen rechtfertigt[167], muss dieses Näheverhältnis entfallen, wenn der Eigentümer sein Grundstückseigentum durch Veräußerung „aufgibt".[168] Anders als in den Fällen der Dereliktion besteht hier schon ordnungsrechtlich kein zwingendes Bedürfnis für eine Nachhaftung des Alteigentümers, da der Erwerber als neuer Eigentümer

---

164 Bickel, § 4 Rn. 66; Müggenborg, NVwZ 2000, 50, 50; Turiaux/Knigge, BB 1999, 377, 383.

165 Droese, UPR 1999, 86, 91; Müggenborg, NVwZ 2000, 50, 50.

166 Michalke, Umweltstrafsachen, Rn. 140.

167 Ipsen, § 6 Rn. 199; Müggenborg, NVwZ 2000, 50 51; Spieth/Wolfers, NVwZ 1999, 355, 356.

168 Kothe, Altlasten, Rn. 241; Müggenborg, NVwZ 2000, 50 51; Turiaux/Knigge, BB 1999, 377, 379.

in die Zustandsverantwortlichkeit eintritt und somit als Haftungssubjekt zur Verfügung steht.[169]

Dagegen ließe sich aus gesetzessystematischer Sicht argumentieren, dass § 4 Abs. 6 BBodSchG überhaupt keinen weiteren Sanierungsverantwortlichen schaffe, sondern lediglich die Haftung des Eigentümers aus § 4 Abs. 3 BBodSchG zeitlich „verlängere“.[170] Dies liefe auf das Fazit hinaus: Wer einmal Garant geworden ist, bleibt dies auch über den Verlust seines Eigentums hinaus. Dabei wird jedoch übersehen, dass es gerade beim Alteigentümer, der sein Grundstück veräußert hat, an jeglicher Nähe zur Gefahrenquelle, die allein eine Garantenstellung zu begründen vermochte, fehlt.[171]

Dieser Fall ist daher noch eindeutiger zu lösen als jener der Dereliktion, denn hier greift der oben angesprochene Sphärengedanke ohne jeden Zweifel: Mit dem Eintritt des Erwerbers in Eigentum und Sachherrschaft wird der Veräußerer aus seiner wirtschaftlichen Position vollständig verdrängt.[172] Es besteht kein Zurechnungsgrund mehr für eine Unterlassungsstrafbarkeit des Alteigentümers. Zudem handelt es sich bei § 4 Abs. 6 S. 1 BBodSchG in erster Linie um eine ordnungsrechtliche Kostentragungsvorschrift, die den Schutzzweck des § 324a StGB nicht erfüllt.[173] Somit lässt sich eine Garantenstellung des Alteigentümers in den Fällen rechtsgeschäftlicher Grundstücksübertragungen nicht herleiten.

c) Zumutbarkeit normgemäßen Verhaltens?

Wer zum Zeitpunkt der Verursachung einer schädlichen Bodenveränderung aufgrund der Erfüllung der für ihn geltenden gesetzlichen Anforderungen gemäß § 4 Abs. 5 S. 2 BBodSchG darauf vertraut hat, dass solche Beeinträchtigungen nicht entstehen werden, oder wer beim Erwerb eines Grundstücks gemäß § 4 Abs. 6 S. 2 BBodSchG darauf vertraut hat, dass schädliche Bodenveränderungen oder Altlasten nicht vorhanden sind, der wird bei Schutzwürdigkeit seines Vertrauens von der Sanierungspflicht des § 4 Abs. 3 S. 1 BBodSchG ausgenommen. Somit ist auch die Opferposition des Zustandsstörers zu berücksichtigen, der

---

169 Kothe, Altlasten, Rn. 241; Schwartmann, DStR 1999, 324, 328; Spieth/Wolfers; NVwZ 1999, 355, 356 f.; lässt sich jedoch nachweisen, dass der Alteigentümer die schädliche Bodenverunreinigung selbst verursacht hat, kann er neben dem neuen Eigentümer zur Beseitigung des Schadens herangezogen werden; vgl. Friauf, in: Schmidt-Aßmann, Besonderes Verwaltungsrecht, Polizei- und Ordnungsrecht, Rn. 98 f.

170 Kothe, Altlasten, Rn. 242, spricht deshalb auch nicht von echter Zustandsverantwortlichkeit des Alteigentümers, sondern von einer Fiktion kraft Gesetzes.

171 Bender/Sparwasser/Engel, Kap. 7 Rn. 226; Fouquet, S. 86 f.; Kniesel, BB 1997, 2009, 2013.

172 Dombert, NJW 2001, 927, 927; Fouquet, S. 87.

173 Vgl. S/S-Cramer/Heine, § 324a Rn. 7.

sich nun einer Inanspruchnahme durch die Bodenschutzbehörde auf Durchführung der Sanierung oder auf Tragung der Sanierungskosten ausgesetzt sieht.[174]

Unter dem Schlagwort der „Zumutbarkeit normgemäßen Verhaltens" bietet die strafrechtliche Dogmatik zwei Lösungsmöglichkeiten an. Entweder lässt man die Strafbarkeit bereits mangels Garantenpflicht auf Tatbestandsebene entfallen oder man behandelt die Opferposition des Zustandsstörers als Schuldausschließungsgrund.[175] Nicht zumutbar ist eine Handlung, mit der der Garant eigene billigenswerte Interessen in erheblichem Umfang gefährden würde.[176] Bei den unechten Unterlassungsdelikten hat die Rechtsprechung in einigen Entscheidungen den Gedanken der Unzumutbarkeit als allgemeines Prinzip der Begrenzung der Garantenpflicht verwendet.[177] Eine starke Lehrmeinung erkennt die Unzumutbarkeit normgemäßen Verhaltens hingegen nur im Rahmen des entschuldigenden Notstands gemäß § 35 StGB an, denn den Garanten treffe die Pflicht zur Erfolgsabwendung in gleicher Weise wie den Begehungstäter die Pflicht, den Erfolg nicht durch positives Tun herbeizuführen. Die Gleichwertigkeit liege in der Garantenstellung des Unterlassungstäters und bei besonderen Handlungsmerkmalen in der nach § 13 Abs. 1 2. HS. StGB erforderlichen Entsprechung.[178]

§ 324a Abs. 1 StGB weist insofern eine Besonderheit auf, als dem Normadressaten durch Bezugnahme auf die Verletzung verwaltungsrechtlicher Pflichten ein außerstrafrechtlich gebotenes Verhalten auferlegt wird. Ein Verhalten, das nicht einmal verwaltungsrechtswidrig ist, kann aber unter keinen Umständen strafbewehrt sein.[179] Dem gutgläubigen Grundstückseigentümer wird gemäß § 4 Abs. 5 S. 2 und § 4 Abs. 6 S. 2 BBodSchG ausnahmsweise nicht die Pflicht zur Sanierung seines Grundstücks auferlegt. Sein Untätigbleiben im Angesicht der Gefahr stellt keine Verletzung verwaltungsrechtlicher Pflichten dar. Für § 4 Abs. 6 BBodSchG gilt zudem, dass es mit dem strafrechtlichen Handlungsbegriff nicht in Einklang zu bringen wäre, wollte man hier eine Unterlassungsstrafbar-

174 Bender/Sparwasser/Engel, Kap. 7 Rn. 225; Paßlick, DVBl. 1992, 674, 678; Sanden, Umweltrecht, § 10 Rn. 28.

175 Franzheim/Pfohl, Rn. 196; Sonnen/Tetzlaff, wistra 1999, 1, 8.

176 Tröndle/Fischer, § 13 Rn. 16.

177 RGSt 58, 97, 98; 69, 321, 324; BGHSt 6, 46, 57 f.; 7, 268, 271; BGH, NJW 1964, 731, 732; BGH, JR 1994, 510, 510 f. m. Anm. Loos, JR 1994, 511; ebenso Tröndle/Fischer, § 13 Rn. 16 a. E.

178 Jescheck/Weigend, Strafrecht AT, § 59 VIII 3.

179 Dazu Franzheim/Pfohl, Rn. 196, die zu Recht die praktische Bedeutung der strafrechtlichen Unzumutbarkeit in Frage stellen, weil diese Frage vorrangig im Verwaltungsrecht (BBodSchG) zu prüfen ist.

keit des Alteigentümers aufgrund eines bloßen Zustandes und nicht aufgrund einer gewillkürten Handlung annehmen.[180]

5. Zusammenfassung

Michalke meint, dass angesichts der vorstehenden Einwände gegen eine strafrechtliche Haftung des Alteigentümers eine pauschale Übertragung des verwaltungsrechtlichen Zustandsstörerbegriffs auf das Strafrecht bedenklich sei, weil es nur für das Verwaltungsrecht, nicht jedoch für das Strafrecht legitim sei, an einen bloßen Zustand anzuknüpfen.[181] Dem ist zuzustimmen. Allerdings hat gerade die Betrachtung der Sanierungspflicht aus § 4 Abs. 3 mit ihren Ausnahmen gemäß § 4 Abs. 5 und 6 BBodSchG gezeigt, dass der Gesetzgeber Ausnahmen von der Handlungspflicht zur Sanierung ausdrücklich anerkennt. Auch verbietet sich eine solche Übertragung für den Gesamtrechtsnachfolger des Verursachers, den für eine juristische Person aus handels- oder gesellschaftsrechtlichem Zurechnungsgrund Einstandspflichtigen, den Alteigentümer nach Eigentumsaufgabe sowie grundsätzlich auch für den Inhaber der tatsächlichen Gewalt über ein Grundstück. Lediglich der Verursacher und der Grundstückseigentümer haben grundsätzlich eine Garantenstellung inne, die ausnahmsweise in den Fällen des § 4 Abs. 5 S. 2 und Abs. 6 S. 2 BBodSchG entfällt. Zu Recht weisen daher *Franzheim/Pfohl* darauf hin, dass entsprechend der Zustandsstörerhaftung des § 4 Abs. 3 BBodSchG eine strafrechtliche Garantenpflicht aus Sachherrschaft vorliegen *könne*. In welchem Rahmen und unter welchen Umständen eine solche Pflicht anzunehmen ist, richtet sich nach den verwaltungsrechtlichen Vorgaben, die im einzelnen zu prüfen sind.[182]

VI. Bestimmtheit der Garantenpflicht zur Altlastensanierung

Die Annahme einer Garantenstellung besagt noch nichts über die Strafbarkeit des Handlungspflichtigen, sondern rückt ihn zunächst nur in die Position des Normadressaten.[183] Strafrechtlich relevant ist erst der Verstoß gegen die aus der Garantenstellung folgende Garantenpflicht, die den konkreten Inhalt des an den Garanten ergehenden Normbefehls festlegt. Dies ist die gesetzliche Sanierungspflicht aus § 4 Abs. 3 S. 1 BBodSchG.

180 Franzheim/Pfohl, Rn. 196; Michalke, Umweltstrafsachen, Rn. 140.
181 Michalke, Umweltstrafsachen, Rn. 140.
182 Franzheim/Pfohl, Rn. 192.
183 BGHSt 37, 106, 119; Tröndle/Fischer, § 13 Rn. 5.

1. Strafrechtliche Bedeutung von Sanierungszielwerten

Liegt eine schädliche Bodenveränderung im Sinne von § 2 Abs. 3 BBodSchG vor, muss entschieden werden, bis zu welchem Grad die Sanierung durchzuführen ist und welche Schadstoffkonzentration nach Abschluss der Sanierung noch toleriert werden soll. Dies bedeutet, dass das Sanierungsziel für einen bestimmten Schadstoff grundsätzlich unterhalb des betreffenden Maßnahmenwertes liegen muss, denn dieser markiert nicht nur die Gefahrenschwelle, sondern grundsätzlich auch die Schwelle der Strafbarkeit nach § 324a StGB bei Vorliegen einer nachteiligen Bodenveränderung. Danach bleibt aber Richtwert der Sanierung nicht der Sanierungszielwert, sondern der Maßnahmenwert, den es zu unterschreiten gilt.[184] Wird dieser unterschritten, genügt der Garant seiner Handlungspflicht. Eine Unterlassungsstrafbarkeit scheidet dann aus.

Eigenständige rechtliche Bedeutung und Existenzberechtigung erlangen Sanierungszielwerte daher nur, wenn sie oberhalb der Gefahrenschwelle festgesetzt werden. Damit disponiert die Behörde zwar nicht über die Gefahrenschwelle als solche, wozu sie auch nicht befugt wäre, wenn Maßnahmenwerte bereits gesetzlich definiert sind. Sie verpflichtet sich jedoch im Rahmen der Ermessensgrundsätze, trotz nach wie vor bestehender Gefahrenlage ordnungsrechtlich nicht mehr einzuschreiten.[185] Auch hier bleibt der Maßnahmenwert somit Bezugsgröße für den Sanierungszielwert.[186]

Macht sich in dieser Konstellation derjenige wegen pflichtwidrigen Eindringenlassens von Schadstoffen in den Boden strafbar, der eine Kontamination des Erdreichs zwar bis zum Erreichen des maßgeblichen Sanierungszielwertes zurückführt, jedoch den einschlägigen Maßnahmenwert nicht unterschreitet? Hier sind zwei Begründungen denkbar: Zum einen bestehen schon durchgreifende Zweifel an der Tatbestandlichkeit des Unterlassens einer weitergehenden Sanierung, da eine Pflichtwidrigkeit des Verhaltens ausscheiden muss, wo die Behörde selbst von strengeren Sanierungsvorgaben absieht. Hier entfaltet der Verwaltungsakt eine Legalisierungswirkung, die auch für das Strafrecht Geltung beansprucht. Zum anderen wird die Behörde einen solchen Schritt überhaupt nur dann unternehmen, wo ein Erreichen des Maßnahmenwertes nur unter unverhältnismäßigen Anstrengungen möglich erscheint. Hier wird man daher entweder im Tatbestand oder auf Schuldebene eine Unzumutbarkeit normgemäßen Verhaltens zu erwägen haben, zumal der Gesetzgeber den Inhalt der Sanierungspflicht für diesen Fall bereits ausdrücklich mit einer Abstufung von

---

184 Sandner, NJW 2000, 2542, 2546.

185 Diese Möglichkeit ist ihr allerdings bei einer „Ermessensreduzierung auf Null" versagt.

186 Sandner, NJW 2000, 2542, 2547.

Dekontaminations-, Sicherungs- und sonstigen Schutz- und Beschränkungsmaßnahmen in § 4 Abs. 3 S. 2 BBodSchG geregelt hat.

2. Fehlen von Sanierungszielwerten in der BBodSchV

Gleichwohl legt die BBodSchV Sanierungszielwerte nicht fest.[187] Dadurch soll den Ländern und Behörden ein Spielraum zur Berücksichtigung regionaler und einzelfallbezogener Besonderheiten erhalten bleiben.[188] Dem Verordnungsgeber ist deshalb die Bestimmung konkreter Sanierungsmaßnahmen verwehrt. Unter mehreren geeigneten Maßnahmen soll der Sanierungspflichtige die für ihn günstigste auswählen können.[189]

Der Rechtssicherheit ist durch das Fehlen von festen Sanierungszielwerten allerdings nicht gedient. Den Nachweis einer erfolgreichen Bodensanierung gemäß § 5 Abs. 1 S. 3 BBodSchV kann der Sanierungspflichtige praktisch nur dadurch führen, dass bestimmte Sanierungsvorgaben unterschritten werden. Fehlen solche Zielwerte aber in der BBodSchV, bleibt deren Festlegung nach wie vor einer Einzelfallentscheidung der Behörde vor Ort überlassen.[190]

3. Bestimmtheit der gesetzlichen Sanierungspflicht?

Daraus folgt, dass die Sanierungspflicht aus § 4 Abs. 3 S. 1 BBodSchG ohne Erlass einer Sanierungsverfügung, die konkrete Sanierungszielwerte nennt, für den Pflichtigen inhaltlich nicht hinreichend bestimmt ist. Zwar gilt die verwaltungsrechtliche Sanierungspflicht für den einzelnen auch ohne konkretisierende Verfügung unmittelbar als materielle Polizeipflicht. Auch kann sich daraus nach der Funktionenlehre eine Garantenstellung ergeben, die den Pflichtigen bei entsprechender Beherrschung einer Gefahrenquelle in die Position des strafrechtlichen Normadressaten einrücken lässt. Der strafrechtlich relevante Normbefehl in Gestalt einer konkreten Sanierungspflicht wird indessen erst durch eine behördliche Sanierungszielanordnung dem strafrechtlichen Bestimmtheitsgebot entsprechend umgesetzt.[191] Zumindest ungenau ist daher die Formulierung, eine

---

187 Rengeling, in: Bodenschutz und Umweltrecht, S. 65; Sandner, NJW 2000, 2542, 2545: Die Verordnungsermächtigung des § 8 Abs. 1 S. 2 Nr. 3 b Spiegelstrich 1 BBodSchG deckt nach ihrem engen Wortlaut nicht die Festlegung von Zielwerten selbst ab, sondern nur die Festlegung der Anforderungen an die Bestimmung der Sanierungszielwerte.

188 Oerder/Numberger/Schönfeld, § 8 Rn. 16; Riedel, UPR 1999, 92, 95; Sanden/Schoeneck, § 8 Rn. 9; Vierhaus, NJW 1998, 1262, 1265.

189 Gesetzentwurf der BReg für ein BBodSchG, BT-Drucks. 13/6701, S. 38 f.; dazu kritisch Sandner, NJW 2000, 2542, 2546: Die bloße Festlegung von Sanierungszielen in der BBodSchV hätte die gesetzgeberische Intention nicht vereitelt.

190 Sandner, NJW 2000, 2542, 2546.

191 Ebenso Kotulla, Rn. 391; Lindemann/Eickhoff, NuR 1994, 330, 333.

Garantenstellung werde erst durch behördliche Verfügung *begründet*. Ebenso wie im Verwaltungsrecht wird der Normbefehl durch den Verwaltungsakt lediglich durchsetzbar, nämlich für den Garanten im Einzelfall „befolgbar" gemacht, indem ein Handlungsziel klar definiert wird. Für die Strafverfolgungsorgane wird die Handlungspflicht des Garanten erst dann sanktionierbar, wenn feststeht, *welches* konkrete Handlungsziel der Normadressat durch sein Untätigbleiben verfehlt hat. Staatsanwaltschaften und Gerichte haben daher nicht nur das Vorliegen der Voraussetzungen einer Garantenstellung zu prüfen, sondern auch die Übereinstimmung des durch Verwaltungsakt konkretisierten Pflichteninhalts des § 4 Abs. 3 BBodSchG mit dem strafrechtlichen Bestimmheitsgebot.

G. SANIERUNGSPLANUNG UND SANIERUNGSVERTRAG

Die Regelung der Sanierungsplanung in § 13 BBodSchG sowie die Option, einen Sanierungsplan mit einem öffentlich-rechtlichen Sanierungsvertrag zu verbinden, sind Ausdruck des Kooperationsprinzips im Umweltverwaltungsrecht. Das Strafrecht folgt dagegen einer grundlegend verschiedenen Aufgabenstellung. Zu untersuchen ist, wie sich die kooperativen Elemente des BBodSchG auf die Strafbarkeit nach § 324a StGB auswirken.

I. Verwaltungsvertragliche Regelungen im Strafrecht

Enthält ein genehmigter Sanierungsplan und/oder ein mit ihm verbundener Sanierungsvertrag ein gestuftes Konzept bestehend aus weiteren Erkundungs- und anschließenden Sanierungsmaßnahmen, so können die an das Legalitätsprinzip gebundenen Strafverfolgungsbehörden keine schnellere Sanierung erzwingen. Zwar könnte die Strafdrohung des § 324a StGB hier eine Beschleunigung der verwaltungsrechtlich geforderten Maßnahmen erzwingen. Dadurch würde jedoch das verwaltungsrechtliche Opportunitätsprinzip sowie das Übermaßverbot, dessen Exponent die ultima-ratio-Funktion des Strafrechts ist, unterlaufen.

Andererseits schließt die ausdrückliche Einbeziehung öffentlich-rechtlicher Verträge in § 330d Nr. 4e StGB eine Umgehung des strafrechtlichen Sanktionensystems durch vertragliche Regelungen aus. Dies ist von erheblicher Bedeutung für den industriellen und gewerblichen Bereich, der naturgemäß ein konzentriertes Bedrohungspotenzial für die Umweltgüter aufweist. Die Definitions- und Beschwerdemacht, also die informelle „Verhandlungsmacht" des Bürgers und Unternehmers, ist hier am größten.

Die Vertragsform stellt daher diejenige Handlungsalternative der Verwaltung dar, die am schnellsten zum Abschluss des Verfahrens unter Berücksichtigung widerstreitender Individualinteressen führt. Sie bietet den Vorteil einer schellen und flexiblen Lösung. So können etwa einerseits dem betroffenen Anlagenbetreiber Fristen zur Errichtung neuer oder Sanierung alter Anlagen eingeräumt werden, während er sich andererseits – ohne verwaltungsrechtliche Rechtsmittel zu ergreifen – einer sofortigen Vollstreckbarkeit der Vereinbarung unterwirft.[1] Hier spielt der dem Zivilrecht entlehnte Gedanke der „Vertragsstrafe" hinein, wenngleich er nicht voll verwirklicht wird. Denn *überobligatorisch* eingegangene Verpflichtungen des Anlagenbetreibers werden von der strafrechtlichen

1 Franzheim/Pfohl, Rn. 161; Pfeiffer, Verunreinigung der Luft, S. 254.

Verantwortung jedenfalls ausgenommen.[2] In strafrechtlicher Hinsicht werden Anlagenbetreiber durch den Abschluss eines Sanierungsvertrages daher nicht besser, aber auch nicht schlechter gestellt als diejenigen, die sich einem Verwaltungsakt unterworfen haben.[3]

II. Strafbarkeitsausschluss durch Sanierungsverträge?

Forderungen aus der Praxis haben zur Aufnahme von Pflichten aus öffentlich-rechtlichen Verträgen in das BBodSchG geführt. Der Abschluss eines solchen Vertrages anstelle des Erlasses eines Verwaltungsakts führt nicht mehr länger zur Unanwendbarkeit von Umweltstraftatbeständen. Das BBodSchG will die Beteiligten vor allem bei komplexen Schadenslagen dazu anhalten, die Spielart einer verbindlichen Festlegung von Sanierungspflichten durch Vertrag zu wählen. Gemäß § 13 Abs. 4 BBodSchG kann deshalb mit einem Sanierungsplan der Entwurf eines öffentlich-rechtlichen Sanierungsvertrages vorgelegt werden, der auch die Einbeziehung Dritter vorsehen kann.

Für die strafrechtliche Beurteilung bedeutet dies, dass eine Strafbarkeit nach § 324a StGB aufgrund der Verwaltungsakzessorietät des Straftatbestandes nicht in Betracht kommt, solange und soweit das bodenrelevante Verhalten inhaltlich durch einen wirksamen Sanierungsvertrag geregelt wird und der Pflichtige sich daran hält. Dies ergibt sich aus der ausdrücklichen Anordnung in § 330d Nr. 4e StGB. Umgekehrt sind die vertraglich festgelegten Pflichten des Sanierungsverantwortlichen gemäß § 330d Nr. 4e StGB in dem Umfang strafbewehrt, in dem sie dem Pflichtigen auch durch Ordnungsverfügung hätten auferlegt werden können.[4] Wäre dagegen ein Verwaltungsakt mit entsprechendem Inhalt nichtig, so ist auch ein öffentlich-rechtlicher Subordinationsvertrag gemäß § 59 Abs. 2 Nr. 1 VwVfG nichtig. Dies ist nach § 44 Abs. 2 Nr. 5 VwVfG etwa dann der Fall, wenn eine Ordnungsverfügung die Begehung einer rechtswidrigen Tat fordert, die einen Straftatbestand erfüllt. Im Rahmen einer Altlastensanierung dürfen deshalb durch Sanierungsvertrag keine Sanierungsmaßnahmen bestimmt werden, welche die Straftatbestände der §§ 324 ff. StGB verwirklichen würden. Ein solches Vorgehen wäre auch aufgrund ordnungsbehördlicher Verfügung unzulässig.

---

2 Beschlussempfehlung des Rechtsausschusses für ein 2. UKG, BT-Drucks. 12/7300, S. 25; Franzheim/Pfohl, Rn. 161; Lackner/Kühl, § 324a Rn. 7; Möhrenschläger, NStZ 1994, 513, 514.

3 Vgl. den Wortlaut des § 330d Nr. 4e: „...soweit die Pflicht auch durch Verwaltungsakt hätte auferlegt werden können...“.

4 Sack, § 324a Rn. 23a; Sanden, wistra 1996, 283, 290.

§ 56 Abs. 1 S. 1 in Verbindung mit § 59 Abs. 2 Nr. 4 VwVfG verlangt allerdings, dass die vertragliche Gegenleistung des Bürgers für einen bestimmten Zweck vereinbart wird und der Behörde zur Erfüllung ihrer öffentlichen Aufgaben dient. Dieser Anforderung wird in der Regel durch Festsetzungen, wie sie auch in einem Sanierungsbescheid getroffen werden können, Genüge getan.

III. Behördliche Untätigkeit während der Sanierungsplanung

Während der Sanierung einer Altlast kann es vorübergehend zu verwaltungsrechtswidrigen Zuständen kommen, die in den Regelungsbereich des BBodSchG und anderer Fachgesetze fallen. Gleichwohl ist die zuständige Behörde nicht in jedem Falle zum Einschreiten verpflichtet, wenn ihr die verwaltungsrechtliche Ermächtigungsgrundlage insoweit ein Entschließungsermessen einräumt. Dies berührt den Fragenkreis der strafrechtlichen Relevanz umweltbehördlicher Duldungen.

1. Problematik umweltbehördlicher Duldungen

Die Rechtsfigur der Duldung beschreibt die verwaltungsrechtliche Hinnahme eines rechtswidrigen Zustandes durch die zuständigen Behörden. Zwar zeichnet sich ein Konsens darüber ab, dass die behördliche Duldung eine im Rahmen des gefahrenabwehrrechtlichen Opportunitätsprinzips anzuerkennende Entscheidung der Behörde zum Nichthandeln ist.[5] Von den Ausnahmefällen einer Ermessensreduzierung auf Null oder einer Selbstbindung der Verwaltung abgesehen besitzt die Behörde daher im Rahmen ihres pflichtgemäßen Ermessens grundsätzlich die Option, gegen eine nachteilige Bodenveränderung nicht einzu- schreiten. Die Frage, ob der Verursacher einer nachteiligen Bodenveränderung strafrechtlich gerechtfertigt[6] handelt, wenn die Behörde sein Verhalten duldet, ist in indessen noch nicht abschließend geklärt.[7]

a) Beachtlichkeit der aktiven Duldung?

Nach herrschender Meinung unbeachtlich ist eine schlichte oder passive Duldung im Sinne eines bloßen Untätigbleibens der Behörde trotz Kenntnis von

5 Fluck, NuR 1990, 197, 198; Kloepfer, § 7 Rn. 13; Kloepfer/Vierhaus, Rn. 39; Landel/Vogg/Wüterich, § 324a Rn. 66.

6 So – zweifelhaft - Sack, § 324a Rn. 29; zumindest eine erlaubnisgleiche Duldung würde wohl schon eine Pflichtverletzung auf Tatbestandsebene entfallen lassen; vgl. Schall, NStZ 1997, 420, 421 für § 325 StGB.

7 Vorab auszuscheiden sind solche Tatbestände, die ausdrücklich auf einen Gestattungsakt Bezug nehmen, da eine bloße behördliche Duldung hier den Gestattungsakt weder erteilt noch ersetzt; vgl. Kloepfer, § 7 Rn. 13 m. w. N.

einer andauernden Verunreinigung des Umweltmediums.[8] Einer aktiven Duldung soll dagegen nach differenzierender Auffassung eine rechtfertigende Wirkung zukommen, wenn die zuständige Behörde sich im Rahmen des ihr eingeräumten Ermessens und nicht aus sachfremden Erwägungen bewusst entscheidet, gegen einen umweltschädlichen Zustand nicht einzuschreiten, und dem Normadressaten erkennbar zu verstehen gegeben hat, dass sie die Belastung des Umweltmediums billigend in Kauf nimmt.[9]

b) Irrelevanz jeglicher Duldung?

Eine im Vordringen befindliche Auffassung verneint dagegen eine rechtfertigende Wirkung der behördlichen Duldung schon aus formalen verwaltungsrechtlichen Gründen. Im Wasserrecht wird vertreten, dass die behördliche Duldung einer tatbestandsmäßigen Gewässerverschlechterung eine rechtfertigende Wirkung nur dann entfalte, wenn sich das Behördenverhalten verwaltungsrechtlich als wirksamer Genehmigungsakt darstellen lasse.[10] Das Behördenhandeln müsse also rechtlich einer Erlaubniserteilung gleichkommen. Wo das Verwaltungsrecht die Schriftform besonders anordne, scheide eine strafrechtsrelevante Duldung aus.[11] Allerdings dürfte der Schluss von der Formunwirksamkeit auf das Fehlen jeglichen Bindungswillens der Behörde nicht zwingend sein, da die Schriftform vorrangig der Beweissicherung dient.[12]

2. Anwendungsfälle

Praktisch bedeutsam sind die Duldungsfälle im Zuge laufender Sanierungsmaßnahmen[13], bei nur vorübergehenden Betriebsstörungen oder während der Anlaufphase einer Anlage, etwa wenn in dieser Zeit erhöhte Emissionen in der Nachbarschaft niedergehen und den Boden dort nachteilig verändern.[14] Die Beispiele zeigen, dass es grundsätzlich keinen Unterschied machen kann, ob eine

---

8 Bartholme, S. 82; Kothe, Altlasten, Rn. 270; Meinberg/Möhrenschläger/Link, S. 43; Pfohl, NJW 1994, 418, 421; Tröndle/Fischer, vor § 324 Rn. 4 e; Schendzielorz, in: Kahl/Voßkuhle (Hrsg.), Teil III Rn. 35; Winkelbauer, DÖV 1988, 723, 727.

9 Arzt/Weber, Strafrecht BT, § 41 Rn. 25; Fluck, NuR 1990, 197, 198; Franzheim, ZfW 1985, 145, 148; Kothe, Altlasten, Rn. 272; Maurach/Schroeder/Maiwald, Strafrecht BT 2, § 58 Rn. 11; Tröndle/Fischer, vor § 324 Rn. 4e; Schendzielorz, in: Kahl/Voßkuhle (Hrsg.), Teil III Rn. 35; Winkelbauer, DÖV 1988, 723, 728; Wüterich, UPR 1988, 248, 250; kritisch Meinberg/Möhrenschläger/Link, S. 43.

10 OLG Celle, ZfW 1987, 126, 127; Kloepfer, § 7 Rn. 13; Kloepfer/Vierhaus, Rn. 40; Michalke, Umweltstrafsachen, Rn. 160; Nauschütt, S. 167; SK-Horn, § 324 Rn. 8.

11 Perschke, wistra 1996, 161, 168 m. w. N.

12 So zu Recht Fluck, NuR 1990, 197, 201.

13 Vgl. OVG Berlin, NVwZ 1985, 756, 757.

14 Landel/Vogg/Wüterich, § 324a Rn. 68.

aktive Duldung als „konkludent erklärte Erlaubnis“ oder als impliziter Verzicht auf den Erlass einer Verbotsverfügung interpretiert wird, wo der Gesetzgeber ein Genehmigungsverfahren mit formalen Anforderungen nicht geregelt hat.[15] In beiden Fällen muss sich der behördliche Wille zumindest in erkennbarer Weise äußerlich manifestiert haben.[16]

3. Informelle Absprachen während der Sanierungsplanung

a) Rechtsgrundlage von Sanierungsabsprachen

In der Praxis kommt es bei komplexen Sanierungsvorhaben häufig vor, dass die Behörde im Wege informeller Absprachen bei der Sanierungsplanung zu erkennen gibt, dass sie bestimmte Umweltbeeinträchtigungen für eine gewisse Zeit duldet. Die Entscheidung der Behörde, eine solche unverbindliche Absprache zu treffen, anstatt einen Verwaltungsakt zu erlassen oder einen Sanierungsvertrag abzuschließen, stellt ein Untätigbleiben dar, weil die Behörde das Setzen von Rechtsfolgen unterlässt. Die informelle Absprache steuert dann das Verhalten der Beteiligten und löst einen Kausalprozess aus, der in gleicher Weise auch durch eine formale Entscheidung hätte in Gang gesetzt werden können.[17] Rechtsgrundlage der Sanierungsabsprachen sind die umweltverwaltungsgesetzlichen Regelungen, welche die Behörde zum Erlass einer Sanierungsverfügung nach pflichtgemäßem Ermessen ermächtigen.[18] Bundesgesetzlich ist hier § 10 S. 1 BBodSchG zu nennen. Informale Absprachen sind als Instrument der Altlastensanierung grundsätzlich zulässig.

b) Konsequenz für die Strafverfolgungsbehörden

Vor dem Hintergrund der ökologischen Schutzrichtung des § 324a StGB kann in den Fällen, in denen die Interessen des Bodenschutzes Eingang in eine umweltbehördliche Duldung gefunden haben, diese auch strafrechtlich beachtlich sein.[19] Duldet die zuständige Behörde unter den vorstehend dargestellten Voraussetzungen ein tatbestandsmäßiges Verhalten, kann der Verursacher einer nachteiligen Bodenveränderung nicht bestraft werden.[20] Hier muss den Strafverfolgungsbehörden zumindest zeitweise ein Eingreifen versagt bleiben. Dies gilt insbesondere im schwebenden Genehmigungsverfahren für einen eingereichten

---

15 Nach § 37 Abs. 2 S. 1 VwVfG können Verwaltungsakte grundsätzlich mündlich ergehen, so dass es einer speziellen Anordnung der Schriftform bedarf; vgl. auch Pfohl, NJW 1994, 418, 422; Winkelbauer, DÖV 1988, 723, 726.

16 Perschke, wistra 1996, 161, 168.

17 Bohne, Verwaltungsarchiv 75 (1984), 343, 355.

18 Bohne, Verwaltungsarchiv 75 (1984), 343, 355.

19 Bartholme, S. 222

20 Vgl. Pape, NJW 1994, 409, 413.

Sanierungsplan. Nimmt die Behörde einen Grundstückszustand während der Sanierungsphase bewusst, also unter Einbeziehung von in der Interessenabwägung zurücktretenden Bodenschutzaspekten hin, kann sich der Sanierungspflichtige nicht strafbar machen. In diesem Fall wirkt die Duldung in Bezug auf § 324a StGB tatbestandsausschließend, denn hier wird – vorübergehend - nicht gegen verwaltungsrechtliche Pflichten verstoßen.[21] Die Duldung entfaltet eine „erlaubnisgleiche" Wirkung.[22] Für das BBodSchG, das keinen eigenen Verfahrensmodus vorsieht, bedeutet dies, dass die Bodenschutzbehörde im Rahmen ihres pflichtgemäßen Ermessens zeitweise von dem abstrakt-gesetzlichen Verbot der §§ 4 ff. BBodSchG dispensiert. Dennoch bleibt die verwaltungsrechtliche Sanierungspflicht im Grundsatz unberührt, denn eine Duldung kann niemals zeitlich unbefristet wirken, sondern unterliegt einer ständigen Überprüfung auf veränderte Umstände. Eine Legalisierungswirkung entfaltet die Duldung im Gegensatz zur Genehmigung nicht.[23] Das bodenschädliche Verhalten bleibt verwaltungsrechtswidrig.[24] Umso weniger darf hier außer Acht bleiben, dass sich für den Bürger in derartigen Fällen – insbesondere der vermeintlichen Duldung bodenrechtswidriger Zustände – häufig das Problem eines unvermeidbaren Verbotsirrtums stellt.

IV. Amtsträgerstrafbarkeit im Bereich der Sanierungsplanung

Im folgenden soll auf die altlastenspezifischen Probleme der Strafbarkeit von Amtsträgern bei der Sanierungsplanung eingegangen werden. Die Grundsätze der Amtsträgerstrafbarkeit im Umweltrecht dürfen seit Mitte der neunziger Jahre als weitgehend geklärt gelten.[25] Die Verantwortlichkeit von Amtsträgern für umweltdeliktisches Verhalten richtet sich, nachdem der Gesetzgeber für das Umweltstrafrecht die Amtsträgerstrafbarkeit nicht speziell normiert hat, nach den allgemeinen Regeln über Täterschaft und Teilnahme.[26] Grundsätzlich ist eine Amtsträgerstrafbarkeit denkbar in drei Konstellationen: Bei der fehlerhaften Erteilung von Genehmigungen, etwa nach dem BImSchG oder dem WHG, nicht aber nach dem BBodSchG, ebenso bei Nichtrücknahme einer erteilten Geneh-

---

21 Bartholme, S. 222; Sanden, wistra 1996, 283, 287.

22 Winkelbauer, DÖV 1988, 723, 728.

23 Bender/Sparwasser/Engel, Kap. 7 Rn. 200; Brandt, Kap. IV Rn. 64; Fouquet, S. 50; Kloepfer, § 12 Rn. 73; Kothe, Altlasten, Rn. 271; ders., VerwArch 88 (1997), S. 456, 480; Nauschütt, S. 167; Wüterich, UPR 1988, 248, 250.

24 Fluck, NuR 1990, 197, 201; Landel/Vogg/Wüterich, § 324a Rn. 69; Schendzielorz, in: Kahl/Voßkuhle (Hrsg.), Teil III Rn. 35.

25 Vgl. dazu Knopp, DÖV 1994, 676; Pfohl, NJW 1994, 418; Michalke, NJW 1994, 1693.

26 Arzt/Weber, Strafrecht BT, § 41 Rn. 37.

migung und schließlich im Falle des Nichteinschreitens gegen Umweltstraftaten.[27]

Mit Blick auf das BBodSchG soll hier nur die letzte Variante näher begutachtet werden. Die Frage lautet, ob und unter welchen Voraussetzungen Behörden oder einzelnen Funktionsträgern eine Garantenstellung für das Schutzgut Boden oder für die Überwachung bodengefährdender Gefahrenquellen zukommt.

1. Amtsträger als Beschützergaranten?

Analog zu den Ausführungen über die Garantenstellung von juristischen Personen des Privatrechts gilt für solche des öffentlichen Rechts, dass diese zwar eine Garantenstellung, mangels eigener Handlungsfähigkeit jedoch keine daraus resultierende Garantenpflicht innehaben können. Für juristische Personen des öffentlichen Rechts scheidet somit eine Unterlassungsstrafbarkeit aus.[28] Diese trifft vielmehr im Einzelfall den Behördenleiter und den zuständigen, nach außen handelnden Amtsträger kraft tatsächlicher Übernahme.[29]

Das BBodSchG weist den Amtsträgern in den Behörden der Umweltverwaltung grundsätzlich den Bereich des Bodenschutzes zu. Entsprechend der parallel gelagerten Fragestellung für den Gewässerschutz sind die Amtsträger der Bodenschutzbehörden nach überwiegender Auffassung Beschützergaranten für das Umweltmedium Boden.[30] Der einzelne Amtsträger könne sich deshalb aus §§ 324a, 13 StGB strafbar machen, sofern er verwaltungsrechtlich zum Einschreiten verpflichtet sei.

Indessen kann weder für eine juristische Person des öffentlichen Rechts noch für den für diese handelnden Amtsträger ohne weiteres allein aufgrund der staatlichen beziehungsweise beruflichen Stellung das Vorliegen einer Beschützergarantenstellung angenommen werden. Hierzu fehlt es nach dem BBodSchG an einem hinreichend engen Obhutsverhältnis gegenüber dem Schutzgut Boden,

---

27 Maurach/Schroeder/Maiwald, Strafrecht BT 2, § 58 Rn. 31; Schall, NJW 1990, 1263, 1269 f.

28 Schmitt-Schönenberg, S. 227; dagegen kommt der „Behörde" als solcher bereits keine eigene Rechtspersönlichkeit zu, da es sich hierbei nur um eine interne Organisationseinheit einer juristischen Person des öffentlichen Rechts handelt; vgl. dazu Tröndle/Fischer, vor § 324 Rn. 6b; Vogelsang-Rempe, S. 213 f.

29 Schmitt-Schönenberg, S. 227; Vogelsang-Rempe, S. 223 f.

30 Just-Dahlmann, FS Sarstedt, S. 81, 95; Maurach/Schroeder/Maiwald, Strafrecht BT 2, § 58 Rn. 32; Sanden, wistra 1996, 283, 289 f.; vgl. zum Gewässerschutz OLG Frankfurt, ZfW 1988, 236, 243; Kloepfer/Vierhaus, Rn. 52; Pfohl, NJW 1994, 418, 421; S/S-Cramer/Heine, vor §§ 324 ff. Rn. 40; Winkelbauer, DÖV 1988, 723, 728; h. M.

wie es für einen Beschützergaranten vorausgesetzt wird.[31] Weder fällt den Bodenschutzbehörden nach dem BBodschG eine Bewirtschaftungsaufgabe wie nach dem WHG zu, noch lässt sich aus einzelnen gesetzlichen Bestimmungen ein solches Obhutsverhältnis herleiten. Punktuelle Aufgabenzuweisungen im Bereich der Gefährdungsabschätzung (§ 9 Abs. 1 BBodschG), der Sanierungsuntersuchung und –planung (§§ 13, 14 BBodSchG) sowie der behördlichen Überwachung (§ 15 BBodSchG), allesamt Kann- oder Soll-Vorschriften, legen den Schluss nahe, dass der Gesetzgeber mit dem BBodSchG ein dem WHG ähnliches Bewirtschaftungsregime gerade nicht institutionalisieren wollte.

Die Aufgabe der Amtsträger in den Umweltbehörden besteht vielmehr allein darin, die der Allgemeinheit zustehenden Rechtsgüter zu verwalten und für die Einhaltung der gesetzlichen Bestimmungen zu sorgen, mithin den Schutz der öffentlichen Sicherheit zu gewährleisten. Eine gegenüber den allgemeinen Ordnungsbehörden, für die eine Beschützergarantenstellung ebenfalls nicht angenommen wird, gesteigerte Pflichtenstellung liegt darin nicht begründet.[32] Umweltgüter sind den Amtsträgern folglich nicht „besonders anvertraut".[33] Für das Umweltmedium Boden gibt es keine Beschützergaranten.[34]

2. Amtsträger als Überwachergaranten

Eine Garantenstellung wird man daher allein aus der Überwachungsaufgabe des zuständigen Amtsträgers in der Überwachungsbehörde herleiten können.[35] Eine Täterstrafbarkeit von Amtsträgern ist hier allerdings nach überwiegender Auffassung nur bei solchen Tatbeständen des Umweltstrafrechts denkbar, die von jedermann verwirklicht werden können.[36] Dazu zählen vor allem die §§ 324, 326 StGB. Dagegen handelt es sich bei § 324a StGB um ein Sonderdelikt. Täter kann nur der Adressat einer verwaltungsrechtlichen Pflicht zum Schutz des Bodens sein. Folgt man der herrschenden Meinung, so fehlt den Amtsträgern der

31 Schall, NJW 1990, 1263, 1270; für § 324 StGB vgl. Tröndle/Fischer, vor § 324 Rn. 6b; Vogelsang-Rempe, S. 218 ff., die eine Beschützergarantenstellung aus § 1a Abs. 1 WHG herleitet.

32 Rudolphi, FS Dünnebier, S. 561, 578 ff.; Schall, NJW 1990, 1263, 1270.

33 Zweifelhaft ist deshalb bereits, ob sich die h.M. zu § 324 StGB auf das BBodSchG ohne weiteres übertragen lässt. Jedenfalls begrenzt auch die h.M. die Handlungspflicht des Beschützergaranten nach den Grundsätzen der Zumutbarkeit; vgl. dazu Tröndle/Fischer, vor § 324 Rn. 6b.

34 So bereits Vogelsang-Rempe, S. 224 für die Rechtslage vor Inkrafttreten des BBodSchG; im Ergebnis ebenso Arzt/Weber, Strafrecht BT, § 41 Rn. 54 f.

35 Rudolphi, FS Dünnebier, S. 561, 575 ff.; Schall, NJW 1990, 1263, 1270.

36 Kloepfer/Vierhaus, Rn. 49; Michalke, Umweltstrafsachen, Rn. 125; Sack, § 324 Rn. 202c; Maurach/Schroeder/Maiwald, Strafrecht BT 2, § 58 Rn. 34; Schall, NStZ 1997, 420, 421; SK-Horn, §324a Rn. 13; Vogelsang-Rempe, S. 224.

Überwachungsbehörden im Rahmen des § 324a StGB generell die erforderliche Täterqualität.[37]

Nach zutreffender Auffassung von *Cramer/Heine* können sich indessen auch Amtsträger nach § 324a StGB strafbar machen, wenn sie im Einzelfall zum Adressatenkreis der konkreten Bodenschutznorm gehören.[38] Dies ist etwa der Fall bei gemeindlichen Sanierungspflichten, wobei bei Beauftragung Dritter Auswahlpflichten zu beachten sind.[39] Kein pflichtwidriges Unterlassen, sondern positives Tun ist hingegen die rechtswidrige Genehmigung eines Sanierungsplans[40] und dessen Verbindlicherklärung gemäß § 13 Abs. 6 BBodSchG.[41] Hier ist Ingerenz zu prüfen, wenn der Amtsträger anschließend untätig bleibt. Nicht um eine Frage der Amtsträgerstrafbarkeit geht es bei den sogenannten „Betreiberdelikten", wenn ein Amtsträger nicht als Genehmigungs- oder Überwachungsbeamter tätig wird, sondern selbst Betreiber etwa einer Mülldeponie oder einer Kläranlage ist, so dass er insoweit auch als Pflichtenadressat aus dem Sonderdelikt § 324a StGB zur Verantwortung gezogen werden kann.[42]

3. Unterlassungsstrafbarkeit bei Ermessensentscheidungen

Hier ergeben sich Probleme vor allem bei der Frage der Rechtswidrigkeit, denn rechtswidrig im strafrechtlichen Sinne ist das Nichteinschreiten gegen illegale Zustände nur, wenn das Handeln oder Unterlassen auch nach verwaltungsrechtlichen Grundsätzen pflichtwidrig ist. Von einem Amtsträger kann rechtlich keine Handlung gefordert werden, für die eine gesetzliche Ermächtigungsgrundlage nicht besteht.[43] Eine solche Prüfung betrifft indessen häufig Verwaltungsentscheidungen, die auf Normen beruhen, welche der Verwaltung weite Ermessens- oder Beurteilungsspielräume einräumen. Der Strafrichter hat diese zu beachten und nicht durch eigene Zweckmäßigkeitserwägungen zu ersetzen.[44] So steht nach § 10 Abs. 1 BBodSchG der Erlass einer Sanierungs-

---

37 StA Hannover, NStZ 1987, 175, 176; Arzt/Weber, Strafrecht BT, § 41 Rn. 39, 47; LK-Steindorf, § 324a Rn. 62; SK-Horn, § 324a Rn. 13; Winkelbauer, DÖV 1988, 723, 728.

38 S/S-Cramer/Heine, § 324a Rn. 18; vgl. auch Michalke, Umweltstrafsachen, Rn. 54 und Fn. 171.

39 BGHSt 40, 84; OLG Düsseldorf, JR 1991, 340, 341; Sanden, wistra 1996, 283, 289.

40 Sanden, wistra 1996, 283, 290.

41 Hier ist im übrigen genau zu prüfen, ob die verletzte Amtsträgerpflicht einen zumindest mittelbaren Bezug zum Bodenschutz aufweist. Dies kann bei der Verbindlicherklärung eines Sanierungsplans durchaus zweifelhaft sein.

42 Franzheim/Pfohl, Rn. 534 ff.; Kloepfer, § 7 Rn. 22; Kloepfer/Vierhaus, Rn. 53; Michalke, NJW 1994, 1693, 1694; Schall, NJW 1990, 1263, 1269; Vogelsang-Rempe, S. 223 f.; Winkelbauer, DÖV 1988, 723, 728.

43 Vogelsang-Rempe, S. 229.

44 Vogelsang-Rempe, S. 231; Winkelbauer, DÖV 1988, 723, 729.

verfügung im pflichtgemäßen Ermessen der zuständigen Behörde („kann").[45] Voraussetzung einer strafrechtlichen Ahndung ist deshalb eine Reduzierung des behördlichen Entschließungsermessens auf Null, eine Rechtspflicht zum Einschreiten gegen einen schutzgutgefährdenden Zustand bei mehreren verfügbaren Handlungsoptionen.[46] Dies wird bei Grundwasserbeeinträchtigungen häufig der Fall sein.[47] War die behördliche Entscheidung danach rechtswidrig, begründet dies auch für das Strafrecht ein rechtswidriges Handeln oder Unterlassen. Für die Strafbarkeit muss jedoch weiter hinzukommen, dass bei sachgerechter Ermessensausübung eine andere Verwaltungsentscheidung hätte getroffen werden müssen, die zu keiner oder einer geringeren Umweltbeeinträchtigung geführt hätte, und dass der Amtsträger im Hinblick auf die Fehlerhaftigkeit der Entscheidung vorsätzlich oder fahrlässig gehandelt hat.[48]

4. Teilnahmestrafbarkeit von Amtsträgern bei § 324a StGB

Das Risiko einer Teilnehmerstrafbarkeit von Amtsträgern ist gering.[49] Hierzu bedarf es für den objektiven Tatbestand einer vorsätzlichen und rechtswidrigen Haupttat. Eine solche ist dann nicht gegeben, wenn ein Anlagenbetreiber in Ausübung und im Rahmen eines ihm erteilten behördlichen Gestattungsaktes handelt.[50] Ausnahmen sind nur bei gemäß § 44 VwVfG nichtigen oder gemäß § 330d Nr. 5 StGB für das Strafrecht unbeachtlichen Genehmigungsakten denkbar, da hier eine auch für Amtsträger teilnahmefähige Haupttat des Genehmigungsempfängers möglich ist.[51] Scheitern wird eine Strafbarkeit indessen häufig aus subjektiven Gründen in der Person des Amtsträgers, der seinerseits vorsätzlich hinsichtlich der Haupttat und seines eigenen, die Haupttat fördernden Tatbeitrages gehandelt haben muss.[52]

---

45 Vor Inkrafttreten des BBodSchG wäre hier auf die ordnungsbehördliche Generalklausel abzustellen gewesen, z. B. in Niedersachsen § 11 NGefAG.

46 Arzt/Weber, Strafrecht BT, § 41 Rn. 51; Just-Dahlmann, FS Sarstedt, S. 81, 98; Maurach/Schroeder/Maiwald, Strafrecht BT 2, § 58 Rn. 32; Sanden, wistra 1996, 283, 290; Tröndle/Fischer, vor § 324 Rn. 6b; Vogelsang-Rempe, S. 231 f.; Winkelbauer, DÖV 1988, 723, 729.

47 Sanden, wistra 1996, 283, 290.

48 Winkelbauer, DÖV 1988, 723, 729.

49 Vgl. StA Hannover, NStZ 1987, 175, 176; empirische Untersuchungen haben ergeben, dass der Anteil von Tätern aus Behörden im Bereich der Umweltdelikte zwischen 2,1 % und 5,2 % liegt; vgl. Kloepfer, § 7 Rn. 23; Kloepfer/Vierhaus, Rn. 58, 181 ff.

50 Arzt/Weber, Strafrecht BT, § 41 Rn. 40; LK-Steindorf, § 324a Rn. 62; SK-Horn, § 324a Rn. 13.

51 Arzt/Weber, Strafrecht BT, § 41 Rn. 41, 48; Kloepfer/Vierhaus, Rn. 50; Pfohl, NJW 1994, 418, 421.

52 Schall, NStZ 1997, 420, 421; ders., NJW 1990, 1263, 1269.

5. Ergebnis

Festzuhalten bleibt, dass auch nach Inkrafttreten des BBodSchG eine Beschützergarantenstellung von Amtsträgern in den Umweltbehörden ausscheidet. Eine Überwachergarantenstellung ist nur in jenen Fällen denkbar, in denen die juristische Person selbst Pflichtadressatin des BBodSchG ist. Eine Handlungspflicht zum Erlass einer Verwaltungsverfügung besteht auch dann nur bei gebundenen Entscheidungen. Andererseits erhalten die Behördenvertreter durch den Erlass der BBodSchV mit ihren bundeseinheitlich verbindlichen Bodenwerten verlässliche Bewertungsmaßstäbe für die Ermessensausübung. Soweit die Bodenwerte der BBodSchV einzelfallabhängige Abweichungen zulassen, wird hierdurch das Strafbarkeitsrisiko nicht auf den zur Entscheidung berufenen Amtsträger vor Ort verlagert, sondern diesem lediglich die Möglichkeit einer einzelfallspezifischen Reaktion unter Berücksichtigung regionaler Besonderheiten eröffnet.[53]

---

53 Sanden, wistra 1996, 283, 290.

H. STRAFRECHTLICHE RELEVANZ DER „LANDWIRTSCHAFTSKLAUSEL“

Landwirtschaftliche Produktionsweisen sind neben den Emissionen aus dem gewerblichen Bereich ein wesentlicher Belastungsfaktor für sämtliche Umweltmedien und für das Klima. Neben Stoffeinträgen spielen nichtstoffliche Belastungen des Bodens durch Bodenverdichtung und –erosion eine Rolle, die zu einem Bodenverlust über die Humusneubildungsrate hinaus führen und die Bodenfruchtbarkeit nicht unerheblich beeinträchtigen können.

Eine übermäßige und fehlerhafte Anwendung ertragssteigernder, aber umweltbelastender Düngemittel verursacht erhebliche Boden- und Gewässerbelastungen mit Nährstoffen wie Phospaten oder Nitraten. Zudem führt die intensive Anwendung von Pflanzenbehandlungsmitteln zu einer Beeinträchtigung der Bodenfruchtbarkeit.[1] Hinzu kommen die nachteiligen Veränderungen durch großflächige Bewirtschaftung und den Einsatz von schweren oder tiefpflügenden Großmaschinen.[2] Die Folge sind vor allem Schäden durch Bodenverdichtung und eine erhöhte Erosionsanfälligkeit der landwirtschaftlichen Flächen, die sich in verminderter Wasseraufnahmefähigkeit der oberen Bodenschichten zeigt.[3]

Zwischen landwirtschaftlicher Bodennutzung und Bodenschutz besteht somit ein Spannungsverhältnis. Dabei ist zu bedenken, dass 53,7 % der Flächen in den alten Bundesländern und 57 % der Flächen in der ehemaligen DDR landwirtschaftlich genutzt werden.[4] Einschließlich der Waldflächen, deren Flächenanteil für die alten Bundesländer 30 % und für die neuen Bundesländer 27,3 % beträgt, werden über 80 % der Landschaftsräume und damit ein Großteil der Kulturlandschaft in Deutschland von der Land- und Forstwirtschaft und ihrer Produktionsweise geprägt.[5]

I. Die „Landwirtschaftsklausel“ (§ 17 BBodSchG)

Da sich die Art der landwirtschaftlichen Bodennutzung maßgeblich auf die Erhaltung der Bodenfunktionen auswirkt, hat die Bundesregierung in der Beantwortung der Großen Anfrage „Bodenschutz I“ vom 7.11.1990 festgestellt,

1 Gesetzentwurf der BReg für ein BBodSchG, BR-Drucks. 702/96, S. 50.
2 Gesetzentwurf der BReg für ein BBodSchG, BR-Drucks. 702/96, S. 50; Erbguth/Stollmann, UPR 1996, 281, 287; vgl. auch die Antwort der Bundesregierung auf die Große Anfrage „Bodenschutz I“ vom 7.11.1990, BT-Drucks. 11/8410, S. 28.
3 Ausführlich dazu Schink, UPR 1999, 8, 12 f.
4 Gesetzentwurf der BReg für ein BBodSchG, BR-Drucks. 702/96, S. 49 f.
5 Schink, UPR 1999, 8, 8.

dass Bodenschutzbelange auf der Gesamtheit der Agrarflächen zu berücksichtigen seien.[6] Mit § 17 BBodSchG hat der Gesetzgeber eine bundeseinheitlich geltende Sonderregelung der Vorsorge- und Gefahrenabwehrpflicht für den Bereich der landwirtschaftlichen Bodennutzung geschaffen. Allerdings bleiben die im Düngemittel- und Pflanzenschutzrecht wie auch in der Klärschlammverordnung geregelten Anforderungen an stoffliche Einträge vorrangig zu berücksichtigen.[7]

1. Wortlaut der Norm

Bei der landwirtschaftlichen Bodennutzung wird die Vorsorgepflicht nach § 7 BBodSchG durch Einhaltung der guten fachlichen Praxis erfüllt. Deren Grundsätze sollen die nach Landesrecht zuständigen landwirtschaftlichen Beratungsstellen bei ihrer Beratungstätigkeit gemäß § 17 Abs. 1 S. 2 BBodSchG vermitteln. § 17 Abs. 2 BBodSchG enthält dazu eine nicht abschließende Aufzählung. Gemäß § 17 Abs. 3 BBodSchG werden die Gefahrenabwehrpflichten des § 4 BBodSchG durch die Einhaltung der in § 3 Abs. 1 BBodSchG genannten fachgesetzlichen Vorschriften erfüllt. Enthalten diese keine Anforderungen an die Gefahrenabwehr und ergeben sich solche auch nicht aus den Grundsätzen der guten fachlichen Praxis, gelten die übrigen Bestimmungen des BBodSchG.

2. Sachlicher Anwendungsbereich

§ 17 BBodSchG ist eine Sonderregelung der Vorsorge- und Gefahrenabwehrpflicht.[8] § 7 BBodSchG wird allerdings lediglich im Bereich der landwirtschaftlichen Bodenbearbeitung verdrängt, denn die speziellen Vorsorgeanforderungen des § 17 Abs. 1 und 2 BBodSchG betreffen im wesentlichen nur die Bodenphysik.[9] Auch die Verordnungsermächtigung des § 8 Abs. 2 BBodSchG zum Erlass von Vorsorgewerten bezieht sich nicht auf die Landwirtschaft. Aufgrund der in § 3 Abs. 1 BBodSchG angeordneten Subsidiarität des BBodSchG gilt § 17 BBodSchG darüber hinaus nicht, soweit der Vorrang der Fachgesetze reicht. Unter dem Gesichtspunkt der guten fachlichen Praxis wird der Einsatz von Pflanzenschutzmitteln sowie das Aufbringen von Düngemitteln und Klärschlämmen durch § 17 BBodSchG nicht geregelt. Diese richten sich gemäß § 3 Abs. 1 Nr. 1 bis 4 BBodSchG ausschließlich nach den Vorschriften

6 Antwort der BReg auf die Große Anfrage „Bodenschutz I", BT-Drucks. 11/8410, S. 28.
7 BR-Drucks. 702/96, S. 50; kritisch dazu Schink, UPR 1999, 8, 12.
8 Hoppe/Beckmann/Kauch, § 27 Rn. 123.
9 Erbguth/Stollmann, Bodenschutzrecht, Rn. 196; Hönig, UPR 1999, 300, 301; Hoppe/Beckmann/Kauch, § 27 Rn. 126.

des Pflanzenschutzmittelgesetzes, des Düngemittelgesetzes und der Klärschlammverordnung.[10]

3. Vorsorge und Gefahrenabwehr nach § 17 BBodSchG

a) Vorsorge

§ 17 Abs. 2 Nr. 1 bis 7 BBodSchG enthält Unterziele und Handlungsanleitungen, die die nachhaltige Sicherung der Bodenfruchtbarkeit und Leistungsfähigkeit des Bodens als Grundsätze der guten fachlichen Praxis konkretisieren. Diese beziehen sich im wesentlichen nur auf die Bodenphysik.[11] Die Einhaltung der in § 17 Abs. 1 aufgezählten Grundsätze ist nach der gesetzlichen Systematik im Vorsorgebereich nicht durch behördliche Anordnung gemäß § 10 BBodSchG durchsetzbar. Denn die Vorsorgepflicht des § 7 BBodSchG, deren Erfüllung über § 10 BBodSchG sichergestellt werden soll, schließt die landwirtschaftliche Praxis in § 7 S. 5 BBodSchG ausdrücklich von ihrem Regelungsbereich aus.[12] Gemäß § 8 Abs. 2 BBodSchG finden auch konkretisierende Vorgaben der BBodSchV für den Bereich der landwirtschaftlichen Bodennutzung keine Anwendung. § 17 BBodSchG begründet somit zwar eine spezielle Vorsorgepflicht, enthält aber keine Instrumente, um diese Pflicht durchzusetzen.[13]

b) Gefahrenabwehr

Nach § 17 Abs. 3 2. Hs. BBodSchG können behördliche Anordnungen nur zur Gefahrenabwehr ergehen, und auch nur dann, wenn die Anforderungen an die Gefahrenabwehr weder spezialgesetzlich geregelt sind noch sich aus den Grundsätzen der guten fachlichen Praxis ergeben.[14] Anders formuliert: Die Pflichten zur Gefahrenabwehr bei der landwirtschaftlichen Bodennutzung werden nach § 17 Abs. 3 BBodSchG primär dadurch erfüllt, dass die in § 3 Abs. 1 BBodSchG genannten Spezialvorschriften eingehalten werden.[15] Nur wenn diese keine Anforderungen an die Gefahrenabwehr enthalten und sich solche

---

10 Hoppe/Beckmann/Kauch, § 27 Rn. 127; Sanden/Schoeneck, § 17 Rn. 2; vgl. auch Nies, Agrarrecht 1999, 169, 179.

11 Gesetzentwurf der BReg für ein BBodSchG, BT-Drucks. 13/6701, S. 56; kritisch dazu Ott, ZUR 1994, 53, 61; Riedel, UPR 1999, 92, 94.

12 Kritisch deshalb Erbguth/Stollmann, Bodenschutzrecht, Rn. 197.

13 Peine, DVBl. 1998, 157, 159; Riedel, UPR 1999, 92, 94.

14 Tomerius, ZUR 1999, 78, 86.

15 Die Bezugnahme auf § 3 Abs. 1 für die Erfüllung der Gefahrenabwehrpflicht ist rein deklaratorisch, denn § 3 Abs. 1 selbst begründet bereits einen Anwendungsvorrang des landwirtschaftsspezifischen Fachrechts.

Anforderungen auch nicht aus den Grundsätzen der guten fachlichen Praxis ergeben, gelten die Bestimmungen des BBodSchG.[16]

II. Auswirkungen des § 17 BBodSchG auf § 324a StGB

1. Rechtslage vor Inkrafttreten des 2. UKG

Bis zum Inkrafttreten des § 324a StGB im Jahre 1994 konnten extreme Stoffeinträge in den Boden im Rahmen landwirtschaftlicher Nutzung nur als Gewässerverunreinigung oder umweltgefährdende Abfallbeseitigung verfolgt werden. Dabei birgt § 324 StGB jedoch insoweit erhebliche Nachweisschwierigkeiten, als es tatbestandlich zu einer nachteiligen Veränderung eines Gewässers gekommen sein muss.[17]

Bei § 326 Abs. 1 StGB a. F. bestand das Problem einer Abgrenzung der maßgeblichen Stoffe wie Stallmist, Klärschlamm, Gülle oder Jauche zwischen dem Düngemittelbegriff einerseits und dem strafrechtlichen Abfallbegriff andererseits. Die Frage nach der Qualität der Düngestoffe beurteilt sich indessen unabhängig von deren landwirtschaftlicher Nutzbarkeit auch unter der Geltung des 2. UKG nach den für den umweltstrafrechtlichen Abfallbegriff entwickelten Grundsätzen[18], die nunmehr an den europäischen Abfallbegriff des § 3 KrW-/AbfG anzulehnen sind.[19] Wirtschaftsdünger und Klärschlämme können subjektiver (gewillkürter) Abfall im umweltstrafrechtlichen Sinne sein, wenn sich der Besitzer ihrer entledigen will. Objektiver Abfall (Zwangsabfall) im umweltstrafrechtlichen Sinn liegt dann vor, wenn eine geordnete Entsorgung zur Wahrung des Wohls der Allgemeinheit, insbesondere zum Schutz der Umwelt geboten ist.[20] Überdüngung und punktförmiges Versickernlassen dienen als Indizien für den Entledigungswillen. Umgekehrt kann die Absicht, Gülle, Jauche oder Stallmist sowie Klärschlamm auch zur Düngung zu verwenden, die Einordnung des jeweiligen Stoffes als umweltstrafrechtlicher Abfall nicht beseitigen. Verseuchte Erde ist als unbewegliche Sache allerdings nicht Gegenstand des Abfallrechts, es sei denn, sie würde durch Aushebung oder Auskofferung zu einer beweglichen Sache.[21]

---

16 Riedel, UPR 1999, 92, 95.

17 Vgl. OLG Celle, NJW 1986, 2326, 2327; Tröndle/Fischer, § 324 Rn. 6.

18 Dazu ausführlich Bartholme, S. 110 ff., 151 f.

19 Tröndle/Fischer, § 326 Rn. 2.

20 S/S-Lenckner, § 326 Rn. 2c; Tröndle/Fischer, § 326 Rn. 2a; nach OLG Oldenburg, NJW 1988, 2391, 2392 erfüllen Silagesickersäfte den subjektiven und den objektiven umweltstrafrechtlichen Abfallbegriff.

21 BGH, NJW 1992, 122, 123; Tröndle/Fischer, § 326 Rn 2.

2. Strafrechtliche Ahndung nach § 324a StGB

a) Problem der tatbestandlichen Subsidiarität

§ 324a StGB hat durch seine Anknüpfung an die Verletzung verwaltungsrechtlicher Pflichten die Möglichkeiten der Strafverfolgung wegen umweltschädigender Stoffeinträge in der Landwirtschaft nicht wesentlich verbessert. Das BBodSchG gelangt gemäß § 3 Abs. 1 BBodSchG dann nicht zur Anwendung, wenn die inhaltlichen Anforderungen der dort aufgezählten Fachgesetze eingehalten werden. Darunter fällt zum Beispiel § 8 KrW-/AbfG, der eine Verordnungsermächtigung zur Festlegung von Anforderungen an die Kreislaufwirtschaft im Bereich der landwirtschaftlichen Düngung enthält. Zu nennen ist auch die DüngeVO, die die Grundsätze der „guten fachlichen Praxis" beim Düngen definiert. Gleiches gilt für die KompostVO mit ihren bereichsbezogenen Regelungen. Werden allerdings die dort festgelegten Grenzwerte überschritten, so greift das subsidiär geltende BBodSchG und, da gegen verwaltungsrechtliche Pflichten verstoßen wird, auch § 324a StGB.

b) Vorsorge

Behördliche Vorsorgemaßnahmen können auf § 17 BBodSchG nicht gestützt werden. Konkretisierende Vorgaben der BBodSchV sind nach der Gesetzessystematik für die landwirtschaftliche Bodennutzung nicht vorgesehen. Die spezielle Vorsorgeregelung des § 17 BBodSchG ist nicht hinreichend bestimmt, um daraus einen konkreten Verhaltensbefehl für den Landwirt herleiten zu können. Da zudem die Nichtbefolgung der Beratungsvorschläge gemäß § 17 Abs. 1 S. 2 BBodSchG keiner verwaltungsrechtlichen Sanktion unterliegt, kann die Befolgung der guten fachlichen Praxis im Wege des Verwaltungszwanges nicht durchgesetzt werden. Als Anknüpfungspunkt für strafrechtliche Sanktionen taugt § 17 Abs. 1 S. 1 BBodSchG deshalb nicht.

c) Gefahrenabwehr

Soweit die Anforderungen an die Gefahrenabwehr im Bereich der Stoffeinträge durch agrarwirtschaftliche Bodennutzung in Spezialvorschriften abschließend geregelt werden und sich für den Bereich der Bodenverdichtung aus den Grundsätzen der guten fachlichen Praxis ergeben, bleibt für unmittelbare Anordnungen nach § 17 Abs. 3 2. Hs. BBodSchG nur der Bereich der Bodenerosion.[22] Für eine strafrechtliche Ahndung von Verstößen gegen solche Gefahrenabwehrverfügungen ist aufgrund des eindeutigen Wortlautes des § 324a

22 Hoppe/Beckmann/Kauch, § 27 Rn. 131.

StGB, der ausschließlich Stoffeinträge sanktioniert und nichtstoffliche Belastungen unberücksichtigt lässt, allerdings kein Raum.

III. Ergebnis

Die strafrechtliche Relevanz der „Landwirtschaftsklausel" des § 17 BBodSchG tendiert sowohl für den Vorsorgebereich als auch für die Gefahrenabwehr gegen Null. Die Vorschrift ist aufgrund ihres komplizierten Anwendungsnachrangs nicht nur für die betroffenen Landwirte, sondern auch für Fachbehörden kaum überschaubar. Stoffliche Einträge in den Boden im Rahmen der landwirtschaftlichen Nutzung sind aus dem Anwendungsbereich des BBodSchG verbannt. Aus strafrechtlicher Sicht kommt die mangelnde Bestimmtheit des § 17 BBodSchG hinzu. Normkonkretisierende Vorsorgeanordnungen können auf § 17 Abs. 1 BBodSchG nicht gestützt werden. Die Festlegung von Vorsorgewerten durch die BBodSchV scheidet für den Bereich der landwirtschaftlichen Nutzung ebenfalls aus. Die Gefahrenabwehrpflicht aus § 17 Abs. 3 BBodSchG, aufgrund ihrer Schadensnähe als Anknüpfungspunkt für § 324a StGB per se besser geeignet, gelangt nur dann zur Anwendung, wenn nicht die in § 3 Abs. 1 BBodSchG genannten Spezialvorschriften einschlägig sind. Letzteres dürfte aber regelmäßig der Fall sein.

I. ALLGEMEINSTRAFRECHTLICHE BEZÜGE DES BBODSCHG

I. Vorbereitung, Versuch und Vollendung des § 324a StGB

Die versuchte nachteilige Bodenveränderung ist strafbar gemäß §§ 324a Abs. 2, 23 Abs. 1, 12 Abs. 2 StGB. Wann ein Versuch des § 324a StGB vorliegt, bestimmt sich nach allgemeinen Grundsätzen.[1] In Betracht kommt zunächst der Fall, dass eine Bodenverunreinigung ausbleibt, aber unmittelbar bevorgestanden hat. Tritt eine nachteilige Bodenveränderung dagegen ein, misslingt jedoch der für das Erfolgsdelikt erforderliche Kausalitätsnachweis, so ist ebenfalls an eine Versuchsstrafbarkeit zu denken.[2] Eine Versuchsstrafbarkeit ist ferner vorstellbar bei objektivem Eintritt einer nachteiligen Bodenveränderung, wenn der Täter irrtümlich das Fehlen einer zum Zeitpunkt der Tatbegehung vorliegenden behördlichen Erlaubnis annimmt, die sich freilich nicht aus dem BBodSchG ergeben kann. Da der Verstoß gegen verwaltungsrechtliche Pflichten bei § 324a StGB Tatbestandsmerkmal ist, liegt hier ein umgekehrter Tatbestandsirrtum vor.

1. Versuchsbeginn

Kommt es nicht zum Eintritt einer Bodenverunreinigung, so ist im Rahmen des objektiven Versuchstatbestandes zu prüfen, ob der Täter gemäß § 22 StGB zur Tatbestandsverwirklichung bereits unmittelbar angesetzt, eine nachteilige Bodenveränderung im Sinne von § 324a Abs. 1 StGB mithin unmittelbar bevorgestanden hat.[3] Subjektiv muss ein vollständiger und konkreter Tatvorsatz hinzutreten.[4] Erforderlich sind danach Handlungen, mit denen der Täter subjektiv die Schwelle zum „jetzt geht´s los!“ überschreitet und objektiv das geschützte Rechtsgut in eine konkrete nahe Gefahr bringt.[5]

Praktisch bedeutsamer sind aber die mit dolus eventualis begangenen Versuchshandlungen. Da für die Versuchsstrafbarkeit nach §§ 324a, 22 StGB bedingter Vorsatz genügt[6], kann beispielsweise auch dann eine versuchte Bodenverunreinigung vorliegen, wenn jemand trotz der erkannten Gefährlichkeit von chlorierten Kohlenwasserstoffen mit diesen Chemikalien auf ungeschütztem Erdreich sorglos umgeht und dabei billigend in Kauf nimmt, dass sie – ohne

1 LK-Steindorf, § 324a Rn. 66, § 324 Rn. 119; SK-Horn, 324 Rn. 14.
2 Franzheim/Pfohl, Rn. 124; Michalke, Umweltstrafsachen, Rn. 163.
3 Allgemein dazu Tröndle/Fischer, § 22 Rn. 10 f.
4 LK-Steindorf, § 324 Rn. 119; Wessels, Strafrecht AT, Rn. 598.
5 Roxin, JuS 1979, 1, 4 f.; Tröndle/Fischer, § 22 Rn. 11 m. w. N.
6 Sack, § 324a Rn. 52.

dass hier der Erfolg nachgewiesen werden müsste – in das Grundwasser versickern.[7]

Geschütztes Rechtsgut des § 324a StGB ist in erster Linie der Boden selbst. Für die Sekundärrechtsgüter des § 324a Abs. 1 Nr. 1 StGB genügt eine generelle Schädigungseignung der Tathandlung. Allerdings ist eine nicht von dem verunreinigten Boden selbst ausgehende Gefährdung der Sekundärrechtsgüter keine versuchte Bodenverunreinigung.[8] Lediglich eine straflose Vorbereitungshandlung zu § 324a StGB ist daher anzunehmen, wenn eine unmittelbare, konkrete Gefährdung des Rechtsgutes Boden (noch) nicht eingetreten ist. Dass Schadstoffe überhaupt vorhanden sind, reicht für den Versuch des § 324a StGB in der Regel ebenfalls nicht aus.[9]

2. Giftfässerfälle

Vollendet ist § 324a StGB grundsätzlich bei Eintritt einer nachteiligen Bodenveränderung.[10] Problematisch sind die Fälle, in denen Giftfässer mit bodenschädlichen Inhaltsstoffen im Erdreich vergraben werden, denn eine nachteilige Bodenveränderung bleibt hier zunächst aus.

a) Zeitlicher Bezug zwischen Tathandlung und Erfolg

Nach *Steindorf*[11] soll „in aller Regel" ein Versuch vorliegen, und zwar auch dann, wenn die Behälter noch nicht so stark korrodiert oder sonst beschädigt sind, dass ihr Inhalt ohnehin nach kurzer Zeit in das Erdreich und nachfolgend in das Grundwasser eindringen müsse. Zweifel an dieser Auffassung bestehen jedenfalls, wenn der Behälter erst nach mehreren Jahren verrosten und zerfallen würde, weil dann eine unmittelbare Gefahr für das Rechtsgut im Zeitpunkt der Tathandlung eher fern liegt.[12]

Beginnt der Täter einen Stoff in das Erdreich einzubringen, der geeignet ist, dieses nachteilig zu verändern oder zu verunreinigen, und weiß der Täter von dieser Eignung oder rechnet er mit ihr und nimmt die drohende Verunreinigung gleichwohl billigend in Kauf, liegt zweifelsfrei ein strafbarer Versuch vor.[13] Die

---

7 Franzheim/Pfohl, Rn. 124.
8 LK-Steindorf, § 324a Rn. 66.
9 LK-Steindorf, § 324a Rn. 66; Michalke, Umweltstrafsachen, Rn. 163.
10 LK-Steindorf, § 324 Rn. 120; Sack, § 324a Rn. 52; Sanden, wistra 1996, 283, 288; S/S-Cramer/Heine, § 324a Rn. 17.
11 LK-Steindorf, § 324 Rn. 120 für den Tatbestand der Gewässerverunreinigung.
12 In diesem Sinne auch Sack, § 324a Rn. 52; § 324 Rn. 228.
13 Sack, § 324 Rn. 227; Franzheim/Pfohl, Rn. 124.

Giftfässerfälle bergen indessen die Schwierigkeit, dass der Zeitpunkt des Erfolgseintritts für den Täter gerade nicht absehbar ist.

b) *Die Alternativformel der herrschenden Meinung*

Die wohl überwiegende Auffassung im Schrifttum[14] nimmt die Abgrenzung von Vorbereitung und Versuch nur dann nach allgemeinen Grundsätzen vor, wenn der Täter, der nach seiner Vorstellung von der Tat bereits alles zum Erfolgseintritt Erforderliche getan hat, den Geschehensablauf vergleichbar dem unbeendeten Versuch noch in Händen hält. Beim beendeten Versuch, bei dem der Täter den Geschehensfortgang aus der Hand gibt, liegt der Versuchsbeginn entweder dann vor, wenn nach der Tätervorstellung eine Situation eingetreten ist, bei der zur Tatbestandsverwirklichung keine wesentlichen Zwischenschritte mehr erforderlich sind, oder wenn der Täter den weiteren Geschehensablauf bewusst aus der Hand gegeben hat.

c) *Geschehenlassen der Tatbestandsverwirklichung*

In den „Giftfässerfällen" wird letzteres anzunehmen sein. Indem der Täter die Giftbehälter im Boden vergräbt, gibt er das weitere Geschehen vorsätzlich aus der Hand. Er „stellt die Weichen in Richtung auf eine konkrete Gefährdung"[15], so dass es ohne sein weiteres Zutun zwangsläufig zu dieser kommt. Die Annahme eines Versuchs in diesen Fällen wird zudem durch Strafwürdigkeitserwägungen getragen, da Einwirkungen Dritter auf die durch den Täter geschaffene Gefahrenquelle nach dessen Tatplan gerade ausgeschlossen werden sollen. Nicht durchzugreifen vermögen deshalb auch Bedenken hinsichtlich der erforderlichen „Unmittelbarkeitsbeziehung" zwischen Tathandlung und Taterfolg.

Ob es, wie *Steindorf* meint, „allgemeiner Erfahrung" entspricht, dass ein Täter, der Giftbehälter im Erdreich vergräbt, „damit rechnet und billigend in Kauf nimmt, dass durch chemische Einflüsse im Laufe einer ex ante nicht kalkulierbaren Zeitspanne die Schutzhülle verrottet und der Boden verunreinigt wird", mag bezweifelt werden. Einen solchen Erfahrungssatz gibt es jedenfalls nicht. Wo die Wirkungsweise des Tatmittels längere Zeit beansprucht oder wo der Erfolgseintritt einem beliebigen Zeitpunkt überlassen bleibt, genügt es jedoch zur Bejahung des Versuchsbeginns, dass der Täter die den unmittelbaren Angriff bildende Kausalkette in Gang setzt und den weiteren Geschehensablauf aus der Hand gibt.[16]

---

14 Jescheck/Weigend, Strafrecht AT, § 49 IV 6; Roxin, JuS 1979, 1, 10; S/S-Eser, § 22 Rn. 42; Wessels, Strafrecht AT, Rn. 601.

15 LK-Steindorf, § 324 Rn. 120.

16 Roxin, FS Maurach, S. 213, 224; Wessels, Strafrecht AT, Rn. 601.

Formuliert man die Behauptung *Steindorfs* daher als Bedingung, sieht es der Täter also als möglich voraus und nimmt er nach den *konkreten* Umständen dennoch billigend in Kauf, dass infolge von Korrosionsprozessen etwa ein alter Benzinkanister im Erdreich verrottet oder ein dünnwandiger Öltank undicht wird, und gibt er das Geschehen gleichwohl aus der Hand, so hat er nach seinem Tatplan alles Erforderliche getan, um den Erfolgseintritt zu bewirken. Dann liegt der strafbare Versuch einer Bodenverunreinigung gemäß §§ 324a, 22 StGB vor.

II. Täterschaft und Teilnahme bei § 324a StGB

Täterschaft kommt sowohl bei aktivem Tun als auch bei Unterlassen in Betracht. Täter des § 324a StGB kann jeder Verursacher einer nachteiligen Bodenveränderung sein, der gegen eine verwaltungsrechtliche Pflicht verstößt.[17] Ein Hauptfeld der Umweltkriminalität bilden in der öffentlichen Wahrnehmung die Fälle der Beteiligung von Wirtschaftsunternehmen an Umweltdelikten.[18] Darauf ist im folgenden näher einzugehen.

1. Strafbarkeit in Unternehmen

Auch bei unternehmensbezogenem Verhalten gilt der Grundsatz „societas non potest delinquere". Das Unternehmen selbst macht sich als juristische Person niemals strafbar.[19] Dies nötigt dazu, auf die für ein Unternehmen tätigen natürlichen Personen zuzugreifen. Hier gerät das deutsche Schuldstrafrecht indessen in Konflikt mit der arbeitsteiligen Aufgabenerfüllung in Unternehmen. Ermittlungstaktisch besteht die Schwierigkeit, komplexe Unternehmensstrukturen zu durchschauen und den festgestellten Taterfolg dem einzelnen Leitungsorgan oder Belegschaftsmitglied individuell zuzuordnen.[20] De lege lata muss als Grundsatz gelten, dass jedenfalls derjenige Betriebsangehörige gemäß § 25 Abs. 1 1. Alt. StGB als Täter strafrechtlich verantwortlich ist, der eine Bodenverunreinigung persönlich bewirkt hat.[21] Dem steht jedoch der Sonderdeliktscharakter des § 324a StGB entgegen: Als Täter macht sich nur strafbar, wer selbst „unter

---

17 Arzt/Weber, Strafrecht BT, § 41 Rn. 17 f., 32.

18 Kloepfer, § 7 Rn. 28; Winkelbauer, FS Lenckner, S. 645, 645.

19 Winkelbauer, FS Lenckner, S. 645, 645; Schmidt-Salzer, NJW 1996, 1, 2; allgemein zum Individualschuldprinzip Lackner/Kühl, vor § 13 Rn. 22 f.; S/S-Lenckner, vor §§ 13 ff. Rn. 103 f.

20 Kloepfer, § 7 Rn. 28; Schmitt-Schönenberg, S. 229; vgl. dagegen. Schünemann, Unternehmenskriminalität, S 49: Eine weitreichende Dokumentation aller Betriebsvorgänge sei schon wegen der internen Organisationsbedürfnisse gewissermaßen „prästabilisiert", worauf im Strafverfahren zurückgegriffen werden könne.

21 Kloepfer/Vierhaus, Rn. 63; Rudolphi, FS Lackner, S. 863, 870; Winkelbauer, FS Lenckner, S. 645, 648.

Verletzung verwaltungsrechtlicher Pflichten“ handelt. Dieses Spannungsverhältnis gilt es bei den weiteren Ausführungen zu berücksichtigen.

2. Organ- und Vertreterverantwortlichkeit gemäß § 14 StGB

a) Bedeutung des § 14 StGB

Bei juristischen Personen, Personenhandelsgesellschaften, bei gesetzlicher Vertretung und rechtsgeschäftlich begründeten Vertretungsverhältnissen ist § 14 StGB zu beachten.[22] § 14 StGB gewinnt im Rahmen des § 324a StGB besondere Bedeutung, weil der Täter pflichtwidrig gegen eine an ihn gerichtete behördliche Anordnung verstoßen haben, mithin selbst Adressat des Verwaltungsakts gewesen sein muss.[23] Diese Pflichtenstellung wird durch § 14 StGB auf Organe juristischer Personen sowie auf bestimmte Vertreter und Beauftragte „abgewälzt“, wenn sie für die juristische Person handeln.[24] Diese natürlichen Personen, allen voran der Betriebsinhaber, kommen als Täter in Betracht, während für nachgeordnete Mitarbeiter unabhängig von der Intensität ihrer Tatbeteiligung nur strafbare Teilnahme denkbar wäre und ihre Strafbarkeit im Falle fahrlässigen Handelns sogar gänzlich entfiele.[25]

b) Sonderdeliktsnatur des § 324a StGB

In der Tat können durch diese Rollenverteilung den Realitäten des Arbeitslebens diametral zuwiderlaufende Ergebnisse vermieden werden, denn darin spiegelt sich zutreffend die soziale Rolle des Arbeitnehmers als Gewerbegehilfe seines Prinzipals wieder. Eine solche soziologische, gewissermaßen an die subjektiven Täterlehren angelehnte Sichtweise findet für § 324a StGB ihre Bestätigung in dem Spezifikum seines Sonderdeliktscharakters. § 25 Abs. 1 1. Alt. StGB als Norm des Allgemeinen Teils steht nicht entgegen, da § 324a StGB mit der „Verletzung verwaltungsrechtlicher Pflichten“ besondere täterschaftsbegründende Merkmale voraussetzt. Solche Pflichten werden von der zwar „pflichtfähigen“, aber deliktsunfähigen juristischen Person über § 14 Abs. 2 StGB auf den dort genannten Personenkreis übergeleitet. Der weisungsabhängige Hilfsarbeiter fällt

22 Das StGB kennt keine Strafbarkeit von Personenvereinigungen und juristischen Personen. Im Ordnungswidrigkeitenrecht sieht § 30 OWiG allerdings eine Verbandsgeldbuße vor; vgl. Kloepfer/Vierhaus, Rn. 63.

23 Dazu instruktiv Arzt/Weber, Strafrecht BT, § 41 Rn. 32 f.; S/S-Cramer/Heine, § 324a Rn. 18.

24 Kloepfer, § 7 Rn. 29; Kloepfer/Vierhaus, Rn. 63; Schmidt-Salzer, NJW 1996, 1, 2.

25 Arzt/Weber, Strafrecht BT, § 41 Rn. 33, 35; Winkelbauer, FS Lenckner, S. 645, 650; vgl. auch Rudolphi, FS Lackner, S. 863, 869: Im Regelfall gar keine strafrechtliche Verantwortlichkeit von in der Produktion beschäftigten Arbeitern auch dann, wenn sie die Umweltschädigung als gewiss vorausgesehen haben.

nicht darunter. Er kann somit auch nicht „unter Verletzung verwaltungsrechtlicher Pflichten“ handeln, die ihn selbst treffen.

c) *Pflichtverstoß als Maßstab strafrechtlicher Sanktion*

Zwar ist aus der Perspektive des Verwaltungsrechts durchaus denkbar, auch nachgeordnete Mitarbeiter unter Hinweis auf die innerbetriebliche Aufgabendelegation in den Adressatenkreis der verwaltungsrechtlichen Pflichten einzubeziehen, denn der Prinzipal muss sich das Verhalten seiner Arbeitnehmer zurechnen lassen, wobei es auf sein Verschulden nicht ankommt.[26] Im Strafrecht geht es indessen nicht, auch wenn § 324a StGB tatbestandlich an verwaltungsrechtswidrige Zustände anknüpft, um die Durchsetzung rechtmäßiger Zustände zur präventiven Gefahrenabwehr, sondern um die repressive Sanktion für die Verursachung einer Rechtsgutsverletzung. Das Strafrecht kennt folglich keine undifferenzierte Verantwortlichkeit des Betriebsinhabers oder seiner Organe für betriebsbezogene Straftaten der Arbeitnehmer, sondern nur den individuellen Pflichtverstoß als Gegenstand strafrechtlicher Ahndung.[27] Eine Ausdehnung des Begriffs der „Verletzung verwaltungsrechtlicher Pflichten“ über die Organ- und Vertreterverantwortlichkeit des § 14 Abs. 2 StGB hinaus auf nachgeordnete Mitarbeiter bedeutete einen Verstoß gegen das strafrechtliche Analogieverbot.

d) *Garantenstellung des Prinzipals*

Geht man davon aus, dass innerhalb einer Unternehmenshierarchie der Prinzipal selten persönlich Stoffe in den Boden „einbringt“, so kann er sich gleichwohl als Garant, nämlich als Adressat von verwaltungsrechtlichen Pflichten im Sinne von § 324a StGB, in der Alternative des Eindringenlassens strafbar machen, wenn er die Einrichtung, von der Gefahren für den Boden ausgehen, beherrscht oder für sie verantwortlich ist.[28] Dies gilt wegen § 14 Abs. 2 StGB auch für die weiteren dort genannten Personen. Bei leitenden Angestellten oder Beauftragten, die für ein Unternehmen handeln, kommt es auf ihren Kompetenzbereich und ihre Entscheidungsbefugnis an.[29]

---

26 Winkelbauer, FS Lenckner, S. 645, 649 f.

27 Winkelbauer, FS Lenckner, S. 645, 650.

28 Winkelbauer, FS Lenckner, S. 645, 656.

29 BGH, NStZ 1991, 490, 490 zur Haftung eines Betriebsleiters; Rudolphi, FS Lackner, S. 863, 870; Schmitt-Schönenberg, S. 132.

3. Grundsatz der vertikalen Linienverantwortung

a) „Subsidiäre" Garantenstellung des Vorgesetzten?

Im Falle einer Delegation innerbetrieblicher Aufgaben auf nachgeordnete Mitarbeiter haftet der Vorgesetzte nach Maßgabe vorstehender Ausführungen strafrechtlich als Garant für das Verhalten der beauftragten Person(en), wenn und soweit ihn ein Auswahl-, Aufsichts- oder sonstiges Organisationsverschulden trifft.[30] Für § 324a StGB ist dabei stets dessen Sonderdeliktscharakter zu beachten, der für eine Täterstrafbarkeit eine verwaltungsrechtliche Pflichtenstellung, mithin eine eigene Garantenstellung des jeweils Handelnden voraussetzt. Die Formulierung *Rudolphis*, es handele sich bei dem Vorgesetzten insoweit lediglich um einen „subsidiären" Garanten[31], trifft für § 324a StGB somit gerade nicht zu.[32]

b) Vertikales Liniensystem

Die strafrechtliche Verantwortlichkeit verläuft im streng hierarchisch gegliederten Unternehmen vertikal entlang der Verantwortungslinien.[33] Zu prüfen ist, wer entlang dieser Verantwortungsstränge innerbetrieblich für die Erfüllung der verwaltungsrechtlichen Pflicht individuell verantwortlich ist.[34] Für jeden einzelnen strafrechtlich als Täter oder Teilnehmer in Betracht kommenden Betriebsangehörigen muss ermittelt werden, welche Sorgfaltspflichtverletzung ihm zur Last fällt. Dafür genügt eine mittelbare Beziehung zum konkreten betrieblichen Schadensereignis, sofern sich das Verhalten des einzelnen, etwa des ressortzuständigen Geschäftsleitungsmitgliedes, als Verletzung ihm obliegender Sorgfaltspflichten darstellt.[35] So hat das *OLG Karlsruhe* als Beauftragte im Sinne von § 14 Abs. 2 Nr. 1 StGB den stellvertretenden und später verantwortlichen

---

30 Kloepfer, § 7 Rn. 31; Kloepfer/Vierhaus, Rn. 65; einschränkend Rudolphi, FS Lackner, S. 863, 868.

31 Rudolphi, FS Lackner, S. 863, 874.

32 Die umstrittene Frage, ob die Garantenpflicht als täterbegründendes, nicht abstufbares Kriterium anzusehen ist, der unterlassende Garant mithin immer Täter sei, wie dies etwa LK-Roxin, § 27 Rn. 43 annimmt, hat für § 324a StGB keine Bedeutung, da die Pflichtenstellung hier als Tatbestandsmerkmal bereits positiv normiert ist.

33 Allerdings wird in der modernen betriebswirtschaftlichen Organisationslehre mit Rücksicht auf die Länge und Schwerfälligkeit dieses Liniensystems und seine begrenzte Fähigkeit, größere Informationsmengen zu transportieren, ein mit Kooperationselementen und Entscheidungsdelegationen verbundenes System der Dezentralisierung bevorzugt; vgl. dazu Schünemann, Unternehmenskriminalität, S. 34.

34 BGH, NJW 1990, 2560 = BGHSt 37, 106 (Lederspray); Kloepfer/Vierhaus, Rn. 63; LK-Steindorf, § 324a Rn. 61; Sack, § 324a Rn. 47 f.; Schmidt-Salzer, NJW 1996, 1, 3.

35 Schmidt-Salzer, NJW 1996, 1, 3.

Geschäftsführer, den verantwortlichen technischen Bereichsleiter sowie den verantwortlichen Produktionsleiter angesehen.[36]

Die Organisationsstruktur eines Unternehmens bildet daher den Anknüpfungspunkt für eine Zurechnung von Verbandsdelikten. Jeder sektoralen Herrschaft entspricht eine Sorgfaltspflicht, deren Inhalt durch die Nähe zur unmittelbaren Verrichtung einer unternehmensbezogenen Handlung bestimmt wird und von unmittelbaren Handlungspflichten auf der untersten Hierarchiestufe über Leitungs- und Kontrollpflichten auf mittlerer Ebene bis hin zu Organisationspflichten auf oberster Stufe reicht.[37] So kann von Mitgliedern der Unternehmensleitung nicht verlangt werden, die einzelnen Verrichtungen innerhalb des Unternehmens unmittelbar zu überwachen. Der Unternehmensleitung obliegt jedoch als Ausfluss ihrer umfassenden Organisationsherrschaft die Pflicht, das Unternehmen so zu organisieren, dass innerbetriebliche Kontrollen sorgfaltsgerecht stattfinden.[38]

c) Aufgabendelegation

Arbeitsteilung durch Aufgabedelegation führt daher nicht zu einer Begrenzung der Strafbarkeit, sondern zu einer Multiplikation der strafrechtlichen Verantwortlichkeit.[39] Demjenigen Vorstandsmitglied, bei dem die für eine bestimmte Verrichtung erforderlichen Informationen vorhanden sind, erwächst eine Garantenpflicht zur Anleitung und Kontrolle der nachgeordneten Mitarbeiter. Ein Verlust der Garantenpflicht tritt dadurch nicht ein, sondern die Pflicht verwandelt sich entsprechend den unternehmensinternen Herrschaftsbefugnissen in eine Leitungs- und Kontrollpflicht.[40] Gleichwohl können nachgeordnete Mitarbeiter, die nicht selbst zumindest dem Kreise des in § 14 Abs. 2 StGB genannten Führungspersonals angehören, nur als Teilnehmer bestraft werden, da sie nicht Adressaten von verwaltungsrechtlichen Pflichten im Sinne von § 324a StGB, sondern lediglich kraft innerbetrieblicher Aufgabendelegation Inhaber bestimmter abgegrenzter Sorgfaltspflichten sind.[41]

---

36 OLG Karlsruhe, ZfW 1996, 406, 408 f. für § 325 StGB.

37 Schmidt-Salzer, NJW 1996, 1, 3.

38 Schmitt-Schönenberg, S. 237; Schünemann, Unternehmenskriminalität, S. 107.

39 Kloepfer, § 7 Rn. 31; Kloepfer/Vierhaus, Rn. 65.

40 LK-Jescheck, § 13 Rn. 28; Schünemann, Unternehmenskriminalität, S. 108.

41 Diese innerbetrieblichen Sorgfaltspflichten stellen freilich einen Ausfluss der „Ur-Pflicht" aus § 324a StGB dar. Ihre Ausweitung über den Adressatenkreis des § 14 Abs. 2 StGB hinaus verstieße aber gegen das Analogieverbot.

4. Generalverantwortung der Unternehmensleitung

In seiner bekannten „Lederspray"-Entscheidung hat der *Bundesgerichtshof* auch zu einem möglichen vertikalen Rückfluss der strafrechtlichen Verantwortlichkeit innerhalb von Unternehmen grundlegend Stellung genommen. In besonderen Krisen- oder Ausnahmesituationen soll die gesamte Unternehmensleitung nach dem Grundsatz der Generalverantwortlichkeit und Allzuständigkeit in Haftung genommen werden können.[42] Jedes Mitglied der Leitungsebene treffe die Pflicht zur Bildung einer eigenen Meinung über das gesamte Unternehmen betreffende Vorfälle.

Daran ist problematisch, dass es gerade im Regelfall einer diversifizierten Ressortaufteilung der Leitungsorgane angesichts des Individualschuldprinzips kaum vertretbar erscheint, eine Unternehmensleitung als Kollektiv für das Verhalten eines ihrer verantwortlichen Mitglieder strafrechtlich zu belangen.[43] Diese Betrachtungsweise mag sich durch die soziale Realität bestätigt finden, denn das „Unternehmen" und nicht mehr die am Wirtschaftsprozess teilnehmende Einzelperson ist die dominierende Organisationsform westlicher Volkswirtschaften.[44]

Eine zu lasche Handhabung des vom *Bundesgerichtshof* selbst nur als Ausnahme statuierten Grundsatzes der strafrechtlichen Generalverantwortlichkeit ist indessen mit dem deutschen Schuldstrafrecht nicht vereinbar.[45] Andererseits darf eine Ressortbildung nicht dazu führen, dass die anderen Mitglieder der Leitungsebene eines Unternehmens völlig enthaftet werden. Deshalb muss sichergestellt bleiben, dass der Ressortverantwortliche wichtige, das ganze Unternehmen betreffende Vorgänge in der Gesamtgeschäftsleitung zur Sprache bringt und abstimmt.[46] Hier ergeben sich Ansatzpunkte für mittäterschaftliches Verhalten der Geschäftsleitung, wobei auf die allgemeinen Grundsätze der Täterlehre und die soeben dargestellten Besonderheiten des § 324a StGB verwiesen werden kann. Schwierigkeiten dürften allerdings beim Nachweis eines entsprechenden Mittätervorsatzes der Beteiligten entstehen, da es sich stets um betriebsinterne Vorgänge handeln wird.

---

42 BGH, NJW 1990, 2560, 2565; Schmitt-Schönenberg, S. 238.

43 Kloepfer/Vierhaus, Rn. 68; Rudolphi, FS Lackner, S. 863, 872; Schmidt-Salzer, NJW 1996, 1, 4; insoweit offengelassen durch BGH, NJW 1990, 2560, 2565, der die Schwelle für Krisensituationen allerdings eher niedrig ansetzt: Die Situation muss sich vor Eintritt der eigentlichen Umweltkatastrophe lediglich bereits abgezeichnet haben.

44 Schünemann, Unternehmenskriminalität, S. 15.

45 Kloepfer, § 7 Rn. 32; Kloepfer/Vierhaus, Rn. 68.

46 Schmidt-Salzer, NJW 1996, 1, 4.

5. Teilnahmestrafbarkeit

Als Täter des § 324a StGB kommt nur in Betracht, wer Adressat der im Einzelfall verletzten verwaltungsrechtlichen Bodenschutzregelung ist. Personen, die nicht selbst als Täter verwaltungsrechtliche Pflichten verletzen, können nur Teilnehmer der Bodenverunreinigung sein.[47] Durch § 14 StGB wird der Täterkreis zusätzlich auf die dort genannten Vertreter erstreckt. Die in § 324a in Verbindung mit § 330d Nr. 4 StGB enthaltenen Elemente verwaltungsrechtlicher Pflichten stellen mithin für die Pflichtadressaten „besondere persönliche Merkmale" im Sinne des § 14 StGB dar. Der pflichtenauferlegende Verwaltungsakt oder die inhaltlich bestimmte Rechtsvorschrift wenden sich in der Regel an den Betreiber einer Anlage. Die aufgegebene Pflicht kann in solchen Fällen auch oder sogar ausschließlich von einem Vertreter wahrgenommen werden.

Dagegen liegt nach herrschender Auffassung kein solches Merkmal im Sinne des § 28 Abs. 1 StGB vor, denn diese Pflichten beträfen nur die „Positionsnähe" des Täters zum geschützten Rechtsgut.[48] Die Anknüpfung der Strafbarkeit an die Verletzung verwaltungsrechtlicher Pflichten diene nur der Kennzeichnung des Tatunrechts, nicht der des Täters. Die dem Täter obliegenden verwaltungsrechtlichen Pflichten seien daher keine unrechtsrelevanten täterbezogenen, sondern sachbezogene Merkmale, die freilich die personale Seite des Handlungsunrechts mitbestimmten.

Dies liegt auf der Linie der zu den Garantenpflichten bei den unechten Unterlassungsdelikten vertretenen Lehrmeinung: Das im Tatbestand des unechten Unterlassungsdeliktes enthaltene Verbot richte sich nämlich an jedermann, und die Garantenpflicht habe nur die Bedeutung, positives Tun und Unterlassen bei der Zurechnung des tatbestandsmäßigen Erfolges gleichzustellen.[49] Folglich sei § 28 Abs. 1 StGB im Rahmen des § 324a StGB auf Außenstehende nicht anwendbar.[50] Der an der vorsätzlichen und rechtswidrigen Haupttat vorsätzlich Beteiligte habe, sofern er nichtqualifiziert sei, keinen Anspruch auf Strafrahmenmilderung gemäß § 28 Abs. 1 StGB.

Zweifel sind angebracht. Denn oben wurde für § 324a StGB herausgearbeitet, dass durch das Merkmal des Eindringenlassens die Bodenverunreinigung durch pflichtwidriges Unterlassen *abschließend* geregelt wird, so dass zumindest das

47 Baumann/Weber/Mitsch, Strafrecht AT, § 29 Rn. 13 f.; LK-Steindorf, § 324a Rn. 61.

48 Lackner/Kühl, § 325 Rn. 12.

49 Jescheck/Weigend, Strafrecht AT, § 61 VII 4 a.

50 Lackner/Kühl, § 325 Rn. 12; LK-Steindorf, § 325 Rn. 70; S/S-Cramer/Heine, § 324a Rn. 18; S/S-Heine, § 325 Rn. 30; a. A. NK-Ransiek, § 324a Rn. 23; Sack, § 324a Rn. 47; SK-Horn, § 325 Rn. 14; Tröndle/Fischer, § 330d Rn. 5.

Standardargument der herrschenden Meinung in Bezug auf § 324a StGB nur wenig stichhaltig erscheint, zumal sich das normative Verbot gerade nicht an jedermann, sondern nur an den Träger verwaltungsrechtlicher Pflichten wendet.[51] Darin kommt der Sonderdeliktscharakter der Vorschrift gerade zum Ausdruck.

Die nur beschränkte Möglichkeit der Alleintäterschaft bei Sonderdelikten ist zudem bei der Beteiligung an der Unterlassungsalternative des § 324a StGB zu berücksichtigen. Wer sich als nachgeordneter Mitarbeiter eines Unternehmens, der von § 14 Abs. 2 StGB nicht erfasst wird, nicht in einer Garantenstellung im Sinne des § 324a StGB befindet und deshalb als alleiniger Unterlassungstäter ausscheidet, kann auch nicht mittäterschaftlicher Unterlassungstäter sein.[52] Besteht indessen eine Garantenstellung eines Mitglieds der Geschäftsleitung, so kann der Pflichtenadressat als Täter zu bestrafen sein, er muss es aber nicht.[53] Verstellt nämlich der die Tat selbst unmittelbar Ausführende dem unterlassenden Garanten die Tatbeherrschung, so fällt letzterem nur die Rolle eines Teilnehmers zu, weil er die Chancen des Gelingens der Tat steigert.[54]

Freilich gilt dies nach der Tatbestandsfassung des § 324a Abs. 1 StGB nur dann, wenn der unmittelbar Ausführende selbst als Täter „unter Verletzung verwaltungsrechtlicher Pflichten" handelt. Ob sich an dieser Rollenverteilung etwas ändert, wenn der Unterlassende als Beschützergarant anzusehen ist, der dem Tatobjekt näher steht als ein Überwachergarant, kann dahinstehen, denn für das Schutzgut Boden lässt sich eine Beschützergarantenstellung de lege lata nicht herleiten.[55]

III. Sozialadäquanz, Einwilligung und rechtfertigender Notstand

Ist der Tatbestand des § 324a StGB, einmal abgesehen von Fällen sozialer Adäquanz, erfüllt, so handelt der Täter grundsätzlich rechtswidrig. Ausgeschlossen ist die Rechtswidrigkeit nur, soweit Rechtfertigungsgründe vorliegen. Zu denken ist hier vor allem an die rechtfertigende Einwilligung und den rechtfertigenden Notstand gemäß § 34 StGB.[56]

---

51 Vgl. oben E II 2.
52 Baumann/Weber/Mitsch, Strafrecht AT, § 29 Rn. 15; Tröndle/Fischer, § 13 Rn. 19.
53 A. A. LK-Roxin, § 27 Rn. 43, der die Garantenpflicht als täterbegründendes Kriterium behandelt, das nicht abstufbar sei.
54 Kühl, Strafrecht AT, § 20 Rn. 230.
55 Zu entsprechenden Überlegungen vgl. Kühl, Strafrecht AT, § 20 Rn. 231.
56 Landel/Vogg/Wüterich, § 324a Rn. 63; Schall, NStZ 1997, 420, 421.

1. Sozialadäquanz

Die Lehre von der sozialen Adäquanz besagt, dass mit pflichtgemäßer Sorgfalt vorgenommene Handlungen, die vollständig im Rahmen der geschichtlich gewordenen Ordnung des Gemeinschaftslebens liegen, keinem Deliktstatbestand unterfallen, auch wenn sie mit Gefahren für strafrechtlich geschützte Rechtsgüter verbunden sind.[57] Schulbeispiele sind die Teilnahme am Straßenverkehr oder die Ausübung bestimmter Sportarten mit erhöhter Gefahrtendenz. All diese Verhaltensweisen hat der Gesetzgeber bei Aufstellung der Straftatbestände stillschweigend aus dem Wirkungsbereich der Normbefehle ausgeschlossen, so dass der Eintritt des tatbestandsmäßigen Erfolges bei Einhaltung der objektiv gebotenen Sorgfalt dem Täter, unabhängig von seiner inneren Einstellung, im Wege einer teleologischen Reduktion des Tatbestandes nicht zugerechnet wird.[58]

Die Sozialadäquanz einer Bodenbeeinträchtigung wird dagegen regelmäßig zu verneinen sein, da sich zunehmend ein gesellschaftlicher Konsens herausbildet, wonach Umweltbeeinträchtigungen mit Boden- oder Gewässerbezug gerade nicht mehr als noch im Rahmen einer (welcher?) sozialethischen Toleranz liegend angesehen werden.[59] Zudem ist die Existenzberechtigung dieser Rechtsfigur äußerst fraglich. Hierbei handelt es sich der Sache nach, worauf *Jescheck/Weigend* hinweisen, um eine teleologische Reduktion des Straftatbestandes, der von vornherein derartige Bagatelleingriffe in das Umweltmedium nicht erfassen soll.[60] Mit den §§ 153 ff. StPO stehen zudem strafverfahrensrechtliche Reaktionsmöglichkeiten in ausreichendem Maße zur Verfügung, so dass es hier einer nur schwer definierbaren sozialen Risikozuweisung nicht bedarf.[61] Die Rechtsfigur der Sozialadäquanz verdient daher im modernen Umweltstrafrecht keine Zustimmung, da sich zum einen die „soziale Adäquanz" eines Schadstoffeintrages in die Umwelt allenfalls in sehr engen Grenzen wird darstellen lassen und zum anderen strafprozessuale Möglichkeiten der Verfahrensbeendigung dort vorhanden sind, wo Strafwürdigkeitsüberlegungen ein tatbestandsmäßiges Verhalten dem Bagatellbereich zuweisen.

---

57 Jescheck/Weigend, Strafrecht AT, § 25 IV 1.

58 Jescheck/Weigend, Strafrecht AT, § 25 IV 1.

59 Vgl. BGH, MDR 1975, 723, 723; StA Mannheim, NJW 1976, 585, 586.

60 Jescheck/Weigend, Strafrecht AT, § 25 IV 1; LK-Steindorf, § 324 Rn. 37; Maurach/Schroeder/Maiwald, Strafrecht BT 2, § 58 Rn. 30.

61 Arzt/Weber, Strafrecht BT, § 41 Rn. 13; LK-Steindorf, § 324 Rn. 102; a. A. Michalke, Umweltstrafsachen, Rn. 107, unter Bezugnahme auf den Regierungsentwurf zum 1. UKG/16. StÄndG, BT-Drucks. 8/2382, S. 14.

2. Rechtfertigende Einwilligung

Eine rechtfertigende Einwilligung in eine Bodenverunreinigung ist deshalb in Betracht zu ziehen, weil § 324a StGB neben der menschlichen Gesundheit mit anderen Sachen von bedeutendem Wert auch Individualrechtsgüter schützt.[62] Einer Einwilligung in die Beeinträchtigung solcher Rechtsgüter wird mit Ausnahme des Lebens und der körperlichen Integrität[63] grundsätzlich rechtfertigende Wirkung beigemessen.[64] Damit scheidet aber eine wirksame Einwilligung in eine Gesundheitsbeeinträchtigung aus, denn die Gesundheit ist, nicht unähnlich dem Leben, Grundvoraussetzung für die Erfüllung der meisten Aufgaben des Menschen in der Gemeinschaft. Deshalb erklärt auch § 228 StGB die mit Einwilligung vorgenommene Körperverletzung dann für rechtswidrig, wenn die Tat trotz der Einwilligung gegen die guten Sitten verstößt.[65] Zudem schützt § 324a StGB den Boden nicht nur in seiner Bedeutung als Privateigentum, sondern vor allem als wesentliche Lebensgrundlage für Menschen, Tiere und Pflanzen.[66] Ein ausschließlich anthropozentrischer Schutzansatz, der eine Einwilligungsfähigkeit der Rechtsgutsbeeinträchtigung nahe legen könnte, lässt sich § 324a StGB nicht entnehmen. § 324a StGB sanktioniert vielmehr eine gemeingefährliche Straftat.

3. Rechtfertigender Notstand

a) Vorrang und Bindungswirkung behördlicher Entscheidungen

Die Grundsätze des rechtfertigenden Notstandes gemäß § 34 StGB sind nur in besonderen Konfliktsituationen anwendbar, denn der Ursprung dieses Rechtfertigungsgrundes ist übergesetzlicher Natur.[67] Umstritten ist deshalb, welcher Raum dem Notstandsargument gegenüber speziellen Eingriffsnormen einzuräumen ist. Häufig berufen sich Anlagenbetreiber nach Aufdeckung von Umweltdelikten auf rechtfertigenden Notstand wegen der Bedrohung von Ar-

---

62 Auf Tiere finden zwar gemäß § 91a StGB ebenfalls die zivilrechtlichen Vorschriften über das Eigentum Anwendung, allerdings schützt § 324a StGB gerade nicht nur deren ökonomischen Wert für den einzelnen, sondern auch den ökologischen Wert für die Allgemeinheit; vgl. Tröndle/Fischer, § 324a Rn. 8.

63 Vgl. aber § 228 StGB.

64 Jescheck/Weigend, Strafrecht AT, § 34 III 1, 2.

65 Jescheck/Weigend, Strafrecht AT, § 34 III 2, die für eine Einschränkung des § 228 StGB auf erhebliche Körperverletzungen, insbesondere solche mit Dauerschäden, plädieren, was aber gerade bei Gesundheitsbeeinträchtigungen infolge toxisch wirkender Bodenverunreinigungen häufig der Fall sein kann.

66 Michalke, Umweltstrafsachen, Rn. 160; Sack, § 324a Rn. 28; Vogelsang-Rempe, S. 101.

67 Michalke, Umweltrafsachen, Rn. 104; Tröndle/Fischer, § 34 Rn. 1 a.

beitsplätzen in ihrem Betrieb. Ein Rückgriff auf § 34 StGB verbietet sich hier allerdings dann, wenn die Behörde das bodenrelevante Verhalten bereits untersagt hat oder wenn es dem Täter möglich ist, eine behördliche Erlaubnis etwa nach dem BImSchG oder dem WHG zu erlangen.[68] Entweder besteht nach abschlägigem Bescheid der Behörde keinerlei Abwägungsspielraum mehr für die Strafverfolgungsorgane oder die Gefahr ist eben noch anderweitig abwendbar, so dass eine besondere Konfliktsituation nicht erkennbar ist.[69] Der Strafrichter ist in jedem Falle an die behördliche Entscheidung der Genehmigungserteilung oder –nichterteilung gebunden.[70]

b) Sicherung von Arbeitsplätzen

Bisweilen ist im Wasserrecht für den rechtfertigenden Notstand vorgebracht worden, dass eine Gewässerverunreinigung zum Zwecke der Erhaltung von Arbeitsplätzen oder der Aufrechterhaltung der Produktion notwendig gewesen sei.[71] Das Ergebnis der Interessenabwägung müsste dann aus Sicht eines Anlagenbetreibers lauten, dass das geschützte Interesse (Arbeitsplätze, Produktion) das beeinträchtigte (Umweltgüter, Individualrechtsgüter) wesentlich überwiegt, soweit die Tat ein angemessenes Mittel ist, um die Gefahr abzuwenden.

Der *Bundesgerichtshof* hat eine Normenkollision als Grundlage eines rechtfertigenden Notstandes nicht grundsätzlich ausschließen wollen, allerdings entschieden, dass Gesundheitsgefährdungen in der Regel nicht durch sozioökonomische Belange gerechtfertigt seien.[72] Sicherung der Arbeitsplätze und Aufrechterhaltung der Produktion dürften selbst im Hinblick darauf, dass die Gesellschaft von der Leistungsfähigkeit der Industrie lebe, nicht dazu führen, dass anwohnende Bürger Körperverletzungen oder die Allgemeinheit eine Verschmutzung der Flüsse hinnehmen müssten.[73] Allerdings hat der *Bundesgerichtshof* den angeklagten Unternehmensvertretern einen unvermeidbaren Verbotsirrtum nach § 17 S. 1 StGB zugebilligt, denn diese hätten zu Unrecht angenommen, dass die Anwohner gesundheitliche Einschränkungen in

68 Braun, S. 71; Franzheim, ZfW 1985, 145, 148 f.; Horn, UPR 1983, 362, 366; LK-Steindorf, § 324 Rn. 100; Maurach/Schroeder/Maiwald, Strafrecht BT 2, § 58 Rn. 30; Meinberg/Möhrenschläger/Link, S. 44 f.; Sack, Anhang III 4.1 Rn. 15; SK-Horn, § 324 Rn. 9; vgl. auch GenStA Celle, MDR 1988, 802, 802.

69 Maurach/Schroeder/Maiwald, Strafrecht BT 2, § 58 Rn. 30.

70 Braun, S. 71; LK-Steindorf, § 324 Rn. 100.; Möhrenschläger, NStZ 1982, 165, 166; Rudolphi, NStZ 1984, 193, 196.

71 StA Mannheim, NJW 1975, 585, 586.

72 BGH, MDR 1975, 723, 723; BGH, NStZ 1997, 189, 190; LK-Steindorf, § 324 Rn. 100; vgl. Sack, § 324a Rn. 26.

73 BGH, MDR 1975, 723, 723; StA Mannheim, NJW 1975, 585, 586; vgl. SK-Horn, § 324 Rn. 9; Sack, § 324a Rn. 26.

Anbetracht einer sonst drohenden Betriebsschließung hätten hinnehmen müssen.[74]

Den Ausführungen zur Rechtfertigung nach § 34 StGB ist zuzustimmen. Zwar kann auch die Aufrechterhaltung der Produktion und die Erhaltung der Arbeitsplätze ein Rechtsgut im Sinne von § 34 StGB sein. Indessen wird eine Abwägung der widerstreitenden Interessen auch dann, wenn diese Rechtsgüter anders als durch den ordnungswidrigen (Weiter-)Betrieb nicht geschützt oder erhalten werden können, weil sie sich in einer gegenwärtigen, nicht anders abwendbaren Gefahr befinden, jedenfalls nicht dazu führen dürfen, eine Gesundheitsgefährdung von Anwohnern oder eine Bedrohung der Gewässerreinheit in Kauf zu nehmen.[75] Wenngleich die Gewichtung der Rechtsgüter in einer pluralistischen Gesellschaft Schwierigkeiten bereitet, so gibt doch die Reihenfolge der in § 34 StGB genannten Rechtsgüter einen Anhaltspunkt, ebenso die Abstufung des strafrechtlichen Rechtsgüterschutzes, die ihren Ausdruck in den Strafdrohungen findet. Um die Produktion aufrechterhalten zu können und damit Arbeitsplätze zu sichern, darf nicht eine Gesundheitsschädigung oder eine schwerwiegende Gefährdung eines Gewässers als Mittel zur Abwehr der Gefahr für das geschützte Rechtsgut eingesetzt werden.[76]

Sind demgegenüber weder Gesundheitsbeeinträchtigungen noch gravierende Auswirkungen auf die Umwelt zu besorgen, ist eine unmittelbare Rechtfertigung des Arbeitgebers aus § 34 StGB denkbar, wenn eine behördliche Erlaubnis beantragt, aber rechtswidrig versagt wurde und auch keine Abhilfemöglichkeit mehr besteht.[77] Das Handeln eines Arbeitnehmers kann mit der soeben gemachten Einschränkung gerechtfertigt sein, wenn er vor der Wahl steht, eine Straftat zu begehen oder eine Kündigung in Kauf zu nehmen. Die bloße Weisung des Arbeitgebers entfaltet dagegen für keinen Beteiligten eine rechtfertigende Wirkung.[78] Ebenso kann in industriell schwach entwickelten Regionen der Arbeitsplatzsicherung ein höherer Stellenwert einzuräumen sein als in industriell erschlossenen Gebieten. Wenn sich etwa der Bau einer Kläranlage des einzigen Betriebes einer Gemeinde wegen Finanzierungsproblemen verzögert, die Aufrechterhaltung der mit Schadstoffeintrag in einen Vorfluter verbundenen Produktion jedoch die einzige Möglichkeit ist, um einen Betriebsschließung abzuwenden, so kann dem Arbeitsplatzinteresse der Vorrang gegenüber einer bloß

---

74 BGH, MDR 1975, 723, 723 f.; vgl. auch StA Mannheim, NJW 1976, 585, 586.

75 Schendzielorz, in: Kahl/Voßkuhle (Hrsg.), Teil III Rn. 73.

76 BGH, MDR 1975, 723; StA Mannheim, NJW 1975, 586; Just-Dahlmann, FS Sarstedt, S. 81, 92; LK-Steindorf, § 325 Rn. 71; Sieder/Zeitler/Dahme/Knopp, WHG, § 324 Rn. 15.

77 Sieder/Zeitler/Dahme/Knopp, WHG, § 324 Rn. 15.

78 Schendzielorz, in: Kahl/Voßkuhle (Hrsg.), Teil III Rn. 73.

zeitweiligen und geringen Beeinträchtigung der ökologischen Gewässerqualität eingeräumt werden.[79]

c) *Bedeutung für das Bodenschutzrecht*

Dies gilt gleichermaßen für das Bodenschutzrecht. Dennoch dürfte die praktische Relevanz hier eher gering sein. Da das BBodSchG die ökonomischen und die Nutzungsfunktionen des Bodens integriert, wird die Abwägung zwischen wirtschaftlichen und ökologischen Belangen abschließend im Rahmen dieses Gesetzes vorgenommen. Es ist anzunehmen, dass der Gesetz- und Verordnungsgeber mögliche Auswirkungen der gesetzlichen Regelung und insbesondere der darin normierten Grundpflichten auf kommunale und gewerbliche Einleiter im Gesetzgebungsverfahren berücksichtigt hat. Dies zeigen die Einbeziehung der Nutzungsfunktionen des Bodens gemäß § 2 Abs. 2 Nr. 3 BBodSchG und die prinzipielle Rücksichtnahme auf die planungsrechtlich zulässige Nutzung des Bodens gemäß § 4 Abs. 4 BBodSchG. Es besteht somit kein Grund, über den rechtfertigenden Notstand ökonomische Interessen zusätzlich in die strafrechtliche Bewertung einfließen zu lassen.[80] Die gesetzlich intendierte Interessengewichtung des BBodSchG würde andernfalls in Schieflage geraten.

Hält man die verwaltungsrechtliche Abwägung dagegen nicht für abschließend und räumt dem rechtfertigenden Notstand bei § 324a StGB entgegen der hier vertretenen Auffassung eine größere praktische Relevanz ein, so wird die Anwendung des § 34 StGB mit der herrschenden Auffassung jedenfalls auf nicht vorhersehbare Not- und Katastrophenfälle, wie zum Beispiel die Verwendung chemischer Mittel zur Bindung ausgelaufenen Öls, zu beschränken sein.[81] Näher liegt ohnehin die Annahme einer rechtfertigenden übergesetzlichen Pflichtenkollision als Unterfall des rechtfertigenden Notstands.[82] Denn die Pflichtenkollision unterscheidet sich vom gewöhnlichen Notstand gerade dadurch, dass der Täter hier eine der kollidierenden Pflichten verletzen *muss*, wie auch immer er sich verhalten mag.[83]

---

79 Michalke, Umweltstrafsachen, Rn. 106.

80 Landel/Vogg/Wüterich, § 324a Rn. 64.

81 Arzt/Weber, Strafrecht BT, § 41 Rn. 29; Braun, S. 71; Franzheim, ZfW 1985, 145, 148; Laufhütte/Möhrenschläger, ZStW 92 (1980), 912, 932 Fn. 78; LK-Steindorf, § 324 Rn. 100; Maurach/Schroeder/Maiwald, Strafrecht BT 2, § 58 Rn. 30; Meinberg/Möhrenschläger/Link, S. 45; Rudolphi, NStZ 1984, 193, 196; S/S-Cramer/Heine, § 324 Rn. 13; Tröndle/Fischer, § 324 Rn. 7; a. A. Schendzielorz, in: Kahl/Voßkuhle (Hrsg.), Teil III Rn. 73.

82 Beispiele finden sich bei Arzt/Weber, Strafrecht BT, § 41 Rn. 29.

83 Jescheck/Weigend, Strafrecht AT, § 33 V 1.

d) *Unvermeidbarer Verbotsirrtum als Ausweg?*

Erheblichen Bedenken begegnet die in der Rechtsprechung häufig anzutreffende Annahme eines unvermeidbaren Verbotsirrtums, wenn eine Rechtfertigung nach § 34 StGB aus den oben dargestellten Gründen scheitert. Bleiben dem Täter rechtliche Zweifel oder handelt es sich um Delikte, die für einen bestimmten Berufskreis bedeutsam sind, so trifft den Täter eine Erkundigungspflicht.[84] Er darf bei rechtlich ungeklärter Situation eine Tat in Kenntnis ihres sozialen Sinngehaltes nicht begehen, wenn er nur hofft, das ihm bekannte Strafgesetz greife nicht.[85] Eine völlige Arglosigkeit des Täters im Hinblick auf die Folgen seines umweltgefährdenden Tuns dürfte heutzutage kaum jemals anzunehmen sein.[86] Hat die zuständige Wasser- oder Bodenbehörde den Betriebsinhaber zudem wiederholt auf die Rechtswidrigkeit einer umweltrelevanten betrieblichen Maßnahme hingewiesen, vermag auch die Erkundigung bei einem „Hausjuristen" des Unternehmens die Unvermeidbarkeit in der Regel nicht zu begründen.[87] Als geeignete Adressaten der Erkundigungspflicht kommen dagegen Fachverbände, Wasser- und Bodenbehörden sowie unabhängige Rechtsanwälte in Betracht.[88]

---

84 Braun, S. 76; Sonnen/Tetzlaff, wistra 1999, 1, 8.

85 Tröndle/Fischer, § 17 Rn. 9.

86 Braun, S. 76 f.; anders kann der Fall aber bei ausdrücklicher Anordnung oder aktiver Duldung durch die zuständige Umweltbehörde zu beurteilen sein; vgl. dazu Franzheim/Pfohl, Rn. 198; Kloepfer, § 7 Rn. 13 a. E.; Michalke, Umweltstrafsachen, Rn. 113; Schall, NStZ 1997, 420, 422.

87 LK-Steindorf, § 324 Rn. 114.

88 LK-Steindorf, § 324 Rn. 114.

J. ZUSAMMENFASSUNG

Durch das vollständige Inkrafttreten des BBodSchG am 1.3.1999 hat das Umweltmedium Boden eine eigenständige gesetzliche Regelung erfahren, deren praktische Wirksamkeit infolge ihres weitreichenden Anwendungsvorbehalts allerdings eher gering ausfallen dürfte. Gleichwohl ist der strafrechtliche Bodenschutztatbestand des § 324a StGB, vielfach als Torso kritisiert, als verwaltungsakzessorische Norm durch das öffentliche Bodenschutzrecht nunmehr deutlich stärker konturiert als zuvor.

Schutzziel des § 324a StGB ist der qualitative Bodenschutz, also der Schutz der ökologisch bedeutsamen Funktionen des Bodens für Mensch und Umwelt vor Beeinträchtigungen durch Zuführung von Fremdstoffen. Der Schutz des Bodens vor übermäßigem Flächenverbrauch, Bodenerosion und Bodenversiegelung (quantitativer Bodenschutz) wird durch § 324a StGB nicht erfasst. Damit bleiben vor allem Stoffeinträge im Rahmen landwirtschaftlicher Bodennutzung einer effektiven Kontrolle durch die Strafverfolgungsbehörden entzogen, denn die Landwirtschaftsklausel des § 17 BBodSchG beschränkt sich weitgehend auf Vorgaben zum nichtstofflichen Bodenschutz.

Das normative Fundament des BBodSchG bildet die Pflichtentrias aus allgemeiner Vorsorgepflicht (§ 7 BBodSchG), Gefahrvermeidungspflicht (§ 4 Abs. 1 und 2 BBodSchG) und Sanierungspflicht (§ 4 Abs. 3, 5 und 6 BBodSchG). Daneben können nach § 8 Abs. 1 und 2 BBodSchG bestimmte Vorsorge-, Prüf- und Maßnahmenwerte im Verordnungswege festgelegt werden. Letztere bilden die Gefahrenschwelle, die das Vorliegen einer nachteiligen Bodenveränderung im Sinne des § 324a StGB indiziert. Durch den Erlass der BBodSchV ist die Bundesregierung der gesetzlichen Ermächtigung gefolgt. Allerdings bestehen im Bereich der Maßnahmenwerte nach wie vor erhebliche Regelungslücken, die den Gesetzesvollzug nicht unerheblich erschweren.

Das BBodSchG wirkt in mannigfacher Weise auf die Strafnorm des § 324a StGB ein. Dies betrifft sämtliche Bereiche der Verwaltungsabhängigkeit, nämlich die begriffliche Akzessorietät ebenso wie die Verwaltungsrechts- und die Verwaltungsaktabhängigkeit. Hinsichtlich der begrifflichen Akzessorietät der Strafnorm bietet § 2 BBodSchG eine Auslegungshilfe für den Bodenbegriff des § 324a StGB, der strafgesetzlich nicht definiert ist. Die Untersuchung hat gezeigt, dass sich die vermeintlichen Friktionen zwischen strafrechtlichem und verwaltungsrechtlichem Bodenbegriff, sofern sie überhaupt vorhanden sind, im Wege der Auslegung lösen lassen. Allerdings erfasst § 324a StGB im Gegensatz zum BBodSchG nicht die Nutzungsfunktionen des Bodens.

Das Tatbestandsmerkmal „unter Verletzung verwaltungsrechtlicher Pflichten" in § 324a StGB erfüllt eine wichtige Scharnierfunktion zwischen Strafgesetz und öffentlichem Bodenschutzrecht, die sich nicht nur im Bereich der Begehungsstrafbarkeit, etwa bei der von § 324 StGB abweichenden Bestimmung des Sorgfaltsmaßstabes der Fahrlässigkeit, sondern auch in der Unterlassungsalternative des Eindringenlassens von Stoffen in den Boden manifestiert. Der Inhalt der Handlungspflicht zur Verhinderung einer (weiteren) nachteiligen Bodenveränderung ergibt sich aus der Sanierungspflicht des § 4 Abs. 3 BBodSchG.

Hier zeigt sich, dass das Strafrecht nicht unbesehen der Erweiterung des Kreises der Sanierungsverantwortlichen durch das BBodSchG folgt. Überwachergaranten im Sinne des § 324a StGB können der Verursacher einer nachteiligen Bodenveränderung und der Grundstückseigentümer sein. Diese Garantenstellung entfällt in den Ausnahmefällen des § 4 Abs. 5 S. 2 und Abs. 6 S. 2 BBodSchG. Der Gesamtrechtsnachfolger des Verursachers, der aus handels- oder gesellschaftsrechtlichem Grund für eine juristische Person Einstandspflichtige sowie der Alteigentümer nach Eigentumsaufgabe scheiden von vornherein als Garanten aus. Insoweit besteht mangels „Nähe zur Gefahr" kein Zurechnungsgrund für eine Unterlassungsstrafbarkeit. Zudem ist der Schutzzweck des § 324a StGB nicht einschlägig, da der Gesetzgeber des BBodSchG mit der Ausweitung des Kreises der Sanierungspflichtigen unter dem Gesichtspunkt der Effektivität der Gefahrenabwehr vor allem eine Verbreiterung der Haftungsgrundlage für die Durchführung der Sanierung und für die Tragung der Sanierungskosten anstrebt. Dies gilt auch für den Alteigentümer nach Veräußerung seines Grundstücks, der gemäß § 4 Abs. 6 BBodSchG zur Altlastensanierung herangezogen werden kann, wenn er bei Veräußerung des Grundstücks die schädliche Bodenveränderung oder Altlast kannte oder kennen musste.

Für den Inhaber der tatsächlichen Gewalt über ein Grundstück ist eine Überwachergarantenstellung grundsätzlich ebenfalls nicht anzunehmen. Im Falle einer Verletzung bodenbezogener Informationspflichten des Besitzers, die diesem einen nachhaltigen Informationsvorsprung gegenüber dem Grundstückseigentümer und der zuständigen Behörde verschafft, kann aber ausnahmsweise eine Garantenstellung aus Ingerenz vorliegen.

Unter Bestimmtheitsgesichtspunkten genügen weder die Vorsorgepflicht des § 7 BBodSchG noch die Gefahrenabwehrpflichten aus § 4 BBodSchG den verfassungsrechtlichen Anforderungen der Art. 103 Abs. 2, Art. 104 Abs. 1 GG. Bei direkter Bezugnahme des § 324a StGB auf die Grundpflichten des BBodSchG wird der strafrechtliche Normbefehl für die Normadressaten nicht hinreichend deutlich, um ein Zuwiderhandeln gegebenenfalls auch strafrechtlich ahnden zu können. Erforderlich ist eine weitere Konkretisierung durch die Maßnahmenwerte der BBodSchV sowie durch behördliche Einzelregelungen in Gestalt von Verwaltungsakten oder öffentlich-rechtlichen Verträgen.

Strafrechtliche Relevanz im Zusammenhang mit der Verletzung verwaltungsrechtlicher Pflichten entfalten auch die durch § 13 Abs. 4 BBodSchG vorgesehenen öffentlich-rechtlichen Sanierungsverträge, die den Erlass einer behördlichen Sanierungsverfügung ersetzen können, soweit die Sanierung auch durch Verwaltungsakt hätte angeordnet werden können. Hält sich der Sanierungsverantwortliche im Rahmen der vertraglichen Vereinbarung, kann er nicht bestraft werden. Überschreitet er die Grenzen des vertraglich Zulässigen, liegt ein Verstoß gegen verwaltungsrechtliche Pflichten vor. Informelle Absprachen zwischen Behörde und Sanierungspflichtigem können eine quasi-legalisierende Wirkung entfalten, wenn sie sich als aktive behördliche Duldung darstellen.

Eine Amtsträgerstrafbarkeit im Bereich des Bodenschutzrechts kommt nur dort in Betracht, wo Amtsträger der Bodenschutzbehörden ausnahmsweise selbst Pflichtadressaten des BBodSchG sind. Eine Verletzung verwaltungsrechtlicher Pflichten, etwa im Falle des Nichteinschreitens gegen bodenrechtswidrige Zustände, setzt allerdings eine Ermessensreduzierung auf Null voraus, soweit es sich bei der behördlichen Eingriffsnorm um einen Ermessenstatbestand handelt. Entscheidet sich der Amtsträger hingegen ermessensfehlerfrei zum Untätigbleiben, kann er nicht bestraft werden.

Für die Abgrenzung von Vorbereitung, Versuch und Vollendung gelten die allgemeinen Grundsätze. Wegen versuchter Bodenverunreinigung macht sich strafbar, wer Behälter mit bodenschädlichem Inhalt im Erdreich vergräbt, während er damit rechnet und billigend in Kauf nimmt, dass der Inhalt zwangsläufig in den Boden austritt und diesen kontaminiert, und den Geschehensablauf dennoch bewusst aus der Hand gibt.

Ein besonderes und zugleich praktisch bedeutsames Anwendungsfeld findet die Lehre von Täterschaft und Teilnahme im Bereich der Unternehmenskriminalität. Grundsätzlich gilt hier nichts anderes als für Einzelpersonen außerhalb von Unternehmen, wobei dem Sonderdeliktscharakter des § 324a StGB besonderes Augenmerk gelten muss. Wer nicht „unter Verletzung verwaltungsrechtlicher Pflichten" handelt, scheidet als Täter des § 324a StGB aus. Im Unternehmensbereich kommen Probleme der innerbetrieblichen Aufgabendelegation hinzu. Im Mittelpunkt steht hier die Vorschrift des § 14 StGB. Nur der neben dem Betriebsinhaber dort genannte Personenkreis kommt als Täter des § 324a StGB in Betracht. Soweit darüber hinaus Sorgfaltspflichten innerbetrieblich an nachgeordnete Mitarbeiter delegiert werden, bleibt lediglich Raum für eine Teilnahmestrafbarkeit. § 28 Abs. 1 StGB findet nach überwiegender, allerdings nicht überzeugender Auffassung keine Anwendung.

Die Rechtsfigur der Sozialadäquanz als Mittel teleologischer Reduktion von Umweltstraftatbeständen ist abzulehnen. Eine rechtfertigende Einwilligung in eine Bodenverunreinigung nach § 324a StGB ist nicht denkbar, denn § 324a StGB ist in erster Linie ein Delikt gegen Gemeinschaftswerte, das sich individueller Disposition entzieht. Die im Rahmen des § 324 StGB geführte Diskussion um die Reichweite des rechtfertigenden Notstandes bei Gewässerverunreinigungen wird für § 324a StGB eine nur geringe praktische Bedeutung besitzen. Soweit es hier um die Abwägung ökologischer Belange der Bodenreinheit und des Grundwasserschutzes gegen wirtschaftliche Interessen geht, die, wie häufig in der Medienberichterstattung wahrzunehmen ist, durch das „Arbeitsplatzargument“ untermauert werden, bleibt festzuhalten, dass diese Abwägung durch den Gesetzgeber bereits im BBodSchG angelegt worden ist. Der gebotene Interessenausgleich wird daher in erster Linie auf verwaltungsrechtlicher Ebene stattzufinden haben. Darüber hinaus ist die Annahme eines rechtfertigenden Notstandes jedenfalls auf nicht vorhersehbare Not- und Katastrophenfälle zu beschränken.

LITERATURVERZEICHNIS

Arzt, Gunther; Weber, Ulrich; Strafrecht, Besonderer Teil, Bielefeld 2000.

Bartholme, Stefan; Der Schutz des Bodens im Umweltstrafrecht, Univ. Diss. Konstanz 1995.

Baumann, Jürgen; Weber, Ulrich; Mitsch, Wolfgang; Strafrecht, Allgemeiner Teil, 10. Auflage, Bielefeld 1995.

Becker, Bernd; Die neue öffentlich-rechtliche Haftung für die Sanierung schädlicher Bodenveränderungen und Altlasten nach § 4 III BBodSchG, DVBl. 1999, 134.

Bender, Bernd; Sparwasser, Reinhard; Engel, Rüdiger; Umweltrecht – Grundzüge des öffentlichen Umweltrechts, 4. Auflage, Heidelberg 2000.

dies. Umweltrecht – Grundzüge des öffentlichen Umweltrechts, 3. Auflage, Heidelberg 1995.

Bickel, Christian; Bundes-Bodenschutzgesetz, Kommentar, 2. Auflage, Köln, Berlin, Bonn, München 2000.

ders.; Verdrängung von Landesrecht durch das Bundesbodenschutzgesetz, NVwZ 2000, 1133.

Bohne, Eberhard; Informales Verwaltungs- und Regierungshandeln als Instrument des Umweltschutzes, VerwArch 75 (1984), S. 343.

Brandner, Thilo; Bodenschutz in Wissenschaft und Praxis: Probleme eines Bundes-Bodenschutzgesetzes, UPR 1997, 21.

Brandt, Edmund; Altlastenrecht, Heidelberg 1993.

Braun, Annette; Die kriminelle Gewässerverunreinigung (§ 324 StGB), Lübeck 1990.

Breuer, Rüdiger;	Empfehlen sich ergänzende gesetzliche oder untergesetzliche Regelungen der Altlasten, und welchen Inhalt sollten sie haben?, DVBl. 1994, 890.
ders.;	Konflikte zwischen Verwaltung und Strafverfolgung, DÖV 1987, 169.
Bückmann, Walter; Lee, Yeong Heui; Zieschank, Roland;	Bodenschutz: Steuerungsfunktionen von Recht, Politik, Planung und Information im Bereich des Umweltschutzes, UPR 1999, 81.
Dahs, Hans;	Strafrechtliche Haftung des „Zustandsstörers" für Altlasten?, in: Festschrift für Konrad Redeker, München 1993, S. 475.
Dahs, Hans; Redeker, Konrad;	Empfehlen sich Änderungen im strafrechtlichen Umweltschutz, insbesondere in Verbindung mit dem Verwaltungsrecht?, DVBl. 1988, 803.
Diehr, Uwe;	Der Sanierungsplan nach dem Bundesbodenschutzgesetz, UPR 1998, 128.
Dombert, Matthias;	Streben nach effektiverem Bodenschutz an den Grenzen des Grundgesetzes – Zur Verfassungsmäßigkeit des § 4 VI BBodSchG im Hinblick auf Art. 14 GG, NJW 2001, 927.
Dreier, Horst (Hrsg.);	Grundgesetz, Kommentar, Band III, Art. 83 – 146, Tübingen 2000.
Drews, Bill; Wacke, Gerhard; Vogel, Klaus; Martens, Wolfgang;	Gefahrenabwehr – Allgemeines Polizeirecht (Ordnungsrecht) des Bundes und der Länder, 9. Auflage, Köln, Berlin, Bonn, München 1986.
Droese, Julia;	Die Erweiterung des Kreises der Zustandsverantwortlichen nach dem Bundes-Bodenschutzgesetz, UPR 1999, 86.
Dölling, Dieter;	Empfehlen sich Änderungen des Umweltstrafrechts?, ZRP 1988, 334.
Emde, Raimond;	„Kleckerschäden" als Beweisproblem, VersR 1996, 291.

Erbguth, Wilfried; Stollmann, Frank; Bodenschutzrecht, Baden-Baden 2001.

dies.; Einzelfragen der Sanierung und des Altlastenmanagements im Bundes-Bodenschutzgesetz, NuR 1999, 127.

dies.; Die Bodenschutz- und Altlastengesetze der Länder vor dem Hintergrund des Entwurfs eines Bundes-Bodenschutzgesetzes, UPR 1996, 281.

dies.; Zum Stand des Bodenschutzrechts – dargestellt unter Berücksichtigung der Altlastenproblematik, NuR 1994, 319.

Fluck, Jürgen; Die Bündelungswirkung der Verbindlicherklärung von Sanierungsplänen nach dem BBodSchG, DVBl. 1999, 1551.

ders.; Die Duldung des unerlaubten Betreibens genehmigungsbedürftiger Anlagen, NuR 1990, 197.

Fouquet, Helmut; Die Sanierungsverantwortlichkeit nach dem Bundes-Bodenschutzgesetz, Heidelberg 2000.

Franzheim, Horst; Strafrechtliche Probleme der Altlasten, ZfW 1987, 9.

ders.; Strafrechtliche Konsequenzen von Betriebsstörungen in abwassertechnischen Anlagen, ZfW 1985, 145.

Franzheim, Horst; Pfohl, Michael; Umweltstrafrecht, 2. Auflage, Köln, Berlin, Bonn, München 2001.

Freisburger, Anke; Gesetzgeberische Reaktionen der Länder auf das Bundes-Bodenschutzgesetz, UPR 1999, 381.

Frenz, Walter; Bundes-Bodenschutzgesetz, München 2000.

Gallas, Wilhelm; Studien zum Unterlassungsdelikt, Heidelberg 1989.

Gärtner, Bertold-Dietrich; Kann die Sanierungsverantwortlichkeit bei Altlasten verjähren?, UPR 1997, 452.

Hasche, Frank; Die Pflichten des Bundes-Bodenschutzgesetzes; DVBl. 2000, 91.

Heiermann, Ralph; Der Schutz des Bodens vor Schadstoffeintrag: Die Instrumente der direkten Verhaltenssteuerung des öffentlichen Rechts, Univ. Diss. Hannover 1992.

Heine, Günter; Meinberg, Volker; Empfehlen sich Änderungen im strafrechtlichen Umweltschutz, insbesondere in Verbindung mit dem Verwaltungsrecht?, in: Verhandlungen des Siebenundfünfzigsten Deutschen Juristentages 1988, München 1988, D 1.

Hofmann, Frank; Bodenschutz durch Strafrecht – Die Probleme bei der Auslegung und Anwendung des Tatbestandes der Bodenverunreinigung (§ 324a StGB) und ihre Auswirkungen auf die Effizienz strafrechtlichen Umweltschutzes, Univ. Diss. Kiel 1996.

ders.; Verunreinigung des Bodens (§ 324a StGB) – ein neuer Tatbestand auf dem naturwissenschaftlichen Prüfstand, wistra 1997, 89.

Holzwarth, Fritz; Radtke, Hansjörg; Hilger, Bernd; Bachmann, Günther; Bundes-Bodenschutzgesetz/Bundes-Bodenschutz- und Altlastenverordnung, Handkommentar, 2. Auflage, Berlin 2000.

Hoppe, Werner; Beckmann, Martin; Kauch, Petra; Umweltrecht, 2. Auflage, München 2000.

Hönig, Dietmar; Der Schutz des Bodens – naturwissenschaftliche, ökonomische und rechtliche Aspekte, UPR 1999, 300.

Horn, Eckhard; Umweltschutz-Strafrecht: eine After-Disziplin?, UPR 1983, 362.

Ipsen, Jörn; Niedersächsisches Gefahrenabwehrrecht, 2. Auflage, Stuttgart, München, Hannover, Berlin, Weimar, Dresden 2001.

Jaeschke, Lars; Das neue Bundes-Bodenschutzgesetz, Berlin 1999.

Jähnke, Burkhard; Laufhütte, Heinrich Wilhelm; Odersky, Walter (Hrsg.);	Leipziger Kommentar, Großkommentar, 11. Auflage, Berlin, New York 1993 ff.
Jescheck, Hans-Heinrich; Weigend, Thomas;	Lehrbuch des Strafrechts, Allgemeiner Teil, 5. Auflage, Berlin 1996.
Jarass, Hans. D.	Bundes-Immissionsschutzgesetz, Kommentar, 4. Auflage, München 1999.
Jünemann, Matthias;	Zum Verhältnis von Verwaltungsrecht und Strafrecht unter besonderer Berücksichtigung von § 330d Nr. 5 StGB, UPR 1997, 399.
Just-Dahlmann, Barbara;	Stiefkind des Strafrechts: Umweltschutz, in: Festschrift für Werner Sarstedt, Berlin, New York 1981, S. 81.
Kahl, Wolfgang; Voßkuhle, Andreas (Hrsg.);	Grundkurs Umweltrecht, 2. Auflage, Heidelberg, Berlin 1998.
Kauch, Petra;	Bodenschutz aus bundesrechtlicher Sicht: Bestandsaufnahme, Defizitanalyse und Weiterentwicklungsmöglichkeiten, Univ. Diss. Münster 1993.
Kaufmann, Armin;	Die Dogmatik der Unterlassungsdelikte, 2. Auflage, Göttingen 1988.
Kimminich, Otto; von Lersner, Heinrich Freiherr; Storm, Peter-Christoph;	Handwörterbuch des Umweltrechts (HdUR), Band 1, 2. Auflage, Berlin 1994.
Kloepfer, Michael;	Umweltrecht, 2. Auflage, München 1998.
Kloepfer, Michael; Vierhaus, Hans-Peter;	Umweltstrafrecht, München 1995.
Kniesel, Michael;	Verantwortlichkeit für Altlasten und ihre Grenzen, BB 1997, 2009.
Knoche, Joachim;	Altlasten und Haftung, Heidelberg 2001.
Knopp, Lothar;	Vertragliche Altlastenregelungen zwischen Sanierungsverantwortlichen i. S. des § 4 III BBodSchG, NJW 2000, 905.
ders.;	„Flucht aus der Zustandsverantwortung?“ und neues Bundes-Bodenschutzgesetz, DVBl. 1999, 1010.

Knopp, Lothar; Albrecht, Eike;	Altlastenrecht in der Praxis, 2. Auflage, Herne, Berlin 1998.
dies.;	Das neue Bundes-Bodenschutzgesetz und Altlasten, BB 1998, 1853.
Knopp, Lothar; Ebermann-Finken, Rebecca;	Bundesrecht ist kein Torso mehr: Bodenschutz- und Altlastenverordnung in Kraft, BB 1999, 2469.
Kobes, Stefan;	Die Untersuchung, Bewertung und Sanierung von Altlasten nach dem Bundes-Bodenschutzgesetz, NVwZ 2000, 261.
ders.;	Das Bundes-Bodenschutzgesetz, NVwZ 1998, 786.
Kothe, Peter;	Altlasten und schädliche Bodenveränderungen – Gefahrabschätzung, Sanierung, Verantwortlichkeit, 2. Auflage, Stuttgart, München, Hannover, Berlin, Weimar, Dresden 2000.
ders.;	Was ändert sich im Umgang mit Altlasten und Verdachtsflächen?, UPR 1999, 96.
ders.;	Die Verantwortlichkeit bei der Altlastensanierung, VerwArch 88 (1997), S. 456.
Kotulla, Michael;	Umweltrecht, Stuttgart, München, Hannover, Berlin, Weimar, Dresden 2001.
Kopp, Ferdinand;	Verwaltungsgerichtsordnung, Kommentar, 12. Auflage, München 2000.
Kuchenbauer, Konstantin;	Asbest und Strafrecht, NJW 1997, 2009.
Kügel, Wilfried;	Die Entwicklung des Altlasten- und Bodenschutzrechts, NJW 2000, 107.
Kühl, Kristian;	Strafrecht, Allgemeiner Teil, 3. Auflage, München 2000.
Lackner, Karl; Kühl, Kristian;	Strafgesetzbuch, 24. Auflage, München 2001.
Landel, Christoph; Vogg, Reiner; Wüterich, Christoph;	Bundes-Bodenschutzgesetz, Kommentar, Stuttgart, Berlin, Köln 2000.
Laufhütte, Heinrich; Möhrenschläger, Manfred;	Umweltstrafrecht in neuer Gestalt, ZStW 92 (1980), S. 912.

Langkeit, Jochen; Zweites Gesetz zur Bekämpfung der Umweltkriminalität – Heilsweg oder Sackgasse?, WiB 1994, 710.

Lindemann, Hans-Heinrich; Eickhoff, Marion; Kommt ein bundeseinheitliches Altlastensanierungsrecht?, NuR 1994, 330.

Loos, Fritz; Anmerkung zu BGH, JR 1994, 510 (Beschluss v. 16.7.1993), in JR 1994, 511.

Maiwald, Manfred; Grundlagenprobleme der Unterlassungsdelikte, JuS 1981, 473.

Maunz, Theodor; Dürig, Günter; Grundgesetz, Kommentar, Band V, Art. 89 – 146, München, Loseblatt (Stand: Juli 2001).

Maurach, Reinhart; Schroeder, Friedrich-Christian; Maiwald, Manfred; Strafrecht, Besonderer Teil, Teilband 2, 8. Auflage, Heidelberg 1999.

Meinberg, Volker; Möhrenschläger, Manfred; Link, Wolfgang (Hrsg.); Umweltstrafrecht – Gesetzliche Grundlagen, verwaltungsrechtliche Zusammenhänge und praktische Anwendung, Düsseldorf 1989.

Michalke, Regina; Umweltstrafsachen, 2. Auflage, Heidelberg 2000.

dies.; Das neue Umweltstrafrecht, StraFo 1996, 73.

dies.; Die Strafbarkeit von Amtsträgern wegen Gewässerverunreinigung (§ 324 StGB) und umweltgefährdender Abfallbeseitigung (§ 326 StGB) in neuem Licht, NJW 1994, 1693.

Michler, Hans-Peter; Auswirkungen des Bodenschutzgesetzes auf das Anlagenzulassungsrecht, UPR 1999, 100.

Möhrenschläger, Manfred; Revision des Umweltstrafrechts – Das Zweite Gesetz zur Bekämpfung der Umweltkriminalität, NStZ 1994, 513.

ders.; Anmerkung zu OLG Düsseldorf, JR 1993, 340, in JR 1993, 342.

Müggenborg, Hans-Jürgen; Die Haftung des früheren Eigentümers nach § 4 VI BBodSchG, NVwZ 2000, 50.

Müller-Gugenberger, Christian; Bieneck, Klaus (Hrsg.);	Wirtschaftsstrafrecht, 3. Auflage, Münster 2000.
Nauschütt, Jürgen;	Altlasten – Recht und Technologie der Umweltsanierung, Baden-Baden 1990.
Neumann, Ulfrid; Puppe, Ingeborg; Schild, Wolfgang (Hrsg.);	Nomos Kommentar zum Strafgesetzbuch, Baden-Baden 1995 (Loseblatt).
Nies, Volkmar;	Neue Entwicklungen in Gesetzgebung, Rechtsprechung und Verwaltungspraxis zum Umweltrecht im Agrarbereich, Agrarrecht 1999, 169.
ders.;	Neue Entwicklungen in Gesetzgebung, Rechtsprechung und Verwaltungspraxis zum Umweltrecht im Agrarbereich, Agrarrecht 1997, 389.
Nolte, Alexander;	Bodenschutz und Umweltrecht, UPR 2000, 25.
Nolte, Martin;	Gesamtrechtsnachfolge in die abstrakte Verhaltenspflicht bei Altlasten vor und nach Inkrafttreten des § 4 III Alt. 2 BBodSchG, NVwZ 2000, 1135.
Notter, Harald;	Bodenschutz ist mehr als das Bundes-Bodenschutzgesetz, NuR 1999, 541.
Odenthal, Hans-Jörg;	Strafbewehrter Verwaltungsakt und verwaltungsrechtliches Eilverfahren, NStZ 1991, 418.
Oerder, Michael;	Ordnungspflichten und Altlasten, NVwZ 1992, 1031.
Oerder, Michael; Numberger, Ulrich; Schönfeld, Thomas;	Bundes-Bodenschutzgesetz, Kommentar, Stuttgart, München, Hannover, Berlin, Weimar, Dresden 1999.
Ossenbühl, Fritz; Huschens, Michael;	Umweltstrafrecht – Strukturen und Reform, UPR 1991, 161.
Ott, Wolfgang;	Der Entwurf der Bundesregierung für ein Bodenschutzgesetz, ZUR 1994, 53.
Otto, Harro;	Das neue Umweltstrafrecht, Jura 1995, 134.

Pape, Kay Arthur;	Die Bewältigung von Altlasten in der Praxis, NJW 1994, 409.
ders.;	Die Bewältigung von Altlasten in der Praxis, NJW 1992, 2661.
Paßlick, Hermann;	Altlastensanierung aus Sicht der Eingriffsverwaltung und Bauleitplanung, DVBl. 1992, 674.
Peine, Franz-Joseph	Bodenschutz und Wasserrecht, UPR 1999, 361.
ders.;	Risikoabschätzung im Bodenschutz, DVBl. 1998, 157.
ders.;	Die Bodenschutzkonzeption der Bundesregierung, UPR 1997, 53.
Perschke, Stefan;	Die Verwaltungsakzessorietät des Umweltstrafrechts nach dem 2. UKG, wistra 1996, 161.
Pfaff-Schley, Herbert (Hrsg.);	Bodenschutz und Umgang mit kontaminierten Böden, Berlin, Heidelberg, New York 1996.
Pfeiffer, Joachim;	Der neue Straftatbestand zum Schutz der Luft – Vertane Chance?, DRiZ 1995, 299.
ders.;	Verunreinigung der Luft – Probleme eines strafrechtlichen Unrechtstatbestandes, Univ. Diss. Bonn 1992.
Pfohl, Michael;	Strafbarkeit von Amtsträgern wegen Duldung unzureichender Abwasserreinigungsanlagen, NJW 1994, 418.
Pützenbacher, Stefan;	Der Ausgleichsanspruch nach § 24 II BBodSchG, NJW 1999, 1137.
Rengeling, Hans-Werner;	Das neue Bodenschutzrecht: Regelungsschwerpunkte, dogmatische Strukturen, Prinzipien, in: Bodenschutz und Umweltrecht, 15. Trierer Kolloquium zum Umwelt- und Technikrecht vom 19. bis 21. September 1999, Berlin 2000, S. 43.

Rengier, Rudolf; Zur Reichweite von Sorgfaltspflichten und verwaltungsrechtlichen Pflichten im Umweltstrafrecht, in: Festschrift für Karlheinz Boujong, München 1996, S. 791.

Rid, Urban; Petersen, Frank; Konzeption für ein Bundes-Bodenschutzgesetz, NVwZ 1994, 844.

Riedel, Ulrike; Das Bundes-Bodenschutzgesetz und die Sanierungsverantwortlichkeit, ZIP 1999, 94.

dies.; Anforderungen an die Sanierung und der Umfang der Vorsorgepflicht nach dem Bundes-Bodenschutzgesetz, UPR 1999, 92.

Robra, Rainer; Meyer, Frank; Umweltstrafrechtliche Unterlassungshaftung des Konkursverwalters im Zusammenhang mit Altlasten, wistra 1996, 243.

Roxin, Claus; Tatentschluss und Anfang der Ausführung beim Versuch, JuS 1979, 1.

ders.; Der Anfang des beendeten Versuchs. Zugleich ein Beitrag zur Abgrenzung von Vorbereitung und Versuch bei den unechten Unterlassungsdelikten, in: Festschrift für Reinhart Maurach, Karlsruhe 1972, S. 213.

Rudolphi, Hans-Joachim; Strafrechtliche Verantwortlichkeit der Bediensteten von Betrieben für Gewässerverunreinigungen und ihre Begrenzung durch den Einleitungsbescheid, in: Festschrift für Karl Lackner, Berlin, New York 1987, S. 863.

ders.; Primat des Strafrechts im Umweltschutz?, NStZ 1984, 193.

ders.; Primat des Strafrechts im Umweltschutz? (Fortsetzung von NStZ 1984, 193), NStZ 1984, 248.

ders.; Probleme der strafrechtlichen Verantwortlichkeit von Amtsträgern für Gewässerverunreinigungen, in: Festschrift für Hanns Dünnebier, Berlin, New York, S. 561.

Rudolphi, Hans-Joachim; Horn, Eckhard; Samson, Erich; Günther, Hans-Ludwig; SK-StGB, Systematischer Kommentar zum Strafgesetzbuch, 6. Auflage, Neuwied, Kriftel, Berlin, Loseblatt (Stand: Juli 2001).

Sachs, Michael (Hrsg.); Grundgesetz, Kommentar, 2. Auflage, München 1999.

Sack, Hans-Jürgen; Umweltschutz-Strafrecht, 4. Auflage, Stuttgart, Berlin, Köln, Loseblatt (Stand: Dezember 2000).

ders.; Novellierung des Umweltstrafrechts (Zweites Gesetz zur Bekämpfung der Umweltkriminalität), MDR 1990, 286.

ders.; Das Gesetz zur Bekämpfung der Umweltkriminalität, NJW 1980, 1424.

Sahm, Christoph; Der öffentlich-rechtliche Sanierungsvertrag nach dem Bundes-Bodenschutzgesetz, UPR 1999, 374.

Sanden, Joachim; Umweltrecht, 1. Auflage, Baden-Baden 1999.

ders.; Die Bodenverunreinigung (§ 324a StGB), wistra 1996, 283.

Sanden, Joachim; Schoeneck, Stefan; Bundes-Bodenschutzgesetz, Kurzkommentar, Heidelberg 1998.

Sandner, Wolfram; Schafft die Bundes-Bodenschutzverordnung mehr Rechtssicherheit bei der Altlastensanierung?, NJW 2000, 2542.

Schall, Hero; Systematische Übersicht der Rechtsprechung zum Umweltstrafrecht – 1.Teil, NStZ 1997, 420.

ders.; Umweltschutz durch Strafrecht: Anspruch und Wirklichkeit, NJW 1990, 1263.

Schink, Alexander; Verantwortlichkeit für die Gefahrenabwehr und die Sanierung schädlicher Bodenveränderungen nach dem Bundesbodenschutzgesetz, DÖV 1999, 797.

ders.; Beeinträchtigung der Umwelt in Deutschland durch landwirtschaftliche Produktion, UPR 1999, 8.

Schlabach, Eberhard; Bundesbodenschutzgesetz, UPR 1996, 1.

Schlüchter, Ellen; Zu Anklageschrift und Eröffnungsbeschluss bei fortgesetzter Handlung, JR 1990, 10.

Schmidt, Reiner; Einführung in das Umweltrecht, 5. Auflage, München 1999.

Schmidt-Aßmann, Eberhard (Hrsg.); Besonderes Verwaltungsrecht, 11. Auflage, Berlin, New York 1999.

Schmidt-Räntsch, Annette; Sanden, Joachim; Das untergesetzliche Regelwerk zum Bundes-Bodenschutzgesetz, NuR 1999, 555.

Schmidt-Salzer, Joachim; Konkretisierungen der strafrechtlichen Produkt- und Umweltverantwortung, NJW 1996, 1.

Schmitt-Schönenberg, Brigitta; Der Fahrlässigkeitsbegriff bei den Umweltdelikten vor dem Hintergrund des Technikrechts – dargestellt an den Straftatbeständen der Gewässerverunreinigung und des unerlaubten Umgangs mit gefährlichen Abfällen gemäß §§ 324, 326 StGB, Univ. Diss. Köln 2000.

Schmitz, Roland; „Wilde" Müllablagerungen und strafrechtliche Garantenstellung des Grundstückseigentümers, NJW 1993, 1167.

ders.; Verwaltungshandeln und Strafrecht: Zur Verwaltungsakzessorietät des Umweltstrafrechts, Univ. Diss. Kiel 1991.

Schmitz-Rode, Wolfgang; Blank, Stephan; Die konzernrechtliche Haftung nach dem Bundesbodenschutzgesetz, DB 1999, 417.

Schönke, Adolf; Schröder, Horst; Strafgesetzbuch, Kommentar, 26. Auflage, München 2001.

Schröder, Meinhard; Verwaltungsrecht als Vorgabe für Zivil- und Strafrecht, VVDStRL 50 (1991), S. 196.

Schünemann, Bernd; Unternehmenskriminalität und Strafrecht, Köln, Berlin, Bonn, München 1979.

ders.; Grund und Grenzen der unechten Unterlassungsdelikte, Göttingen 1971.

Schwartmann, Rolf; Das neue Bundes-Bodenschutzgesetz: Altlastenrisiko, Kostenhaftung und Gesamtschuldnerausgleich, DStR 1999, 324.

Schwerdtfeger, Christian; Die Reform des Umweltstrafrechts durch das Zweite Gesetz zur Bekämpfung der Umweltkriminalität (2. UKG), insbesondere unter kriminalpolitischen Gesichtspunkten, Univ. Diss. Berlin 1998.

Seibert, Max-Jürgen; Bodenschutz durch Begrenzung von Emissionen und Immissionen nach dem Bundes-Immissionsschutzgesetz, NVwZ 1993, 16.

Sieder, Frank; Zeitler, Herbert; Dahme, Heinz; Knopp, Günther-Michael (Hrsg.); Wasserhaushaltsgesetz, Kommentar, Loseblatt (Stand: 1. Juli 2000), München 2000.

Sonnen, Bernd-Rüdeger; Tetzlaff, Christian; Umweltstrafrechtliche Unterlassungshaftung des Insolvenzverwalters bei Umweltschäden in der Insolvenz, wistra 1999, 1.

Spieth, Wolf Friedrich; Wolfers, Benedikt; Die neuen Störer: Zur Ausdehnung der Altlastenhaftung in § 4 BBodSchG, NVwZ 1999, 355.

Theuer, Andreas; Die Sanierungsverantwortlichkeit des Gesamtrechtsnachfolgers nach dem Bundesbodenschutzgesetz am Beispiel der Spaltung von Unternehmen, DB 1999, 621.

Tomerius, Stephan; Bundes-Bodenschutzgesetz und kommunales Flächenrecycling, ZUR 1999, 78.

Tröndle, Herbert; Fischer, Thomas; Strafgesetzbuch, Kommentar, 50. Auflage, München 2001.

Turiaux, André; Knigge, Dagmar; Bundes-Bodenschutzgesetz – Altastensanierung und Konzernhaftung, BB 1999, 377.

Vierhaus, Hans-Peter; Das Bundes-Bodenschutzgesetz, NJW 1998, 1262.

Vogelsang-Rempe, Barbara; Umweltstrafrechtliche Relevanz der Altlasten, Univ. Diss. Bochum 1992.

Wessels, Johannes; Strafrecht, Allgemeiner Teil, 31. Auflage, Heidelberg 2001.

von Westerholt, Burchard Graf; Nochmals: Ausgleichsansprüche bei der Sanierung kontaminierter Grundstücke, NJW 2000, 931.

Winkelbauer, Wolfgang; Umweltstrafrecht und Unternehmen, in: Festschrift für Theodor Lenckner, München 1998, S. 645.

ders.; Die Verwaltungsabhängigkeit des Umweltstrafrechts, DÖV 1988, 723.

ders.; Zur Verwaltungsakzessorietät des Umweltstrafrechts, Univ. Diss. Berlin 1985.

Winkemann, Thomas; Probleme der Fahrlässigkeit im Umweltstrafrecht – Erläutert anhand des § 324 III StGB, Univ. Diss. Heidelberg 1991.

Wolf, Rainer; Bodenfunktionen, Bodenschutz und Naturschutz, NuR 1999, 545.

Wüterich, Christoph; Strafrechtliche Aspekte der Altlastenproblematik, BB 1992, 2449.

ders.; Zur Duldung im Umweltstrafrecht, UPR 1988, 248.

SCHRIFTEN ZUM STRAFRECHT UND STRAFPROZESSRECHT

Herausgegeben von Manfred Maiwald

Band 1 Christian-Peter Frees: Die steuerrechtliche Selbstanzeige. Zur kriminalpolitischen Zweckmäßigkeit des § 371 AO. 1991.

Band 2 Norbert Joachim: Der Hörensagenbeweis im Strafverfahren. 1991.

Band 3 Alfred A. Göbel: Die Einwilligung im Strafrecht als Ausprägung des Selbstbestimmungsrechts. 1991.

Band 4 Karl-Heinz Vehling: Die Abgrenzung von Vorbereitung und Versuch. 1991.

Band 5 Heiko Hartmut Lesch: Das Problem der sukzessiven Beihilfe. 1992.

Band 6 Dirk Schwerdtfeger: Besondere persönliche Unrechtsmerkmale. 1992.

Band 7 Stefan Göhring: Polizeiliche Kontrollstellen und Datenverarbeitung. § 163 d StPO und novellierte Polizeigesetze der Länder zwischen Strafverfolgung, Gefahrenabwehr und vorbeugender Straftatenbekämpfung. 1992.

Band 8 Werner Kemper: Horizontale Teilrechtskraft des Schuldspruchs und Bindungswirkung im tatrichterlichen Verfahren nach der Zurückverweisung. §§ 353, 354 Abs. 2 StPO. 1993.

Band 9 Ovvadias Namias: Die Zurechnung von Folgeschäden im Strafrecht. 1993.

Band 10 Jan Zopfs: Unfallflucht bei eindeutiger Haftungslage? Unverzüglichkeitsgebot und Wahlmöglichkeit in § 142 Abs. 2 und 3 StGB. 1993.

Band 11 Stefan Hiebl: Ausgewählte Probleme des Akteneinsichtsrechts nach § 147 StPO. 1994.

Band 12 Ralf Krack: List als Straftatbestandsmerkmal. Zugleich ein Beitrag zu Täuschung und Irrtum beim Betrug. 1994.

Band 13 Henning Radtke: Zur Systematik des Strafklageverbrauchs verfahrenserledigender Entscheidungen im Strafprozeß. 1994.

Band 14 Bernd J. A. Müssig: Schutz abstrakter Rechtsgüter und abstrakter Rechtsgüterschutz. Zu den materiellen Konstitutionskriterien sog. Universalrechtsgüter und deren normentheoretischem Fundament – am Beispiel der Rechtsgutsbestimmung für die §§ 129, 129a und 324 StGB. 1994.

Band 15 Heinz Koriath: Über Beweisverbote im Strafprozeß. 1994.

Band 16 Burkhard Niepoth: Der untaugliche Versuch beim unechten Unterlassungsdelikt. 1994.

Band 17 Karsten Altenhain: Die Strafbarkeit des Teilnehmers beim Exzeß. 1994.

Band 18 Ina Walbaum: Schuldspruch in der Revisionsinstanz nach freisprechendem Urteil des Tatgerichts. 1996.

Band 19 Birgit Dalbkermeyer: Der Schutz des Beschuldigten vor identifizierenden und tendenziösen Pressemitteilungen der Ermittlungsbehörden. 1994.

Band 20 Thomas Hackner: Der befangene Staatsanwalt im deutschen Strafverfahrensrecht. 1995.

Band 21 Hartmut Loritz: Kritische Betrachtungen zum Wert des strafprozessualen Zwischenverfahrens. 1996.

Band 22 Heinz-Hermann Berghof: Therapie und Strafe im Betäubungsmittelrecht. Recht und Wirklichkeit der Behandlung Drogenabhängiger unter besonderer Berücksichtigung der §§ 35 ff BtMG. 1995.

Band 23 Oliver Mertens: Strafprozessuale Grundrechtseingriffe und Bindung an den Wortsinn der ermächtigenden Norm. 1996.

Band 24 Sönke Bahnsen: Das Akteneinsichtsrecht der Verteidigung im Strafverfahren. Dogmatische Grundlagen und Einzelprobleme im Lichte einer rechtsstaatlichen Verfahrensgestaltung. 1996.

Band 25 Dirk Schwieger: Der Vorteilsbegriff in den Bestechungsdelikten des StGB. 1996.

Band 26 Stephanie Meinecke: Die Auswirkungen von Verfahrensfehlern auf die Strafbarkeit nach den Aussagedelikten. 1996.

Band 27 Ute Lambrecht: Strafrecht und Disziplinarrecht. Abhängigkeiten und Überschneidungen. 1997.

Band 28 Carsten Momsen: Verfahrensfehler und Rügeberechtigung im Strafprozeß. Die Strukturen der Revisionsberechtigung unter besonderer Berücksichtigung des Begriffs "Rechtsnormen, die lediglich zugunsten des Angeklagten gegeben sind" in § 339 StPO. 1997.

Band 29 Ursula Epp: Die Abgeordnetenbestechung – § 108 e StGB. 1997.

Band 30 Bernd Scheiff: Wann beginnt der Strafrechtsschutz gegen kriminelle Vereinigungen (§ 129 StGB)? 1997.

Band 31 Ulrike Fontaine: Max Grünhut (1893-1964). Leben und wissenschaftliches Wirken eines deutschen Strafrechtlers jüdischer Herkunft. 1998.

Band 32 Claudia Keiser: Das Kindeswohl im Strafverfahren. Zur Notwendigkeit eines am Kindeswohl orientierten Umgangs mit minderjährigen Opfern und Zeugen, den Möglichkeiten de lege lata und den Erfordernissen de lege ferenda. 1998.

Band 33 Wiebke Schürer-Mohr: Erlaubte Risiken. Grundfragen des "erlaubten Risikos" im Bereich der Fahrlässigkeitsdogmatik. 1998.

Band 34 Stephan Voigtel: Zum Freibeweis bei Entscheidungen der Strafvollstreckungskammer. Eine Untersuchung zu ausgewählten Fragen des Beweisrechts im gerichtlichen Verfahren in Strafvollstreckungs- und Strafvollzugssachen. 1998.

Band 35 Volkmar Wißgott: Das Beweisantragsrecht im Strafverfahren als Kompensation der richterlichen Inquisitionsmaxime. Die Judikatur des Reichsgerichts zum strafprozessualen Beweisrecht. 1998.

Band 36 Susanne Merz: Strafrechtlicher Ehrenschutz und Meinungsfreiheit. 1998.

Band 37 Uwe Schlömer: Der elektronisch überwachte Hausarrest. Eine Untersuchung der ausländischen Erfahrungen und der Anwendbarkeit in der Bundesrepublik Deutschland. 1998.

Band 38 Michael Liedke: Die Vermögensstrafe gemäß § 43a StGB in ihrer kriminalpolitischen Bedeutung. 1999.

Band 39 Danja Domeier: Gesundheitsschutz und Lebensmittelstrafrecht. Zur Konkretisierung der Verkehrspflichten und ihrer Strafbewehrung, insbesondere mit Blick auf §§ 8 ff. LMBG. 1999.

Band 40 Ritva Westendorf: Die Pflicht zur Verhinderung geplanter Straftaten durch Anzeige. Eine kritische Betrachtung der §§ 138, 139 StGB im Kontext der Unterlassungsdelikte. 1999.

Band 41 Hans Theile: Tatkonkretisierung und Gehilfenvorsatz. 1999.

Band 42 Nicole Lange: Vorermittlungen. Die Behandlung des staatsanwaltschaftlichen Vorermittlungsverfahrens unter besonderer Berücksichtigung von Abgeordneten, Politikern und Prominenten. 1999.

Band 43 Tanja Gunder: Der Umgang mit Kindern im Strafverfahren. Eine empirische Untersuchung zur Strafverfolgung bei Sexualdelinquenz. 1999.

Band 44 Sven-Markus Thiel: Die Konkurrenz von Rechtfertigungsgründen. 2000.

Band 45 Jan Schlüter: Die Strafbarkeit von Unternehmen in einer prozessualen Betrachtung nach dem geltenden Strafprozeßrecht. 2000.

Band 46 Detlef Heise: Der Insiderhandel an der Börse und dessen strafrechtliche Bedeutung. Eine Untersuchung des neuen deutschen Insiderrechts speziell unter Bezugnahme auf die strafrechtstheoretischen und strafrechtsdogmatischen Grundlagen. 2000.

Band 47 Hermann Wichmann: Das Berufsgeheimnis als Grenze des Zeugenbeweises. Ein Beitrag zur Lehre von den Beweisverboten. 2000.

Band 48 Rainer T. Cherkeh: Betrug (§ 263 StGB), verübt durch Doping im Sport. 2000.

Band 49 Kristian Hohn: Die Zulässigkeit materieller Beweiserleichterungen im Strafrecht. Eine Untersuchung über Erscheinungsformen und Grenzen der Lösung beweisrechtlicher Probleme im materiellen Strafrecht. 2000.

Band 50 Malte Rabe von Kühlewein: Der Richtervorbehalt im Polizei- und Strafprozeßrecht. 2001.

Band 51 Donata Meinecke: Die Gesetzgebungssystematik der Versuchsstrafbarkeit von Verbrechen und Vergehen im StGB. 2001.

Band 52 Joachim Bock: Begriff, Inhalt und Zulässigkeit der Beweislastumkehr im materiellen Strafrecht. 2001.

Band 53 Gabriele Rose: Grenzen der journalistischen Recherche im Strafrecht und Strafverfahrensrecht. 2001.

Band 54 Wiebke Reitemeier: Täuschungen vor Abschluß von Arbeitsverträgen. Zum Verhältnis zwischen dem Straftatbestand des Betrugs und dem Anfechtungsrecht wegen arglistiger Täuschung (§§ 263 Abs. 1 StGB, 123 Abs. 1 Alt. 1 BGB). 2001.

Band 55 Peter Rackow: Das DNA-Identitätsfeststellungsgesetz und seine Probleme. 2001.

Band 56 Frank Zschieschack: Geiselnahme und erpresserischer Menschenraub (§§ 239a, 239b StGB) im Zwei-Personen-Verhältnis. 2001.

Band 57 Natascha Sëyfi: Das Sicherungsverfahren (§§ 413 - 416 StPO). 2002.

Band 58 Dirk Seiler: Die *Sperrwirkung* im Strafrecht. 2002.

Band 59 Dorothee Sydow: Die actio libera in causa nach dem Rechtsprechungswandel des Bundesgerichtshofs. 2002.

Band 60 Inga Metrikat: Die Unterbringung in einer Entziehungsanstalt nach § 64 StGB – Eine Maßregel im Wandel? Eine vergleichende, empirische Untersuchung zur Entscheidung des Bundesverfassungsgerichts vom 16.03.1994, BVerfGE 91, 1 ff. 2002.

Band 61 Sabine Caroline Bechtoldt: Die Erledigungserklärung im Maßregelvollzug des § 63 StGB. Eine empirische Untersuchung der Erledigungserklärung und zugleich rechtsdogmatische Erörterung ihrer Rechtskraftproblematik. 2002.

Band 62 Sandra Schulte-Nover: Strafrichter in Deutschland und England. Ein systematischer Rechtsvergleich im Hinblick auf die richterlichen Kompetenzen im Strafverfahren. 2003.

Band 63 Tim Schurig: Belehrung und Beratung des Beschuldigten über sein Aussageverhalten. Eine gemeinsame Aufgabe von Gericht und Verteidigung? 2003.

Band 64 Markus Laski: Die strafrechtlichen Bezüge des Bundes-Bodenschutzgesetzes. 2003.

FSC
www.fsc.org
MIX
Papier | Fördert
gute Waldnutzung
FSC® C083411

Kolibri 360 GmbH
Ferdinand-Jühlke-Straße 7
99095 Erfurt, Deutschland
produktsicherheit@kolibri360.de

Druck:
CPI Druckdienstleistungen GmbH
im Auftrag der
Kolibri 360 GmbH
Ferdinand-Jühlke-Str. 7
99095 Erfurt